U0170313

隔板防晃理论及其应用

周 叮 王佳栋 著

科 学 出 版 社

北 京

内 容 简 介

　　储液罐广泛应用于能源储运、土木建筑、航空航天等领域。在外部激励作用下，储液罐内的流体将发生晃动，流体晃动所产生的液动压力作用于储液的壁面，对储液结构的安全性产生不可忽视的影响。加装隔板装置是控制流体晃动的一个重要途径，本书基于流体子域法建立了带隔板储液罐的解析、半解析模型，分析了隔板对储液罐频率及模态的影响，研究了水平与俯仰激励下带隔板储液罐的动力响应。基于多维模态理论探讨了储液罐中流体非线性大幅晃动的隔板控制机理。本书最后还建立了带隔板储液罐的等效力学模型，分析了考虑土与结构动力相互作用的带隔板储液罐的动力响应。

　　本书可供高等院校土木、力学、能源储运、航空航天以及相关专业的高年级本科生、研究生、教师以及科技工作者阅读、参考。

图书在版编目（CIP）数据

隔板防晃理论及其应用 / 周叮，王佳栋著. —北京：科学出版社，2020.3
ISBN 978-7-03-063980-6

Ⅰ. ①隔… Ⅱ. ①周… ②王… Ⅲ. ①隔板－防震设计－研究
Ⅳ. ①TU352.1

中国版本图书馆 CIP 数据核字（2019）第 288150 号

责任编辑：惠　雪　高慧元 / 责任校对：杨聪敏
责任印制：张　伟 / 封面设计：许　瑞

科 学 出 版 社 出版
北京东黄城根北街 16 号
邮政编码：100717
http://www.sciencep.com

北京九州迅驰传媒文化有限公司 印刷
科学出版社发行　各地新华书店经销

*

2020 年 3 月第 一 版　　开本：720 × 1000　1/16
2020 年 3 月第一次印刷　　印张：16
字数：322 000
定价：129.00 元
（如有印装质量问题，我社负责调换）

前　　言

2018 年 1 月《2017 年国内外油气行业发展报告》发布，该报告指出中国继 2017 年成为世界最大原油进口国之后，又超过日本成为世界最大的天然气进口国，石油对外依存度升至 69.8%，天然气对外依存度升至 45.3%。因此，战略能源的储备运输已成为国家能源安全体系中的重要组成部分，储液罐是战略能源储备的重要设施之一，其中的流体晃动对于结构的安全性有着重大影响，而安装隔板是抑制其晃动的一种既经济又有效的简便方法。本书针对带隔板的储液罐进行了理论建模，系统分析了隔板防晃的力学机理，建立了简洁的等效力学模型并介绍了其在土木等领域的应用。

本书首先研究了带刚性隔板的储液罐中流体的线性晃动问题，提出了求解复杂域内流体晃动特性的流体子域法。通过引入人工界面，将复杂流体域划分成若干具有连续边界条件的简单子域。使用叠加原理，分别求出每个子域内流体速度势的一般解。由子域间的人工界面上的连续条件、自由液面上的运动方程以及动力方程即可建立关于晃动频率的特征方程。分别求解了带单层及多层刚性隔板的储液罐中流体的晃动频率及模态，通过收敛性和比较研究验证了方法的高效率及高精度，详细分析了隔板、储液罐以及流体的参数对流体晃动特性的影响。

在此基础上，进一步研究了水平及俯仰激励下流体的动力响应问题，将流体速度势表达为刚体速度势和摄动速度势的叠加。水平激励下的刚体速度势可直接给出，俯仰激励下的刚体速度势可以通过改进的流体子域法求出。引入广义坐标函数对流体摄动速度势和自由液面进行展开，将叠加后的速度势代入自由液面方程，利用晃动模态的正交性对方程解耦，得到一系列单自由度的动力响应方程，由杜阿梅尔（Duhamel）积分给出解析解，深入讨论了隔板尺寸参数对流体晃动响应的影响，分析了隔板对流体晃动的抑制机理。

考虑到防晃板的变形与流体晃动的耦合作用，将流体子域法应用于带弹性隔板的储液罐中流体的晃动问题，用弹性隔板的干模态对其湿模态进行展开，由弹性隔板的动力学方程和自由液面波动方程共同导出流-固耦合系统的频率方程，详细分析了隔板、储液罐以及流体参数对流-固耦合系统动力学特性的影响，运用哈密顿变分原理证明了流-固耦合模态的正交性并对动力学方程解耦，从而得到流-固耦合系统动力学响应的解析解，探讨了弹性隔板参数对耦合系统动力学响应的影响。

　　考虑到流体晃动的非线性特征,将流体子域法拓展到流体的非线性晃动领域,研究了带刚性隔板的储液罐中流体的大幅晃动问题。基于流体线性晃动的研究成果,使用 Bateman-Luke 变分原理建立了储液罐中流体非线性晃动的等效变分形式,引入广义坐标函数,将待求的自由液面波高和流体速度势均展开为广义傅里叶级数,代入等效积分得到以广义坐标函数为未知量的无穷维非线性模态系统,利用 Narimanov-Moiseev 渐近关系将无穷维非线性模态系统转化为有限维的非线性模态系统,对波动域上的积分进行泰勒级数展开确定方程系数。分别研究了流体的非线性自由晃动响应和非线性受迫晃动响应,详细讨论了隔板参数以及外部激励参数对液面非线性晃动响应的影响。

　　本书分别建立了取代连续流体晃动的弹簧–质量等效模型和描述土–基础体系的嵌套集总参数模型,基于子结构法建立土–罐耦合的系统方程,具有精度高和计算量小的特点。该部分内容由孙颖博士完成。

　　本书获得国家自然科学基金项目(51978336,11702117)的资助。

　　由于作者水平有限,书中难免存在疏漏之处,敬请广大读者批评指正。

周　叮　王佳栋

2019 年 12 月 2 日于南京

目　　录

前言
第1章　绪论·· 1
1.1　工程中的流–固耦合问题··· 1
1.2　储液系统流体晃动控制研究··· 3
参考文献·· 5
第2章　带刚性隔板圆柱形储液罐中流体晃动特性研究······················ 7
2.1　工程背景及研究现状··· 7
2.2　线性微幅晃动理论··· 8
2.3　流体子域法·· 10
2.4　带单层刚性隔板圆柱形储液罐中流体晃动特性·························· 11
2.4.1　基本方程·· 12
2.4.2　流体子域的划分·· 12
2.4.3　速度势函数的求解··· 13
2.4.4　特征方程·· 17
2.4.5　比较研究和收敛性研究··· 21
2.4.6　参数研究·· 23
2.5　带多层刚性隔板圆柱形储液罐中流体晃动特性·························· 27
2.5.1　基本模型和假设·· 27
2.5.2　流体子域的划分·· 28
2.5.3　速度势函数的求解··· 29
2.5.4　特征方程·· 33
2.5.5　收敛性研究及比较研究··· 37
2.5.6　参数研究·· 39
2.6　本章小结··· 43
参考文献··· 44
第3章　水平激励下带刚性隔板圆柱形储罐中流体晃动响应················· 45
3.1　工程背景及研究现状·· 45
3.2　刚体速度势·· 46
3.3　带单层刚性隔板圆柱形储液罐中流体晃动响应·························· 47

3.3.1　基本模型和假设 ··· 47
3.3.2　运动边界和初始条件 ··· 48
3.3.3　流体的摄动速度势 ·· 50
3.3.4　动力响应方程 ·· 52
3.3.5　水平简谐激励下的响应 ·· 53
3.4　带多层刚性隔板圆柱形储液罐中流体晃动响应 ·············· 57
3.4.1　基本模型和假设 ·· 57
3.4.2　动边界和初始条件 ··· 58
3.4.3　流体的摄动速度势函数 ·· 60
3.4.4　动力响应方程 ·· 61
3.4.5　比较研究 ··· 63
3.4.6　稳态响应 ··· 64
3.4.7　水平地震响应 ·· 70
3.5　本章小结 ·· 73
参考文献 ·· 73
第4章　带多层刚性隔板储液罐在俯仰激励下的动力响应 ··········· 75
4.1　工程背景及研究意义 ··· 75
4.2　基本方程 ··· 75
4.3　Stokes-Joukowski 势的求解 ······································ 77
4.4　建立动力响应方程 ·· 81
4.5　方法验证 ··· 83
4.6　稳态响应 ··· 85
4.6.1　隔板参数的影响 ·· 85
4.6.2　俯仰激励频率对稳态响应的影响 ······························ 91
4.7　本章小结 ··· 92
参考文献 ·· 93
第5章　带弹性隔板或顶盖圆柱形储液罐的流–固耦合特性 ··········· 94
5.1　工程背景及研究现状 ··· 94
5.2　带单层环形弹性隔板圆柱形储液罐的流–固耦合特性 ·········· 95
5.2.1　基本方程 ··· 95
5.2.2　环形隔板的湿模态 ··· 96
5.2.3　速度势函数的求解 ··· 97
5.2.4　特征方程 ·· 100
5.2.5　算例分析 ·· 104
5.2.6　参数研究 ·· 107

5.3 带多层环形弹性隔板圆柱形储液罐的流-固耦合特性 …………………… 109
　5.3.1 基本方程 ………………………………………………………… 109
　5.3.2 环形隔板的湿模态 ……………………………………………… 111
　5.3.3 速度势函数的求解 ……………………………………………… 112
　5.3.4 特征方程 ………………………………………………………… 115
　5.3.5 算例分析 ………………………………………………………… 117
　5.3.6 参数研究 ………………………………………………………… 120
5.4 带环形弹性顶盖圆柱形储液罐的流-固耦合特性 ………………………… 123
　5.4.1 控制方程和边界条件 …………………………………………… 123
　5.4.2 弹性环形顶盖的湿模态 ………………………………………… 125
　5.4.3 速度势函数的一般解 …………………………………………… 125
　5.4.4 流-固耦合频率的求解 …………………………………………… 127
　5.4.5 算例分析 ………………………………………………………… 128
5.5 本章小结 …………………………………………………………………… 129
参考文献 ………………………………………………………………………… 130
第6章 水平激励下带弹性隔板圆柱形储液罐的耦合动力响应 ……………… 131
6.1 工程背景及研究现状 ……………………………………………………… 131
6.2 水平激励下带单层弹性隔板储液罐的耦合动力响应 …………………… 132
　6.2.1 物理模型 ………………………………………………………… 132
　6.2.2 边界条件和初始条件 …………………………………………… 133
　6.2.3 流-固耦合模态正交性证明 ……………………………………… 134
　6.2.4 耦合动力响应方程的建立 ……………………………………… 137
　6.2.5 比较研究 ………………………………………………………… 138
　6.2.6 稳态响应参数分析 ……………………………………………… 140
6.3 水平激励下带多层弹性隔板圆柱形储液罐的耦合动力响应 …………… 147
　6.3.1 物理模型 ………………………………………………………… 147
　6.3.2 边界方程和初始条件 …………………………………………… 147
　6.3.3 流-固耦合模态正交性证明 ……………………………………… 150
　6.3.4 耦合动力响应方程的建立 ……………………………………… 152
　6.3.5 比较研究 ………………………………………………………… 154
　6.3.6 稳态响应参数分析 ……………………………………………… 156
6.4 本章小结 …………………………………………………………………… 165
参考文献 ………………………………………………………………………… 165
第7章 带环形隔板圆柱储液罐中流体的非线性自由晃动 …………………… 166
7.1 工程背景及研究现状 ……………………………………………………… 166

7.2 基本模型和问题描述 ……………………………………………… 168

7.3 流体子域的划分和速度势函数的分解 …………………………… 169

7.4 等效变分的描述 …………………………………………………… 171

7.5 无穷维模态系统 …………………………………………………… 173

7.6 有限维模态系统 …………………………………………………… 176

7.7 比较研究 …………………………………………………………… 184

7.8 参数分析 …………………………………………………………… 185

　　7.8.1 初始波高的影响 …………………………………………… 185

　　7.8.2 隔板位置的影响 …………………………………………… 187

　　7.8.3 隔板内半径的影响 ………………………………………… 188

7.9 本章小结 …………………………………………………………… 189

参考文献 ……………………………………………………………… 190

第8章 带环形隔板圆柱储液罐中流体的非线性受迫晃动 ……………… 192

8.1 工程背景及研究现状 ……………………………………………… 192

8.2 无穷模态系统 ……………………………………………………… 192

8.3 有限维模态系统 …………………………………………………… 193

8.4 水平简谐激励下的瞬态响应 ……………………………………… 194

　　8.4.1 激励频率的影响 …………………………………………… 195

　　8.4.2 隔板内半径的影响 ………………………………………… 196

　　8.4.3 隔板位置的影响 …………………………………………… 198

8.5 水平地震激励下的瞬态响应 ……………………………………… 199

　　8.5.1 隔板内半径的影响 ………………………………………… 199

　　8.5.2 隔板位置的影响 …………………………………………… 200

8.6 非平面运动 ………………………………………………………… 201

8.7 本章小结 …………………………………………………………… 205

参考文献 ……………………………………………………………… 205

第9章 带防晃装置储液系统的等效力学模型 …………………………… 207

9.1 工程背景及研究现状 ……………………………………………… 207

9.2 带单层隔板的储液系统等效力学模型 …………………………… 208

　　9.2.1 等效力学模型的建立 ……………………………………… 208

　　9.2.2 等效模型参数的确定 ……………………………………… 210

　　9.2.3 水平地震激励下的响应 …………………………………… 212

9.3 带多层隔板的储液系统等效力学模型 …………………………… 218

　　9.3.1 流体晃动的等效力学模型 ………………………………… 218

　　9.3.2 等效模型参数的确定 ……………………………………… 219

　　9.3.3　对流与脉冲响应 ································· 223
　　9.3.4　模型应用 ··································· 226
9.4　考虑 SSI 效应的带多层隔板圆柱形储罐的地震响应分析 ··········· 228
　　9.4.1　土体阻抗 ··································· 228
　　9.4.2　土体阻抗的嵌套集总参数模型 ······················ 229
　　9.4.3　土-罐-液-隔板耦合模型 ························· 231
　　9.4.4　土体对耦合系统动力特性和地震响应的影响 ··············· 234
9.5　本章小结 ····································· 237
参考文献 ······································· 238
附录 A ······································ 239
附录 B ······································ 242

第1章 绪   论

1.1 工程中的流-固耦合问题

随着科学技术的进步，工程结构逐步向大型化、复杂化发展，许多工程系统中除了固体结构，还包含流体介质。从能源储运到海洋工程（图 1-1），从核能技术（图 1-2）到航空航天（图 1-3），流体与固体结构的耦合作用日益受到人们的重视[1-3]。与固体结构相比，流-固耦合结构的动力学分析要复杂得多，其复杂性主要源于流体的存在。基本特点是：固体的运动和变形受到流体所施加载荷的影响，而固体的运动和变形又会反过来影响到流体的运动，从而改变流体作用于固体表面荷载的大小和分布[4-9]。

(a) LNG生产储存

(b) 向LNG运输船卸货

(c) LNG运输船运输

图 1-1 液化天然气的生产、卸载、运输

图 1-2 核反应堆

图 1-3 航天飞机

　　工程实际中经常发生储液结构与流体的耦合作用，这种耦合作用对储液结构有着显著的影响，尤其是在储液结构部分充液的情况下，这主要是因为储液结构的扰动会引起流体自由液面的波动，由自由液面波动所引起的流体的运动即流体晃动，流体晃动所产生的液动压力则作用于储液结构的腔体壁面，这种作用往往会给整个系统带来较大的影响。腔体储液结构在现代工业、国防和高科技领域有着广泛的应用，如大型储油罐[10-13]、化工容器、油气输运、航空与航天器燃料舱等。对于这类系统，流体的晃动往往带来一系列的负面影响，如图 1-4 所示，炼油化工企业的储液罐中易燃流体在地震作用下发生晃动并破坏了罐体结构，易燃流体的泄漏又引发了次生灾害。相反地，流体晃动在给人类带来灾难的同时也给工程实践带来了一些灵感，如图 1-5 所示的调频液体阻尼器便是典型的代表，其减振机理是流体晃动会对水箱侧壁产生液动压力，液动压力反作用在结构上，就构成了对结构的减振作用力。这种减振装置的优点是构造简单，安装容易，自动激活性能好，不需要启动装置，可兼作消防水箱使用。总而言之，研究考虑液面晃动的流-固耦合问题对工程实际具有十分重要的意义。

地震激励

图 1-4　地震引发的储液罐火灾

(a) 化工设备　　　　　　　　　　　　(b) 商业写字楼

图 1-5　调频液体阻尼器

许多现代化的流-固耦合结构由于自身的功能要求,对其进行高精度的理论分析是非常必要的。例如,携带液体燃料的航天飞行器的动力稳定性,大型化工容器和大型储油罐的抗震性能设计,油气输运以及核电站的安全可靠性等,都是关系国计民生的重大工程问题,特别需要精确化的分析结果。而要精确地得到这些流-固耦合系统的动力学特性,首先必须建立精度满足工程要求的有效分析方法。柱形储液容器是目前工程实际中应用最多的腔体结构,其中以圆柱形和圆环形容器为主,包括矩形和椭圆形容器等。通常可以在柱形储液容器内安装水平隔板以抑制流体的晃动,同时还可以提高结构的刚度或满足容器的特殊功能需要。在有些情况下,隔板上开有孔洞,以便液体的抽取和流动,如开有圆形孔洞或矩形孔洞的圆板和矩形板等,本书对这类复杂柱形储液容器的流-固耦合动力学特性进行系统的研究,进一步拓展半解析法的应用范围。研究成果对于大型储液罐的抗震设计以及大型油气输运工具和航天器的动力学稳定性和减振分析有重要意义。

1.2 储液系统流体晃动控制研究

拥有自由液面的储液系统均可产生晃动,其中包括固定在地面上的各种储液罐和由运载器运载的飞行器的燃料罐、油轮上的储油罐、油罐车上的储油罐等。在强震作用下,大型储液罐中的流体发生大幅非线性晃动,这种剧烈的晃动往往导致罐壁上部的屈曲和储液罐顶的破坏[14]。最近的研究也发现无锚固储液罐在地震作用下的提离也和流体的晃动相关,储液罐的提离往往会导致在罐底处发生"象足"屈曲[15]。近年来在土木工程领域,创新性的结构抗震设计的发展和应用越来越受到人们的关注。调谐液体阻尼器(TLD)便是其中一种,在设计TLD时,我们有时同样需要关注液体晃动的频率,熊俊明等[16,17]提出利用设置竖向可移动隔板的矩形水箱作为可控TLD模型,并通过数值模拟探讨了可控TLD模型的减振机理,结果表明可控TLD模型比被动TLD具有更宽的减振频带。综上,实现对储液系统中流体晃动的控制是很有价值的。

目前工程上所采用的控制流体晃动的装置中最主要和最有效的就是防晃板,如图1-6所示通常有圆环形隔板、竖条形隔板、半圆形隔板等[18]。对其机理的研究主要可以分成两大部分,其一是研究隔板对储液系统阻尼的影响,其二是研究隔板对储液系统自振频率及模态的影响。20世纪50年代末,Miles[19]对带有比较窄的圆环形隔板的圆柱形储液罐在流体小幅度晃动下的晃动特性进行了研究,他通过计算隔板耗散的能量与晃动总能量的比值估算出了阻尼比,提出了半经验的晃动阻尼计算公式并得到实验的证实,但是Miles在计算中所做的一些简化使得其方法仅适用于长细比较大的储液罐。郁时炼等[20]研究了半圆形防晃板的阻尼特性，他将无隔板时容器中流体的晃动特性以及晃动阻尼作为基本解，然后考虑隔板对流体晃动的阻碍作用，利用隔板与流体之间产生的液动力在隔板处做功的变分及液动力在晃动过程中耗散的能量对无隔板的基本解进行修正，即得到一组有隔板的流体晃动频率、晃动质量及晃动阻尼。文献[21]用类似的方法研究了多个横向环形防晃板对流体晃动特性的影响。杨蔓等[22]等根据现有的阻尼理论，在线性势流的假设下，分别对带有刚性和弹性隔板的圆柱形储液箱内流体晃动进行有限元仿真计算。Maleki 等[21]研究了刚性环形隔板对基础隔震的圆柱形储液系统的阻尼的影响。基于 ALE 描述下的 N-S 方程，Belakroum 等[23]提出了一种数值分析方法，基于该方法可以研究隔板对流体晃动所产生的阻滞效应。

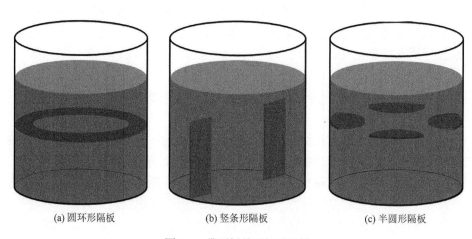

(a) 圆环形隔板　　　　　　　　(b) 竖条形隔板　　　　　　　　(c) 半圆形隔板

图 1-6　带隔板的圆柱形储罐

　　Evans 等[24]研究了竖向放置的刚性隔板对矩形储箱中流体晃动的影响。Gedikli 等[25]利用边界元法求得了带有环形刚性隔板的圆柱形储液罐中流体晃动的频率，并求得其在地震激励下的基底剪力和倾覆力矩。Gavrilyuk 等[26]利用格林函数法求得了带环形刚性隔板的圆柱形储液罐中流体晃动的固有频率及模态。基于线性晃动分析的结果，Gavrilyuk 等[27]利用渐近模态法研究了带环形刚性隔板圆柱形储液系统中流体的非线性晃动问题。Firouz-Abadi 等[28]利用边界元法研究了带刚性隔板的任意形状储液系统中流体晃动的频率和模态。Hasheminejad 等[29]研究了带刚性隔板的水平放置的椭圆柱形储液系统中流体晃动的频率和模态。基于 VOF 法，Akyildiz[30]对带竖向刚性隔板的储液系统中流体的非线性晃动进行了仿真。Cho 等[31]利用有限元法研究了带环形弹性隔板的弹性储液罐中流体与弹性结构的耦合作用。Biswal 等[32,33]利用有限元法研究了带环形弹性隔板圆柱形储液罐中的流-固耦合动力响应问题。Bermudez 等[34]用有限元法研究了刚性充液系统中弹性隔板的耦合振动模态。

总的来说，由于流-固耦合问题的复杂性，防晃板还有许多问题有待于进一步研究。目前对有刚性环形隔板的刚性储液罐在小幅晃动情况下的研究已经取了一些成果，其研究方法主要是通过有限元、边界元等数值方法进行模拟，解析或半解析的方法则比较少。对于柔性隔板的研究，由于增加了柔性边界，解析研究变得更加困难。并且实验和数值模拟的结果[35,36]都表明，防晃板的柔性对晃动阻尼、晃动频率及晃动振型均有影响，并且隔板柔度越大，影响也就越显著。

参 考 文 献

[1] 苟兴宇，马兴瑞，黄怀德. 流固耦合动力学与航天工程中的流-固-控耦合问题[J]. 航天器工程，1996，5 (4)：1-14.

[2] 万水，朱德懋. 液固耦合内流问题及防晃研究进展[J]. 工程力学，1998，15 (3)：82-89.

[3] 万水，朱德懋，张福祥. 液体防晃研究进展[J]. 弹道学报，1996，8 (3)：90-94.

[4] 娜日萨. VLCC 液舱晃荡仿真及结构强度评估方法研究[D]. 哈尔滨：哈尔滨工程大学，2006.

[5] 温德超，郑兆昌，孙焕纯. 储液罐抗震研究的发展[J]. 力学进展，1995，25 (1)：60-76.

[6] 王照林. 运动稳定性及其应用[M]. 北京：高等教育出版社，1990.

[7] 梁波，何华，唐家祥. 防晃水箱控制高层建筑风振响应研究[J]. 噪声与振动控制，2001，(4)：11-14.

[8] 梁波，唐家祥. 防晃水箱控制高层建筑地震反应的理论研究[J]. 振动工程学报，1994，7 (4)：336-340.

[9] 邢景棠，周盛，崔尔杰. 流固耦合力学概述[J]. 力学进展，1997，27 (1)：19-38.

[10] 郑天心，王伟，吴灵字. 考虑液体晃动和罐底提离储液罐的研究[J]. 哈尔滨工业大学学报，2007，39 (2)：173-176.

[11] 徐钢，任文敏，张伟. 储液容器的三维流固耦合动力特性分析[J]. 力学学报，2004，36 (3)：328-335.

[12] 孙建刚，崔利富，王金国. 柔性储罐底环梁基础隔震地震动响应分析[J]. 建筑结构学报，2008，29 (S1)：68-73.

[13] 孙建刚，袁朝庆，郝进锋. 圆柱储液容器提离控制研究[J]. 哈尔滨工业大学学报，2001，33 (6)：763-768.

[14] Hernandez-Barrios H, Heredia-Zavoni E, Aldama-Rodriguez A A. Nonlinear sloshing response of cylindrical tanks subjected to earthquake ground motion [J]. Engineering Structures，2007，29：3364 - 3376.

[15] 戴鸿哲，王伟，吴灵字. 立式储液罐提离机理及"象足"变形产生原因[J]. 哈尔滨工业大学学报，2008，40 (8)：18-22.

[16] 熊俊明，梁启智. 可控调谐液体阻尼器动力响应的数值模拟[J]. 噪声与振动控制，2002，(2)：3-6.

[17] 熊俊明，梁启智，吴建华. 设置竖向隔板的矩形 TLD 的动力特性[J]. 华南理工大学学报（自然科学版），2001，29 (3)：22-25.

[18] 万水，朱德懋. 横向环形防晃板对液体晃动特性的影响[J]. 南京航空航天大学学报，1996，28 (4)：470-475.

[19] Miles J W. Ring damping of free surface oscillations in a circular tank[J]. Journal of Applied Mechanics，1958，25 (1)：274-276.

[20] 郁时炼，周科健. 半圆形挡板防晃特性的计算[J]. 强度与环境，1991，(3)：30-36.

[21] Maleki A, Ziyaeifar M. Damping enhancement of seismic isolated cylindrical liquid storage tanks using baffles [J]. Engineering Structures，2007，29 (12)：3227-3240.

[22] 杨蔓，李俊峰，王天舒，等. 带环形隔板的圆柱储箱内液体晃动阻尼分析[J]. 力学学报，2006，38 (5)：660-667.

[23] Belakroum R, Kadja M, Mai T H, et al. An efficient passive technique for reducing sloshing in rectangular tanks partially filled with liquid [J]. Mechanics Research Communications，2010，37：341-346.

[24] Evans D V, McIver P. Resonant frequencies in a container with a vertical baffle [J]. Journal of Fluid Mechanics，1987，175：295-307.

[25] Gedikli A, Ergüven M E. Seismic analysis of a liquid storage tank with a baffle[J]. Journal of Sound and

Vibration，1999，223（1）：141-155.

[26]　Gavrilyuk I，Lukovsky I，Trotsenko Y. The fluid sloshing in a vertical circular cylindrical tank with an annular baffle part 1：Linear fundamental solutions [J]. Journal of Engineering Mathematics，2006，54（1）：71-88.

[27]　Gavrilyuk I，Lukovsky I，Trotsenko Y. The fluid sloshing in a vertical circular cylindrical tank with an annular baffle part 2：Nonlinear resonant waves [J]. Journal of Engineering Mathematics，2006，54（2）：57-78.

[28]　Firouz-Abadi R D，Haddadpour H，Ghasemi M. Reduced order modeling of liquid sloshing in 3D tanks using boundary element method [J]. Engineering Analysis with Boundary Elements，2009，33（6）：750-761.

[29]　Hasheminejad S M，Aghabeigi M. Sloshing characteristics in half–full horizontal elliptical tanks with vertical baffles[J]. Applied Mathematical Modeling，2012，36（1）：57-71.

[30]　Akyildiz H. A numerical study of the effects of the vertical baffle on liquid sloshing in two–dimensional rectangular tank [J]. Journal of Sound and Vibration，2012，331：41-52.

[31]　Cho J R，Lee H W，Ha S Y. Finite element analysis of resonant sloshing response in 2-D baffled tank [J]. Journal of Sound and Vibration，2005，288：829-845.

[32]　Biswal K C，Bhattacharyya S K，Sinha P K. Free vibration analysis of liquid filled tank with baffles [J]. Journal of Sound and Vibration，2003，259（1）：177-192.

[33]　Biswal K C，Bhattacharyya S K，Sinha P K. Dynamic response analysis of a liquid–filled cylindrical tank with annular baffle [J]. Journal of Sound and Vibration，2004，274（1）：13-37.

[34]　Bermudez A，Rodriguez R，Santamarina D. Finite element computation of sloshing modes in containers with elastic baffles plates [J]. International Journal of Numerical Methods in Engineering，2003，56（3）：447-467.

[35]　Housner G W. Dynamic pressures on accelerated fluid containers[J]. Bulletin of the Seismological Society of America，1957，47：15-35.

[36]　Housner G W. The dynamic behavior of water tanks[J]. Bulletin of the Seismological Society of America，1963，53：381-387.

第2章 带刚性隔板圆柱形储液罐中流体晃动特性研究

2.1 工程背景及研究现状

在工程实际中，流体的晃动往往会带来一系列的问题：大型立式储液罐中的流体的晃动会对罐体结构造成严重的破坏；大型油轮中石油的晃动对储液舱结构产生严重的冲击；飞行器燃料箱中流体燃料的晃动会使其在飞行过程中产生失稳。相反地，流体的晃动还可以用来解决工程实际中遇到的一系列的问题，例如，调谐流体阻尼器就是利用流体晃动来控制结构振动。人们希望能够对储液系统中流体的晃动进行控制，常用的控制流体晃动的装置是隔板，其中应用最为广泛的是环形隔板。因此，研究带有环形隔板的圆柱形储液罐的晃动特性有重要意义。

对于储液系统流-固耦合问题的研究，早期主要是分析刚性腔体中流体的微幅线性晃动问题[1-3]，这类问题通常假设储液系统的运动和流体自由液面的波高都远小于储液系统本身的尺寸，采用成熟的势流理论进行研究。Abramson[4]利用分离变量法研究了流体的微幅线性晃动问题，得到了一些形状简单的储液系统中流体晃动的固有频率和模态，但是这种解析法不适用于复杂的储液系统。对于复杂的储液系统的求解，往往只能采取数值的办法，其中广泛使用的是 Ritz 变分法和积分方程方法。基于保角映射原理，Budiansky[5]将流体微幅线性晃动问题等效成一个积分方程，利用这种方法求得了水平放置的圆柱形储液系统和球形储液系统中流体晃动的固有频率和模态。Chu[6]利用数值方法构造了球形储液系统的第二类格林函数（Neumann 函数），通过格林函数法研究了球形储液系统中流体线性微幅晃动的固有特性。McNeill 等[7]对倾斜放置的圆柱形储液系统中流体的晃动进行了研究，并获得了流体线性晃动基频。基于保角映射原理，Fox 等[8]求得了二维柱形储液系统中流体晃动的低阶固有频率，同时给出了高阶固有频率的估算公式。Kuttler 等[9]研究了水平放置的无限长圆柱形储液系统中流体晃动的固有频率，并给出了固有频率的误差界限。McIver[10]在晃动问题中引入了双极坐标和圆环坐标，将晃动问题等效为积分方程形式，再利用数值方法对其进行求解，利用这种方法 McIver 研究了水平放置的圆柱形储液系统中流体的二维晃动问题和球形储液系统中流体的三维晃动问题。基于函数展开的方法，Evans 等[11]分别研究了水平放置的圆柱形储液系统和球形储液系统中流体的三维晃动问题。基于 Ritz 变分法和最大值原理，McIver[12]研究了水平放置的任意截面形状的柱形储液系统中流体的微幅线性晃动，确定了对称模态和反对称模态的基频的上下界。包光伟[13,14]将流体线性微幅晃动的边值问题转化为具有积分形式的泛函极值问题，建立了旋转对称储液系统中流体晃动的特征值问题的有限元法，利用这种方法求解了球形储液系统和圆柱形储液系统中流体晃动的固有频率。李俊峰等[15]将计算流体晃动频率的特征方程转化为一般的广义特征值问题，然后利用 Arnoldi 迭代方法求解了任意形状储液系统中流体的微幅线性晃动的固有频率。耿利寅等[16]提出了变分有限元法，这种方法可用于求解任意形状储液系统中流体晃动的频率。周叮[17]利用了 Fourier 级数展开法求得了截面任意形状的柱形和环形容器内流体晃动特性的精确解。

对于带环形隔板的圆柱形储液罐，隔板的存在使得流体域由“凸”域变成非“凸”域，从而无法直接使用解析法进行求解。鉴于此，本章提出了流体子域法，其基本思想是引入人工界面，将复杂流体域划分成若干个简单子域，使得每个子域的一般解（含待定系数）可以通过解析法进行求解。将一般解代入相关的边界条件及人工界面处的连续条件即可确定其待定系数，从而使问题得以解决。

2.2　线性微幅晃动理论

对于一般的流-固耦合问题，若考虑流体的黏性，其控制方程通常是由 Navier-Stokes 方程来描述的，但 Navier-Stokes 方程的求解是很复杂的，因此在解决工程技术问题时常常对其进行简化。一般情况下，运动过程中流体黏性的影响在固体界面附近较为明显，而在离界面稍远的地方影响很小，可以看作无黏的。Case 和 Pakinson 曾对这个问题进行过详细的分析，他们的分析基于流体速度矢量的 Helmholtz 形式：

$$V = \nabla\phi + \nabla \times A \qquad (2.1)$$

式中，V 是流体速度矢量；ϕ 是一个表征流体运动“无旋部分”的标量，即流体速度势函数；A 是一个表征流体运动“有旋部分”的矢量。分析表明，速度的“有旋部分”只在壁面附近很薄的一层内占较大比例，在这层流体以外几乎完全表现为无黏流体。因此在研究流体晃动的整体运动时，可采用势流理论进行分析，其流体速度可表达为

$$V = \nabla\phi \qquad (2.2)$$

根据不可压缩流体的连续性方程即可得

$$\nabla^2\phi = 0 \qquad (2.3)$$

无扰动情况下，流体自由液面在重力场作用下保持平面状态。在外界激励下，流体自由液面产生波动，这种波动会沿着流体自由液面向所有方向传播，其波动幅值将随着液体深度的增加而迅速衰减。

如图 2-1 所示，流体自由液面的平衡位置位于 xOy 平面上，z 轴竖直向上，$f(x,y,z)$ 表示流体自由液面偏离平衡位置的竖向位移，设流体自由液面压力为 p_0，根据流体动力学原理可得[12]

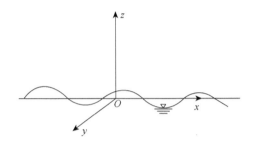

图 2-1　重力场作用下的自由液面

$$p_0 = -\rho gf - \rho \frac{\partial \phi}{\partial t}\bigg|_{z=f} \tag{2.4}$$

式中，ρ 为流体密度；g 为重力加速度；t 为时间。流体速度是流体速度势函数关于坐标的导数，因此在速度势上增加与时间相关的函数项不影响流体的速度，因此可以引入 $\phi' = \phi + \dfrac{p_0}{\rho}t$，将其代入式（2.4）可得

$$gf + \frac{\partial \phi'}{\partial t}\bigg|_{z=f} = 0 \tag{2.5}$$

考虑到流体自由液面做微幅晃动，其竖向位移是很小的，因此自由液面上的流体速度在竖向的分量为

$$v_z = \frac{\partial f}{\partial t} \tag{2.6}$$

根据流体速度跟速度势的关系可得

$$v_z = \frac{\partial \phi'}{\partial z} \tag{2.7}$$

将式（2.7）代入式（2.6）可得

$$\frac{\partial f}{\partial t} = \frac{\partial \phi'}{\partial z} \tag{2.8}$$

对式（2.5）两边求导可得

$$\frac{\partial f}{\partial t} = -\frac{1}{g}\frac{\partial^2 \phi'}{\partial t^2}\bigg|_{z=f} \tag{2.9}$$

将式（2.9）代入式（2.8），考虑到自由液面波高很小，可以用 $z=0$ 来代替式（2.9）中的 $z=f$，即得线性微幅晃动时的自由液面条件：

$$\frac{\partial \phi'}{\partial z} + \frac{1}{g}\frac{\partial^2 \phi'}{\partial t^2}\bigg|_{z=0} = 0 \tag{2.10}$$

2.3 流体子域法

以图 2-2 所示的带有隔板的截面任意形状的柱形储液容器为例，说明流体子域法的建立步骤。隔板的存在导致了复杂的流体域（非凸域），使得流体速度势的常规求解方法难以直接使用。所谓子域法，就是将复杂的流体域划分成若干具有简单边界条件的圆柱形或环柱形子域（图 2-2 中的 $\Omega_1 \sim \Omega_4$），子域的划分以保证子流体有连续的界面条件为原则。对于任意子域（图 2-3），将流体速度势的边界条件进行分解，使得每组边界条件中只含有一个非齐次边界条件，求出各组边界条件下流体速度势的解析解，然后进行叠加。速度势分解的目的是能够得到满足各子域边界条件的速度势解析解，包括与器壁相接触的流体子域，也能得到精确满足动边界条件（由外力或者弹性器壁引起）的速度势解析解。由子域界面上流体压力和速度的协调条件连接各子域的流体速度势解，用广义 Fourier 展开法确定各流体子域解的待定系数，子域法的技术路线如图 2-4 所示。

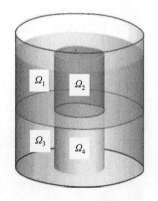

图 2-2 带隔板的柱形储液容器（一）

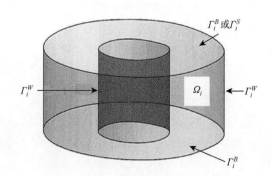

图 2-3 带隔板的柱形储液容器（二）

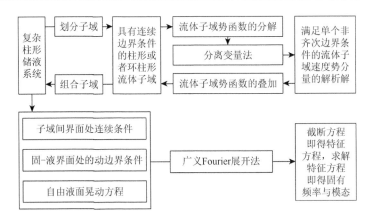

图 2-4　子域法的技术路线图

2.4　带单层刚性隔板圆柱形储液罐中流体晃动特性

考虑如图 2-5 所示的带单层环形刚性隔板的圆柱形储液罐，隔板、罐壁、罐底均为刚体，流体为无黏、无旋、不可压的理想流体且没有充满整个储液罐。按图 2-5 建立柱坐标系 $Or\theta z$，坐标原点 O 位于罐底中心，z 轴即储液罐中轴且垂直于罐中静止流体的自由液面。环形隔板被固定在 $z=z_1$ 的位置上，罐中液体深度为 $z=H$。储液罐内半径和隔板外半径为 R_2，环形隔板内半径为 R_1，隔板厚度远小于隔板外半径，其影响可以忽略不计。本节拟采用流体子域法与数值模拟相结合的方法对带单层刚性隔板圆柱形刚性储液罐中流体晃动特性进行研究。

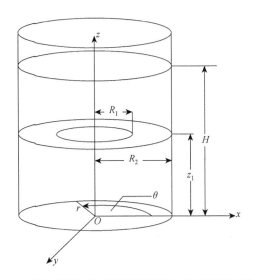

图 2-5　部分充液的带单层刚性隔板的圆柱形刚性储液罐

2.4.1　基本方程

根据势流理论，储液罐中流体的速度势函数 $\phi(r,\theta,z,t)$ 在流体域 Ω 中满足柱坐标下的拉普拉斯方程：

$$\frac{1}{r}\frac{\partial}{\partial r}\left(r\frac{\partial\phi}{\partial r}\right)+\frac{1}{r^2}\frac{\partial^2\phi}{\partial\theta^2}+\frac{\partial^2\phi}{\partial z^2}=0 \tag{2.11}$$

流体域 Ω 中任意点流体的速度为

$$v_r=\frac{\partial\phi}{\partial r},\quad v_\theta=\frac{\partial\phi}{r\partial\theta},\quad v_z=\frac{\partial\phi}{\partial z} \tag{2.12}$$

因为隔板、罐壁、罐底均为刚体，于是流体速度在刚性边界 Γ 上满足

$$\frac{\partial\phi}{\partial n}=0 \tag{2.13}$$

式中，n 为流体域 Ω 的单位法向矢量。储液罐为圆柱形，显而易见其流体速度势满足如下的自然边界条件：

$$\phi\big|_{r=0}=\text{有限值},\quad \phi(\theta+2\pi)=\phi(\theta) \tag{2.14}$$

罐中流体做线性微幅晃动，根据式（2.10）可得 ϕ 在自由液面上满足

$$\frac{\partial\phi}{\partial n}+\frac{1}{g}\frac{\partial^2\phi}{\partial t^2}=0 \tag{2.15}$$

2.4.2　流体子域的划分

如前面所述，形状简单的储液系统中流体的晃动问题可以利用分离变量法求得其解析解。对于带隔板的储液系统，其流体域由"凸"域变成非"凸"域，于是利用之前的解析法无法对其进行求解。如图 2-6 所示，对于带单层环形隔板圆柱形储液罐，其流体域 Ω 可以通过引入人工界面划分成四个子域：Ω_i（$i=1$，2，3，4）。

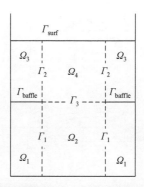

图 2-6　充液系统横截面、流体子域以及子域间界面

设流体子域 Ω_i 的速度势函数为 $\phi_i = (r, \theta, z, t)$。假设 Ω_i 和 $\Omega_{i'}$ 是相互接触的两个子域，其下标满足 $i < i'$，Γ_k 为 Ω_i 和 $\Omega_{i'}$ 之间的人工界面。根据图 2-6，有序三元组（i，i'，k）属于集合 $\{$（1，2，1），（2，4，2），（3，4，3）$\}$。显而易见，Ω_i 和 $\Omega_{i'}$ 在界面 Γ_k 处满足如下的连续条件：

$$\frac{\partial \phi_i}{\partial t} = \frac{\partial \phi_{i'}}{\partial t} \text{（压力连续条件）} \tag{2.16}$$

$$\frac{\partial \phi_i}{\partial n_k} = \frac{\partial \phi_{i'}}{\partial n_k} \text{（速度连续条件）} \tag{2.17}$$

式中，n_k 是域 Γ_k 的法向单位矢量。根据式（2.11），任意子域 Ω_i 对应的流体速度势 ϕ_i 满足柱坐标下的拉普拉斯方程：

$$\frac{1}{r}\frac{\partial}{\partial r}\left(r\frac{\partial \phi_i}{\partial r}\right) + \frac{1}{r^2}\frac{\partial^2 \phi_i}{\partial \theta^2} + \frac{\partial^2 \phi_i}{\partial z^2} = 0 \tag{2.18}$$

由式（2.13）可得 ϕ_i 在刚性边界处满足如下的边界条件：

$$\left.\frac{\partial \phi_1}{\partial z}\right|_{z=0} = 0, \quad \left.\frac{\partial \phi_1}{\partial z}\right|_{z=z_1} = 0, \quad \left.\frac{\partial \phi_1}{\partial r}\right|_{r=R_2} = 0 \tag{2.19}$$

$$\left.\frac{\partial \phi_2}{\partial z}\right|_{z=0} = 0 \tag{2.20}$$

$$\left.\frac{\partial \phi_3}{\partial z}\right|_{z=z_1} = 0, \quad \left.\frac{\partial \phi_3}{\partial r}\right|_{r=R_2} = 0 \tag{2.21}$$

如图 2-6 所示，子域 Ω_3 和子域 Ω_4 具有自由液面。于是可以得到式（2.15）的等效条件：

$$\left.\frac{\partial \phi_3}{\partial z}\right|_{z=H} + \frac{1}{g}\left.\frac{\partial^2 \phi_3}{\partial t^2}\right|_{z=H} = 0 \tag{2.22}$$

$$\left.\frac{\partial \phi_4}{\partial z}\right|_{z=H} + \frac{1}{g}\left.\frac{\partial^2 \phi_4}{\partial t^2}\right|_{z=H} = 0 \tag{2.23}$$

2.4.3　速度势函数的求解

当流体自由晃动时，若自由表面做微幅波动，线性化后，其液面上任一点的运动可以看作简谐振动，显然其速度势也必是时间的简谐函数，可将速度势函数设为

$$\phi(r,\theta,z,t) = \mathrm{j}\omega \mathrm{e}^{\mathrm{j}\omega t}\Phi(r,\theta,z), \quad \phi_i(r,\theta,z,t) = \mathrm{j}\omega \mathrm{e}^{\mathrm{j}\omega t}\Phi_i(r,\theta,z) \tag{2.24}$$

式中，ω 是流体晃动固有频率；j 是虚数单位。Φ_i（$i = 1, 2, 3, 4$）是对应于子域 Ω_i 的振型函数。将式（2.24）代入式（2.19）～式（2.21），得到

$$\left.\frac{\partial \Phi_1}{\partial z}\right|_{z=0} = 0, \quad \left.\frac{\partial \Phi_1}{\partial z}\right|_{z=z_1} = 0, \quad \left.\frac{\partial \Phi_1}{\partial r}\right|_{r=R_2} = 0 \qquad (2.25)$$

$$\left.\frac{\partial \Phi_2}{\partial z}\right|_{z=0} = 0 \qquad (2.26)$$

$$\left.\frac{\partial \Phi_3}{\partial z}\right|_{z=z_1} = 0, \quad \left.\frac{\partial \Phi_3}{\partial r}\right|_{r=R_2} = 0 \qquad (2.27)$$

基于叠加原理求解各个子域对应的振型函数一般解，其一般解由满足边界条件式（2.25）～式（2.27）的通解和待定系数组成。每一个子域的边界条件可以分成两类：齐次边界条件和非齐次边界条件。假设子域 Ω_i 的非齐次边界条件个数为 K_i，于是可设

$$\Phi_i = \sum_{q=1}^{K_i} \Phi_i^q \qquad (2.28)$$

式中，Φ_i^q 是 Φ_i 的第 q 个分量。Φ_i^q 可以通过分离变量法直接求出。根据图 2-6 中流体子域的划分，各子域的振型函数可以设为

$$\Phi_1 = \Phi_1^1 \qquad (2.29)$$

$$\Phi_2 = \Phi_2^1 + \Phi_2^2 \qquad (2.30)$$

$$\Phi_3 = \Phi_3^1 + \Phi_3^2 \qquad (2.31)$$

$$\Phi_4 = \Phi_4^1 + \Phi_4^2 + \Phi_4^3 \qquad (2.32)$$

式中，$\Phi_i^1\,(i=1,2)$ 对应于流体子域的侧边界为非齐边界条件，上下底面均为刚性边界条件；$\Phi_i^1\,(i=3,4)$ 对应于流体子域的侧边界为非齐边界条件，上底面为零压力边界条件，下底面为刚性边界条件；$\Phi_i^2\,(i=2,3,4)$ 对应于流体子域的侧边界为刚性边界条件，下底面为刚性边界条件，上底面为非齐次边界条件；Φ_4^3 对应于流体子域的侧边界为刚性边界条件，上底面为零压力边界条件，下底面为非齐次边界条件。根据上述假设，由式（2.29）～式（2.32）可得 Φ_i^q 的边界条件。对于流体子域 Ω_1，Φ_i^q 满足

$$\left.\frac{\partial \Phi_1^1}{\partial z}\right|_{z=0} = 0, \quad \left.\frac{\partial \Phi_1^1}{\partial z}\right|_{z=z_1} = 0, \quad \left.\frac{\partial \Phi_1^1}{\partial r}\right|_{r=R_2} = 0 \qquad (2.33)$$

对于流体子域 Ω_2，Φ_i^q 满足

$$\left.\frac{\partial \Phi_2^1}{\partial z}\right|_{z=0} = 0, \quad \left.\frac{\partial \Phi_2^1}{\partial z}\right|_{z=z_1} = 0, \quad \left.\Phi_2^1\right|_{r=0} = 有限值$$

$$\left.\frac{\partial \Phi_2^2}{\partial r}\right|_{r=R_1} = 0, \quad \left.\Phi_2^2\right|_{r=0} = 有限值, \quad \left.\frac{\partial \Phi_2^2}{\partial z}\right|_{z=0} = 0 \qquad (2.34)$$

对于流体子域 Ω_3，Φ_i^q 满足

$$\Phi_3^1\big|_{z=H} = 0, \quad \frac{\partial \Phi_3^1}{\partial z}\bigg|_{z=z_1} = 0, \quad \frac{\partial \Phi_3^1}{\partial r}\bigg|_{r=R_2} = 0$$

$$\frac{\partial \Phi_3^2}{\partial r}\bigg|_{r=R_2} = 0, \quad \frac{\partial \Phi_3^2}{\partial r}\bigg|_{r=R_1} = 0, \quad \frac{\partial \Phi_3^2}{\partial z}\bigg|_{z=z_1} = 0 \quad (2.35)$$

对于流体子域 Ω_4，Φ_i^q 满足

$$\Phi_4^1\big|_{z=H} = 0, \quad \frac{\partial \Phi_4^1}{\partial z}\bigg|_{z=z_1} = 0, \quad \Phi_4^1\big|_{r=0} = \text{有限值}$$

$$\frac{\partial \Phi_4^2}{\partial r}\bigg|_{r=R_1} = 0, \quad \Phi_4^2\big|_{r=0} = \text{有限值}, \quad \frac{\partial \Phi_4^2}{\partial z}\bigg|_{z=z_1} = 0$$

$$\frac{\partial \Phi_4^3}{\partial r}\bigg|_{r=R_1} = 0, \quad \Phi_4^3\big|_{r=0} = \text{有限值}, \quad \Phi_4^3\big|_{z=H} = 0 \quad (2.36)$$

为简化分析过程，引入如下无量纲的量：

$$\xi = \frac{r}{R_2}, \quad \zeta = \frac{z}{R_2}, \quad \Lambda = \omega\sqrt{\frac{R_2}{g}}, \quad \eta_k = \frac{n_k}{R_2}, \quad \alpha = \frac{R_1}{R_2}, \quad \beta_1 = \frac{z_1}{R_2}, \quad \beta = \frac{H}{R_2}$$
$$(2.37)$$

根据式（2.14）和式（2.24）可得，Φ_i 和 Φ_i^q 是 θ 的周期函数，且其周期为 2π，在此可将 Φ_i 和 Φ_i^q 设成如下形式：

$$\Phi_i = \sum_{m=0}^{\infty} \Phi_{im}\cos(m\theta), \quad \Phi_i^q = \sum_{m=0}^{\infty} \Phi_{im}^q\cos(m\theta), \quad i=1,2,3,4; q=1,2,3 \quad (2.38)$$

式中，m 即为 Φ_m 的环向波数。Φ_{im} 的通解在此可以通过分离变量法进行求解。于是对于子域 Φ_1，可以得到

$$\Phi_{1m}^1 = \sum_{n=1}^{\infty} A_{1mn}^1\cos\left(\frac{n\pi}{\beta_1}\zeta\right)\left(I_m\left(\frac{n\pi}{\beta_1}\xi\right) + k_1^b K_m\left(\frac{n\pi}{\beta_1}\xi\right)\right)$$
$$+ A_{1m0}^1(\xi^m + \xi^{-m})\delta_m^2 + A_{100}^1\delta_m^1 \quad (2.39)$$

式中，k_1^b、δ_m^1 和 δ_m^2 满足

$$I_m'\left(\frac{n\pi}{\beta_1}\right) + k_1^b K_m'\left(\frac{n\pi}{\beta_1}\right) = 0 \quad (2.40)$$

$$\delta_m^1 = \begin{cases} 1, & m \neq 0 \\ 0, & m = 0 \end{cases}, \quad \delta_m^2 = \begin{cases} 1, & m \neq 0 \\ 0, & m = 0 \end{cases} \quad (2.41)$$

对于子域 Φ_2，可以得到

$$\Phi_{2m}^1 = \sum_{n=1}^{\infty} A_{2mn}^1\cos\left(\frac{n\pi}{\beta_1}\zeta\right)I_m\left(\frac{n\pi}{\beta_1}\xi\right) + A_{2m0}^1\xi^m\delta_m^2 + A_{200}^1\delta_m^1 \quad (2.42)$$

$$\Phi_{2m}^2 = \sum_{n=1}^{\infty} A_{2mn}^2 \left(\mathrm{e}^{\frac{\tilde{x}_n^{(m)}}{\alpha}\zeta} + \mathrm{e}^{-\frac{\tilde{x}_n^{(m)}}{\alpha}\zeta} \right) J_m\left(\frac{\tilde{x}_n^{(m)}}{\alpha}\xi \right) + A_{200}^2 \delta_m^1 \tag{2.43}$$

对于子域 Φ_3，可以得到

$$\Phi_{3m}^2 = \sum_{n=1}^{\infty} A_{3mn}^2 \left(\mathrm{e}^{\lambda_n^m \zeta} + \mathrm{e}^{\lambda_n^m (2\beta_1 - \zeta)} \right) \left(N_m'(\lambda_n^m \alpha) J_m(\lambda_n^m \xi) \right.$$
$$\left. - J_m'(\lambda_n^m \alpha) N_m(\lambda_n^m \xi) \right) + A_{100}^1 \delta_m^1 \tag{2.44}$$

$$\Phi_{3m}^1 = \sum_{n=1}^{\infty} A_{3mn}^1 \cos\left(\frac{(2n-1)\pi}{2(\beta - \beta_1)}(\zeta - \beta_1) \right)$$
$$\times \left(I_m\left(\frac{(2n-1)\pi\xi}{2(\beta - \beta_1)} \right) + k_3^b K_m\left(\frac{(2n-1)\pi\xi}{2(\beta - \beta_1)} \right) \right) \tag{2.45}$$

式中，（ ′ ）表示对 ξ 的导数。λ_n^m 及 k_3^b 满足如下条件：

$$N_m'(\lambda_n^m \alpha) J_m'(\lambda_n^m) - J_m'(\lambda_n^m \alpha) N_m'(\lambda_n^m) = 0 \tag{2.46}$$

$$I_m'\left(\frac{(2n-1)\pi}{2(\beta - \beta_1)} \right) + k_3^b K_m'\left(\frac{(2n-1)\pi}{2(\beta - \beta_1)} \right) = 0 \tag{2.47}$$

对于子域 Φ_4，可以得到

$$\Phi_{4m}^1 = \sum_{n=1}^{\infty} A_{4mn}^1 \cos\left(\frac{(2n-1)\pi}{2(\beta - \beta_1)}(\zeta - \beta_1) \right) I_m\left(\frac{(2n-1)\pi\xi}{2(\beta - \beta_1)} \right) \tag{2.48}$$

$$\Phi_{4m}^2 = \sum_{n=1}^{\infty} A_{4mn}^2 \left(\mathrm{e}^{\frac{\tilde{x}_n^{(m)}}{\alpha}\zeta} + \mathrm{e}^{\frac{\tilde{x}_n^{(m)}}{\alpha}(2\beta_1 - \zeta)} \right) J_m\left(\frac{\tilde{x}_n^{(m)}}{\alpha}\xi \right) + A_{400}^2 \delta_m^1 \tag{2.49}$$

$$\Phi_{4m}^3 = \sum_{n=1}^{\infty} A_{4mn}^3 \left(\mathrm{e}^{\frac{\tilde{x}_n^{(m)}}{\alpha}\zeta} - \mathrm{e}^{\frac{\tilde{x}_n^{(m)}}{\alpha}(2\beta - \zeta)} \right) J_m\left(\frac{\tilde{x}_n^{(m)}}{\alpha}\xi \right) + A_{400}^3 \delta_m^1 (\zeta - \beta) \tag{2.50}$$

式中，$\tilde{x}_n^{(m)}$ 满足

$$J_m'(\tilde{x}_n^{(m)}) = 0 \tag{2.51}$$

在式（2.39）、式（2.42）～式（2.45）以及式（2.48）～式（2.50）中，A_{imn}^q（$i = 1, 2, 3, 4$；$q = 1, 2, 3$；$m = 0, 1, 2, \cdots$；$n = 1, 2, \cdots$）为待定系数。A_{imn}^q 可以通过子域间界面条件和自由液面条件得以确定。显而易见，由 A_{imn}^q 的上下标组成的有序对 (i, q) 属于集合{（1，1），（2，1），（2，2），（3，1），（3，2），（4，1），（4，2），（4，3）}。

2.4.4　特征方程

将式（2.24）和式（2.37）代入式（2.16）和式（2.17）中，即可得到 Φ_i 和 $\Phi_{i'}$ 在域 Γ_k 上满足如下条件：

$$\Phi_i = \Phi_{i'} \tag{2.52}$$

$$\frac{\partial \Phi_i}{\partial \eta_k} = \frac{\partial \Phi_{i'}}{\partial \eta_k} \tag{2.53}$$

将式（2.24）和式（2.37）代入式（2.22）和式（2.23），即可得到 Φ_3 和 Φ_4 在自由液面处满足如下条件：

$$\left. \frac{\partial \Phi_3}{\partial \zeta} \right|_{\zeta=\beta} - \Lambda^2 \Phi_3 \big|_{\zeta=\beta} = 0 \tag{2.54}$$

$$\left. \frac{\partial \Phi_4}{\partial \zeta} \right|_{\zeta=\beta} - \Lambda^2 \Phi_4 \big|_{\zeta=\beta} = 0 \tag{2.55}$$

将式（2.38）代入式（2.52）～式（2.55），可得在人工界面和自由液面上满足

$$\sum_{q=1}^{K_i} \Phi_{im}^q = \sum_{q=1}^{K_{i'}} \Phi_{i'm}^q \tag{2.56}$$

$$\sum_{q=1}^{K_i} \frac{\partial \Phi_{im}^q}{\partial \eta_k} = \sum_{q=1}^{K_{i'}} \frac{\partial \Phi_{i'm}^q}{\partial \eta_k} \tag{2.57}$$

$$\sum_{q=1}^{K_1} \left. \frac{\partial \Phi_{3m}^q}{\partial \zeta} \right|_{\zeta=\beta} - \Lambda^2 \Phi_{3m}^1 \big|_{\zeta=\beta} = 0 \tag{2.58}$$

$$\sum_{q=1}^{K_1} \left. \frac{\partial \Phi_{4m}^q}{\partial \zeta} \right|_{\zeta=\beta} - \Lambda^2 \Phi_{4m}^1 \big|_{\zeta=\beta} = 0 \tag{2.59}$$

将式（2.39）、式（2.42）～式（2.45）和式（2.48）～式（2.50）代入式（2.56）～式（2.59）即可得到关于待定系数 A_{imn}^q（$q = 1,\ 2,\ 3$；$i = 1,\ 2,\ 3,\ 4$；$n = 1,\ 2,\ \cdots$）的无穷维线性方程组。截断 n 至 N 即可得

$$\sum_{n=1}^{N} A_{3mn}^2 (\mathrm{e}^{\lambda_n^m \zeta} + \mathrm{e}^{\lambda_n^m (2\beta_1 - \zeta)})(N_m'(\lambda_n^m \alpha) J_m(\lambda_n^m \alpha) - J_m'(\lambda_n^m \alpha) N_m(\lambda_n^m \alpha)) + A_{300}^2 \delta_m^1$$

$$+ \sum_{n=1}^{N} A_{3mn}^1 \cos\left(\frac{(2n-1)\pi}{2(\beta - \beta_1)}(\zeta - \beta_1) \right)\left(I_m\left(\frac{(2n-1)\pi\alpha}{2(\beta - \beta_1)} \right) + k_3^b K_m\left(\frac{(2n-1)\pi\alpha}{2(\beta - \beta_1)} \right) \right)$$

$$= \sum_{n=1}^{N} A_{4mn}^2 \left(\mathrm{e}^{\frac{\tilde{x}_n^{(m)}}{\alpha} \zeta} + \mathrm{e}^{\frac{\tilde{x}_n^{(m)}}{\alpha}(2\beta_1 - \zeta)} \right) J_m(\tilde{x}_n^{(m)}) + A_{400}^2 \delta_m^1$$

$$+\sum_{n=1}^{N} A_{4mn}^{1} \cos\left(\frac{(2n-1)\pi}{2(\beta-\beta_1)}(\zeta-\beta_1)\right) I_m\left(\frac{(2n-1)\pi\alpha}{2(\beta-\beta_1)}\right)$$

$$+\sum_{n=1}^{N} A_{4mn}^{3}\left(e^{\frac{\tilde{x}_n^{(m)}}{\alpha}\zeta} - e^{\frac{\tilde{x}_n^{(m)}}{\alpha}(2\beta-\zeta)}\right) J_m(\tilde{x}_n^{(m)}) + A_{400}^{3}\delta_m^{1}(\zeta-\beta) \tag{2.60}$$

$$\sum_{n=1}^{N} A_{3mn}^{1}(2n-1)\cos\left(\frac{(2n-1)\pi}{2(\beta-\beta_1)}(\zeta-\beta_1)\right)\left(I_m'\left(\frac{(2n-1)\pi\alpha}{2(\beta-\beta_1)}\right) + k_3^b K_m'\left(\frac{(2n-1)\pi\alpha}{2(\beta-\beta_1)}\right)\right)$$

$$=\sum_{n=1}^{N} A_{4mn}^{1}(2n-1)\cos\left(\frac{(2n-1)\pi}{2(\beta-\beta_1)}(\zeta-\beta_1)\right) I_m'\left(\frac{(2n-1)\pi\alpha}{2(\beta-\beta_1)}\right) \tag{2.61}$$

$$2\sum_{n=1}^{N} A_{4mn}^{2} e^{\frac{\tilde{x}_n^{(m)}}{\alpha}\beta_1} J_m\left(\frac{\tilde{x}_n^{(m)}}{\alpha}\xi\right) + A_{400}^{2}\delta_m^{1} + \sum_{n=1}^{N} A_{4mn}^{1} I_m\left(\frac{(2n-1)\pi\xi}{2(\beta-\beta_1)}\right)$$

$$+\sum_{n=1}^{N} A_{4mn}^{3}\left[e^{\frac{\tilde{x}_n^{(m)}}{\alpha}\beta_1} - e^{\frac{\tilde{x}_n^{(m)}}{\alpha}(2\beta-\beta_1)}\right] J_m\left(\frac{\tilde{x}_n^{(m)}}{\alpha}\xi\right) + A_{400}^{3}\delta_m^{1}(\beta-\beta_1)$$

$$=\sum_{n=1}^{N} A_{2mn}^{1}(-1)^{n} I_m\left(\frac{n\pi}{\beta_1}\xi\right) + A_{2m0}^{1}\xi^{m}\delta_m^{2} + A_{200}^{1}\delta_m^{1}$$

$$+\sum_{n=1}^{N} A_{2mn}^{2}\left(e^{\frac{\tilde{x}_n^{(m)}}{\alpha}\beta_1} + e^{-\frac{\tilde{x}_n^{(m)}}{\alpha}\beta_1}\right) J_m\left(\frac{\tilde{x}_n^{(m)}}{\alpha}\xi\right) + A_{200}^{2}\delta_m^{1} \tag{2.62}$$

$$\frac{1}{\alpha}\sum_{n=1}^{N} A_{4mn}^{3}\tilde{x}_n^{(m)}\left(e^{\frac{\tilde{x}_n^{(m)}}{\alpha}\beta_1} + e^{\frac{\tilde{x}_n^{(m)}}{\alpha}(2\beta-\beta_1)}\right) J_m\left(\frac{\tilde{x}_n^{(m)}}{\alpha}\xi\right) + A_{400}^{3}\delta_m^{1}$$

$$=\frac{1}{\alpha}\sum_{n=1}^{N} A_{2mn}^{2}\tilde{x}_n^{(m)}\left(e^{\frac{\tilde{x}_n^{(m)}}{\alpha}\beta_1} - e^{-\frac{\tilde{x}_n^{(m)}}{\alpha}\beta_1}\right) J_m\left(\frac{\tilde{x}_n^{(m)}}{\alpha}\xi\right) \tag{2.63}$$

$$\sum_{n=1}^{N} A_{1mn}^{1} \cos\left(\frac{n\pi}{\beta_1}\zeta\right)\left(I_m\left(\frac{\alpha n\pi}{\beta_1}\right) + k_1^b K_m\left(\frac{\alpha n\pi}{\beta_1}\right)\right) + A_{1m0}^{1}(\alpha^{m}+\alpha^{-m})\delta_m^{2} + A_{100}^{1}\delta_m^{1}$$

$$=\sum_{n=1}^{N} A_{2mn}^{1} \cos\left(\frac{n\pi}{\beta_1}\zeta\right) I_m\left(\frac{\alpha n\pi}{\beta_1}\right) + A_{2m0}^{1}\alpha^{m}\delta_m^{2} + A_{200}^{1}\delta_m^{1}$$

$$+\sum_{n=1}^{N} A_{2mn}^{2}\left(e^{\frac{\tilde{x}_n^{(m)}}{\alpha}\zeta} + e^{\frac{\tilde{x}_n^{(m)}}{\alpha}\zeta}\right) J_m(\tilde{x}_n^{(m)}) + A_{200}^{2}\delta_m^{1} \tag{2.64}$$

$$\frac{\pi}{\beta_1}\sum_{n=1}^{N} A_{1mn}^{1} n\cos\left(\frac{n\pi}{\beta_1}\zeta\right)\left(I_m'\left(\frac{\alpha n\pi}{\beta_1}\right) + k_1^b K_m'\left(\frac{\alpha n\pi}{\beta_1}\right)\right) + A_{1m0}^{1}m(\alpha^{m-1}-\alpha^{-m-1})\delta_m^{2}$$

$$=\frac{\pi}{\beta_1}\sum_{n=1}^{N} A_{2mn}^{1} n\cos\left(\frac{n\pi}{\beta_1}\zeta\right) I_m'\left(\frac{\alpha n\pi}{\beta_1}\right) + A_{2m0}^{1}m\alpha^{m-1}\delta_m^{2} \tag{2.65}$$

$$\frac{1}{a}\sum_{n=1}^{N}A_{4mn}^{2}\tilde{x}_{n}^{(m)}\left(e^{\frac{\tilde{x}_{n}^{(m)}}{\alpha}\beta}-e^{\frac{\tilde{x}_{n}^{(m)}}{\alpha}(2\beta_{1}-\beta)}\right)J_{m}\left(\frac{\tilde{x}_{n}^{(m)}}{a}\xi\right)$$

$$+\frac{\pi}{2(\beta-\beta_{1})}\sum_{n=1}^{N}A_{4mn}^{1}(-1)^{n}(2n-1)I_{m}\left(\frac{(2n-1)\pi\xi}{2(\beta-\beta_{1})}\right)$$

$$+\frac{2}{\alpha}\sum_{n=1}^{N}A_{4mn}^{3}\tilde{x}_{n}^{(m)}e^{\frac{\tilde{x}_{n}^{(m)}}{\alpha}\beta}J_{m}\left(\frac{\tilde{x}_{n}^{(m)}}{\alpha}\xi\right)+A_{400}^{3}\delta_{m}^{1}$$

$$-\Lambda_{m}^{2}\left(\sum_{n=1}^{N}A_{4mn}^{2}\left(e^{\frac{\tilde{x}_{n}^{(m)}}{\alpha}\beta}+e^{\frac{\tilde{x}_{n}^{(m)}}{\alpha}(2\beta_{1}-\beta)}\right)J_{m}\left(\frac{\tilde{x}_{n}^{(m)}}{\alpha}\xi\right)+A_{400}^{2}\delta_{m}^{1}\right)=0 \qquad (2.66)$$

$$\sum_{n=1}^{N}A_{3mn}^{2}\lambda_{n}^{m}\left(e^{\lambda_{n}^{m}\beta}-e^{\lambda_{n}^{m}(2\beta_{1}-\beta)}\right)\left(N_{m}'(\lambda_{n}^{m}\alpha)J_{m}(\lambda_{n}^{m}\xi)-J_{m}'(\lambda_{n}^{m}\alpha)N_{m}(\lambda_{n}^{m}\xi)\right)$$

$$+\frac{\pi}{2(\beta-\beta_{1})}\sum_{n=1}^{N}A_{3mn}^{1}(-1)^{n}(2n-1)\left(I_{m}\left(\frac{(2n-1)\pi\xi}{2(\beta-\beta_{1})}\right)+k_{1}^{b}K_{m}\left(\frac{(2n-1)\pi\xi}{2(\beta-\beta_{1})}\right)\right)$$

$$-\Lambda_{m}^{2}\left(\sum_{n=1}^{N}A_{3mn}^{2}\left(e^{\lambda_{n}^{m}\beta}+e^{\lambda_{n}^{m}(2\beta_{1}-\beta)}\right)\left(N_{m}'(\lambda_{n}^{m}\alpha)J_{m}(\lambda_{n}^{m}\xi)\right.\right.$$

$$\left.\left.-(\lambda_{n}^{m}\alpha)N_{m}(\lambda_{n}^{m}\xi)\right)+A_{300}^{2}\delta_{m}^{1}\right)=0 \qquad (2.67)$$

式中，Λ_{m} 是无量纲的晃动频率，其对应的模态的环向波数为 m。式（2.60）、式（2.61）、式（2.64）、式（2.65）中的空间坐标 ξ 可以通过 Fourier 展开消除；式（2.62）、式（2.63）、式（2.66）、式（2.67）中的空间坐标可以通过 Bessel 展开消除。截断展开项至 N 即可得到关于待定系数 A_{m} 的线性方程组：

$$D_{m}(\Lambda_{m})\times A_{m}=0 \qquad (2.68)$$

式中，系数矩阵 $D_{m}(\Lambda_{m})$ 和待定系数 A_{m} 可写成如下形式：

$$D_{m}(\Lambda_{m})=\begin{bmatrix} 0 & 0 & 0 & 0 & 0 & d_{m}^{16} & d_{m}^{17} & 0 \\ 0 & 0 & 0 & 0 & 0 & d_{m}^{26} & d_{m}^{27} & d_{m}^{28} \\ 0 & d_{m}^{32} & 0 & d_{m}^{34} & 0 & 0 & 0 & 0 \\ d_{m}^{41} & d_{m}^{42} & d_{m}^{43} & d_{m}^{44} & d_{m}^{45} & 0 & 0 & 0 \\ 0 & 0 & 0 & 0 & d_{m}^{55} & 0 & 0 & d_{m}^{58} \\ d_{m}^{61} & 0 & 0 & d_{m}^{64} & 0 & d_{m}^{67} & d_{m}^{68} \\ 0 & 0 & d_{m}^{73} & d_{m}^{74} & d_{m}^{75} & 0 & 0 & 0 \\ d_{m}^{81} & 0 & 0 & 0 & 0 & 0 & 0 \end{bmatrix} \qquad (2.69)$$

$$A_{m}=\left[\{A_{1mn}^{2}\},\{A_{4mn}^{1}\},\{A_{4mn}^{2}\},\{A_{4mn}^{1}\},\{A_{4mn}^{3}\},\{A_{1mn}^{1}\},\{A_{2mn}^{1}\},\{A_{2mn}^{2}\}\right]^{\mathrm{T}} \qquad (2.70)$$

显而易见，系数矩阵 $D_{m}(\Lambda_{m})$ 中的非零子矩阵 d_{m}^{pq}（$p=1$，2，…，8；$q=1$，2，…，8）为 Fourier 展开或者 Bessel 展开的系数，这些非零元素可以通过高

斯积分求得，具体的积分表达形式详见附录 A。由于线性方程式（2.68）存在非零解，显而易见 Λ_m 满足方程：

$$\left| D_m(\Lambda_m) \right| = 0 \tag{2.71}$$

对于确定的 m，利用搜根法求解式（2.71）可以得到一簇根 Λ_{ml}（$m = 0, 1, 2, \cdots$；$l = 1, 2, \cdots$），Λ_{ml} 为无量纲的晃动频率，m 表示对应模态的环向波数，l 表示对应模态的径向波数。将无量纲的晃动频率 Λ_{ml} 代入线性方程式（2.68），求解线性方程式，即可得到相应的待定系数 A_m，将待定系数 A_m 代入各个子域分量的表达式（2.39），式（2.42）～式（2.45）及式（2.48）～式（2.50）即可得到对应于无量纲晃动频率 Λ_{ml} 的振型函数。引入自由液面晃动波高 f，根据线性微幅晃动条件即可得在自由液面处满足

$$f + \frac{1}{g} \frac{\partial \phi}{\partial t} = 0 \tag{2.72}$$

当储液罐中流体做自由晃动时，f 是时间的简谐函数，于是可设

$$f(r,\theta,t) = j\omega e^{j\omega t} \frac{F(r,\theta)}{R_2} \tag{2.73}$$

式中，$F(r,\theta)$ 为自由液面的振型。

在此取 $\alpha = 0.5$，$\beta_1 = 0.7$，图 2-7 为环向波数为 0 的前两阶振型，图 2-8 为环向波数为 1 的前两阶振型。显然当环向波数为 0 时，其振型是轴对称的；当环向波数不为 0 时，其振型是非轴对称的。根据式（2.38）和式（2.73），$F(r,\theta)$ 可以设为

图 2-7　$\alpha = 0.5$，$\beta_1 = 0.7$ 时环向波数 m 为 0 的前两阶振型

图 2-8　$\alpha = 0.5$，$\beta_1 = 0.7$ 时环向波数 m 为 1 的前两阶振型

$$F(r,\theta) = \sum_{m=0}^{\infty} F_m(r) \cos(m\theta) \tag{2.74}$$

式中，$F_m(r)$ 为自由液面振型的径向剖面。再根据式（2.37），显然可得

$$F_m(\xi) = -\Lambda_m^2 \Phi_m(\xi, \beta) \qquad (2.75)$$

2.4.5　比较研究和收敛性研究

为了验证流体子域法的高精度和高效性，首先研究晃动频率的收敛性。隔板内半径与储液罐内半径比取为 $R_1/R_2 = 0.3$，0.7。液体深度与储液罐内半径比取为 $H/R_2 = 1$。在此取两个不同的隔板位置：$z_1/R_2 = 0.6$，0.8，考察八个不同的截断级数项 $N = 5$，7，9，11，13，15，17，19，分别计算环向波数 $m = 0$ 和 $m = 1$ 的前三阶的晃动频率。

表 2-1 和表 2-2 分别给出了对应于两种不同隔板位置的晃动频率的收敛性。如表 2-1 和表 2-2 所示，Λ_{ml}^2 的精度和收敛性均受隔板位置和隔板内半径的影响，但是这种影响是很小的。显而易见，当截断级数项大于 9 时，流体子域法即可确保三位有效数字，于是对于绝大多数情况，Λ_{ml}^2 都可以通过低阶的特征方程得到。大量的数值研究表明，当截断级数项大于等于 17 时，流体子域法可以保证最少 4 位的有效数字。因此，在下面的分析中，截断级数项均取为 17。

表 2-1　隔板位置取 $z_1/R_2 = 0.6$ 时，Λ_{ml}^2（$m = 0$，1；$I = 1$，2，3）随截断级数项的收敛性

R_1/R_2	m	l	$N=5$	$N=7$	$N=9$	$N=11$	$N=13$	$N=15$	$N=17$	$N=19$
0.3	0	1	3.485	3.491	3.493	3.494	3.495	3.495	3.496	3.496
		2	6.863	6.92	6.942	6.952	6.958	6.961	6.964	6.964
		3	10.058	10.116	10.139	10.15	10.156	10.159	10.162	10.162
	1	1	1.196	1.197	1.198	1.198	1.199	1.199	1.199	1.199
		2	5.226	5.228	5.228	5.229	5.229	5.229	5.229	5.229
		3	8.482	8.505	8.513	8.517	8.519	8.521	8.522	8.522
0.7	0	1	3.646	3.66	3.666	3.669	3.671	3.673	3.674	3.674
		2	6.919	6.96	6.976	6.983	6.987	6.99	6.992	6.992
		3	10.169	10.171	10.171	10.171	10.172	10.172	10.172	10.172
	1	1	1.539	1.542	1.545	1.546	1.547	1.548	1.548	1.549
		2	5.223	5.251	5.262	5.267	5.27	5.272	5.274	5.274
		3	8.479	8.507	8.517	8.522	8.525	8.527	8.528	8.528

表 2-2　隔板位置取 $z_1/R_2 = 0.8$ 时，$\varLambda_{ml}^2$（$m = 0$，1；$I = 1$，2，3）随截断级数项的收敛性

R_1/R_2	m	l	$N = 5$	$N = 7$	$N = 9$	$N = 11$	$N = 13$	$N = 15$	$N = 17$	$N = 19$
0.3	0	1	2.491	2.491	2.491	2.491	2.491	2.492	2.492	2.492
		2	6.317	6.318	6.318	6.318	6.318	6.318	6.318	6.318
		3	9.932	9.933	9.933	9.933	9.933	9.933	9.933	9.933
	1	1	0.708	0.709	0.71	0.71	0.71	0.711	0.711	0.711
		2	4.508	4.513	4.515	4.517	4.518	4.519	4.52	4.52
		3	8.208	8.207	8.207	8.207	8.207	8.207	8.207	8.207
0.7	0	1	3.104	3.113	3.118	3.121	3.123	3.125	3.126	3.126
		2	6.768	6.77	6.77	6.769	6.769	6.769	6.769	6.769
		3	10.088	10.089	10.09	10.09	10.09	10.091	10.091	10.091
	1	1	1.266	1.273	1.277	1.279	1.281	1.283	1.284	1.284
		2	4.949	4.948	4.947	4.947	4.947	4.947	4.947	4.947
		3	8.412	8.411	8.411	8.411	8.411	8.411	8.411	8.411

Biswal 等[18]使用有限元法研究了带单层刚性隔板圆柱形刚性储液罐中流体晃动的固有频率，Biswal 等考虑了四个不同的隔板内半径 $R_1/R_2 = 0.2$，0.4，0.6，0.8。对于不同的隔板内半径，Biswal 等分别研究了隔板位于不同位置的环形波数 $m = 1$ 的第一阶晃动频率。表 2-3 对流体子域法结果与 Biswal 等结果进行了比较。通过表 2-3 的比较，显而易见流体子域法结果与 Biswal 等结果吻合较好，最大的相对误差不超过 5%。

表 2-3　流体子域法与 Biswal 等法的比较

z_1/R_2	流体子域法	Biswal 等法	相对误差	流体子域法	Biswal 等法	相对误差
	$R_1/R_2 = 0.2$			$R_1/R_2 = 0.4$		
0.05	0.430	0.433	0.77%	0.507	0.518	2.17%
0.1	0.595	0.601	0.96%	0.677	0.693	2.34%
0.2	0.817	0.822	0.60%	0.886	0.900	1.57%
0.3	0.970	0.974	0.42%	1.023	1.034	1.08%
0.4	1.081	1.084	0.31%	1.119	1.128	0.76%
0.5	1.161	1.163	0.25%	1.188	1.195	0.55%
0.6	1.218	1.221	0.21%	1.238	1.243	0.41%
0.7	1.259	1.262	0.18%	1.272	1.276	0.32%

续表

z_1/R_2	流体子域法	Biswal 等法	相对误差	流体子域法	Biswal 等法	相对误差
	$R_1/R_2 = 0.6$			$R_1/R_2 = 0.8$		
0.05	0.682	0.702	2.95%	1.048	1.103	4.97%
0.1	0.858	0.889	3.47%	1.156	1.194	3.24%
0.2	1.035	1.057	2.13%	1.228	1.249	1.67%
0.3	1.132	1.150	1.50%	1.262	1.276	1.14%
0.4	1.198	1.210	1.01%	1.284	1.293	0.75%
0.5	1.242	1.251	0.70%	1.298	1.305	0.50%
0.6	1.274	1.280	0.49%	1.308	1.313	0.34%
0.7	1.295	1.299	0.34%	1.315	1.318	0.23%

此外，Gavrilyuk 等[19]基于变分原理的 Galerkin 法，研究了环形隔板与储液罐均为刚性时流体的晃动，其储液罐和隔板的参数为 $R_1/R_2 = 0.7$，$z_1/R_2 = 0.5$，$H/R_2 = 0.6, 1$。Gavrilyuk 等研究了环向波数为 $m = 0, 1$ 所对应的前四阶晃动频率。表 2-4 给出了流体子域法结果与 Gavrilyuk 等结果的比较，如表 2-4 所示，流体子域法结果与 Gavrilyuk 等结果非常接近，其最大的相对误差不超过 1.5%。

表 2-4　当 $R_1/R_2 = 0.7$，$z_1/R_2 = 0.5$ 时，Λ_{ml}^2（$m = 0, 1, 2$；$l = 1, 2, 3, 4$）的比较研究

H/R_2	l	流体子域法	Gavrilyuk 等法	相对误差	流体子域法	Gavrilyuk 等法	相对误差	流体子域法	Gavrilyuk 等法	相对误差
		$m = 0$			$m = 1$			$m = 2$		
0.1	1	2.266	2.287	0.92%	0.928	0.940	1.31%	1.517	1.535	1.23%
	2	6.201	6.197	0.06%	4.190	4.185	0.11%	5.941	5.934	0.11%
	3	9.592	9.608	0.16%	7.915	7.922	0.09%	9.379	9.398	0.19%
	4	12.825	12.808	0.13%	11.144	11.151	0.06%	12.664	12.649	0.12%
0.5	1	3.747	3.759	0.33%	1.619	1.624	0.30%	2.901	2.906	0.18%
	2	6.980	7.011	0.44%	5.289	5.312	0.43%	6.668	6.701	0.49%
	3	10.172	10.173	0.01%	8.515	8.535	0.24%	9.964	9.969	0.06%
	4	13.229	13.324	0.71%	11.692	11.706	0.12%	13.098	13.170	0.55%

2.4.6　参数研究

为了研究隔板内半径对流体晃动的影响，图 2-9 分别给出了环向波数为 $m = 0, 1$ 的晃动频率随隔板内半径的变化曲线。图 2-9 中四种不同的线形分别对

应于环形隔板位于四个不同位置 $z_1 / R_2 = 0.2$，0.4，0.6，0.8，液体深度取为
$H / R_2 = 1$。对于 $z_1 / R_2 = 0.6$，0.8，图 2-9 给出了前三阶的晃动频率；对于
$z_1 / R_2 = 0.4$，图 2-9 给出了前两阶的晃动频率；对于 $z_1 / R_2 = 0.2$，图 2-9 给出了
第一阶的晃动频率。由图 2-9 可以得到两点结论：①当隔板比较接近自由液面时，
晃动频率随隔板内半径的变化较为明显，当隔板比较接近储液罐底时，晃动频
率随隔板内半径变化较小，如图 2-9 所示对应于 $z_1 / R_2 = 0.2$，0.4 的曲线基本上
接近于直线，与此同时对应不同隔板位置的曲线的差异随着径向波数的增加而
减小，所以对于 $z_1 / R_2 = 0.2$，只给出了第一阶频率随隔板内半径的变化曲线；
②晃动频率随隔板内半径的增加而增加，如图 2-9 所示径向波数为 1 的晃动频率
对应的曲线在上升的过程中有一个"台阶"，径向波数为 2 的晃动频率对应的
曲线在上升的过程中经历两个"台阶"，径向波数为 3 的晃动频率对应的曲线
在上升的过程中经历三个"台阶"。

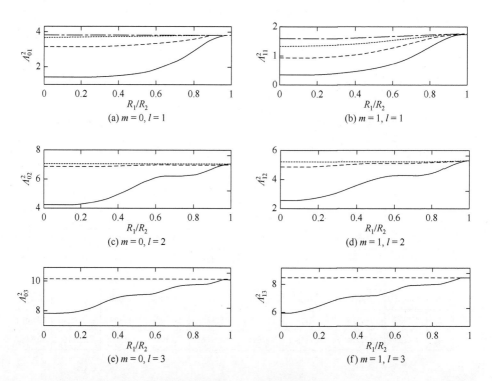

图 2-9　$H/R_2 = 1$ 时，四个不同隔板位置情况下无量纲晃动频率 Λ_{ml}^2（$m = 0$，1；$l = 1$，2，3）
随隔板内半径的变化

————$z_1/R_2 = 0.8$；－－－－－$z_1/R_2 = 0.6$；⋯⋯⋯$z_1/R_2 = 0.4$；－·－·－$z_1/R_2 = 0.2$

图 2-10 给出了环向波数为 $m = 0，1$ 前三阶的晃动频率随隔板位置的变化曲线。在此考虑了三个不同的隔板内半径 $R_1 / R_2 = 0.3，0.6，0.75$。从图 2-10 可以看出，当隔板内半径比较小的时候，晃动频率随隔板位置变化比较明显；当隔板内半径比较大的时候，晃动频率随隔板位置变化相对较小。除此之外，当隔板从靠近自由液面的位置向下移动时，对应于不同内半径的晃动频率迅速地收敛到同一个值；对于一个给定隔板内半径，晃动频率收敛速度随着径向波数的增加而增加。

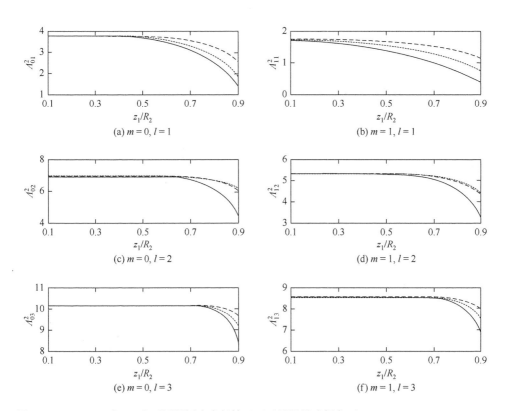

图 2-10　$H/R_2 = 1$ 时，三个不同隔板内半径情况下无量纲晃动频率 $\varLambda_{ml}^2$ （$m = 0，1$；$l = 1，2，3$）随隔板位置的变化

————$R_1/R_2 = 0.3$；············$R_1/R_2 = 0.6$；$-----R_1/R_2 = 0.75$

根据式（2.75），可以通过自由液面的径向剖线来研究自由液面的模态振型。$F_{ml}(\xi)$ 为对应于 $\varLambda_{ml}^2$ 的径向剖线。图 2-11 和图 2-12 给出了环向波数为 $m = 0，1$，径向波数为 $l = 1，2，3$ 的径向剖线。图 2-11 和图 2-12 中四种不同的线形对应于四个不同的隔板内半径，其中图 2-11 和图 2-12 分别对应两个

不同隔板位置 $z_1/R_2 = 0.7$，0.9。由图 2-11 和图 2-12 可得，当隔板离自由液面比较近时，隔板内半径对晃动模态的影响较大；当隔板位置固定时，对应于不同隔板内半径的晃动模态的差异随着径向波数的增加而减小。

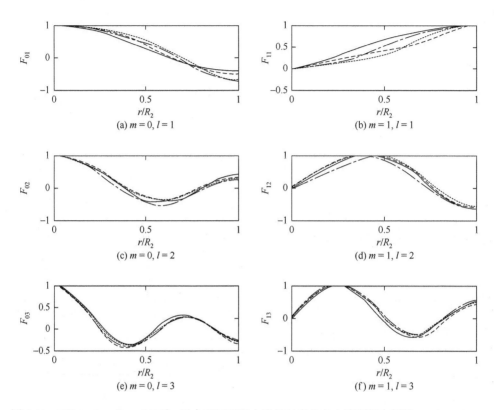

图 2-11 $H/R_2 = 1$，$z_1/R_2 = 0.7$ 时，四个不同隔板内半径对应的自由液面径向剖线 F_{ml}（$m = 0$，1；$l = 1$，2，3）

————$R_1/R_2 = 0.2$；- - - - -$R_1/R_2 = 0.4$；··········$R_1/R_2 = 0.6$；— · — · —$R_1/R_2 = 0.8$

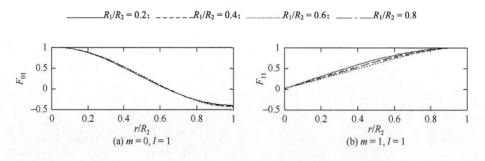

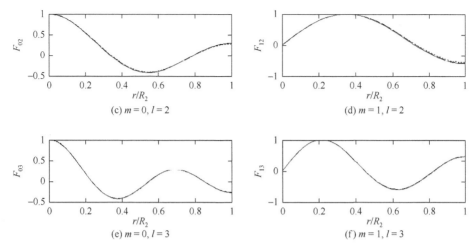

图 2-12　$H/R_2 = 1$，$z_1/R_2 = 0.9$ 时，四个不同隔板内半径对应的自由液面径向剖线 F_{ml}（$m = 0$，1；$l = 1$，2，3）

————— $R_1/R_2 = 0.2$；– – – – $R_1/R_2 = 0.4$；·········· $R_1/R_2 = 0.6$；—— · —— $R_1/R_2 = 0.8$

2.5　带多层刚性隔板圆柱形储液罐中流体晃动特性

2.5.1　基本模型和假设

考虑如图 2-13 所示的带多层环形刚性隔板的圆柱形储液罐，所有隔板均水平放置，其外半径与储液罐内半径相同，所有隔板具有相同的内半径。隔板厚度相对其外半径很小，因此其厚度对流体晃动的影响可以忽略不计。在此考虑隔板数量为 M，这 M 个隔板分别放置在 $z = z_1, z_2, \cdots, z_M$。$z_{M+1} = H$ 为流体的深度，$z_0 = 0$ 为储液罐底的位置。储液罐内半径为 R_2，隔板内半径为 R_1。根据上述定义和假设，图 2-13 中流体速度势函数满足式（2.11）～式（2.15）。

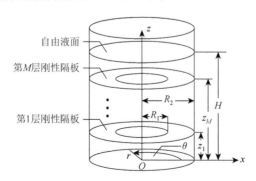

图 2-13　部分充液的带多层刚性隔板的圆柱形刚性储液罐

2.5.2　流体子域的划分

形状比较简单的储液系统（如矩形储液箱、竖向放置的圆柱形储液罐）中流体的晃动问题可以直接通过分离变量法进行求解。但是这种解析的方法无法求解带有隔板的储液系统中晃动问题，这是因为隔板的存在使得原来的流体域由"凸"域变成非"凸"域，尽管如此，速度势在非"凸"的流体域中依然保持连续，但是无法直接通过解析法进行求解。为解决此类问题，在本节分析中引入一个两步划分的方法，如图 2-14 所示，首先流体被隔板所在的平面划分成若干个圆柱形流体域，然后将每个圆柱形流体域划分成一个圆柱形子域和一个环柱形子域。通过这种划分，非"凸"的流体区域被划分成了若干个"凸"的流体子域，除此在每个子域中速度势满足 C^1 类的连续条件且在边界处满足连续边界条件。根据上述划分，带 M 个隔板的流体区域可以被 $2M+1$ 个人工界面（其中，$M+1$ 个柱人工界面，M 个圆人工界面）划分成 $2M+2$ 个流体子域，显然可得

$$\phi(r,\theta,z,t)=\phi_i(r,\theta,z,t),\quad (r,\theta,z)\in\Omega_i,\quad i=1,2,\cdots,2M+2 \quad (2.76)$$

式中，流体子域和人工界面的命名规则如下：$M+1$ 个环柱形子域从下到上依次被命名为 $\Omega_1,\Omega_3,\cdots,\Omega_{2M+1}$；$M+1$ 个柱形子域从下到上依次被命名为 $\Omega_2,\Omega_4,\cdots,\Omega_{2M+2}$；$M+1$ 个柱人工界面从下到上依次被命名为 $\Gamma_1,\Gamma_2,\cdots,\Gamma_{M+1}$；$M$ 个圆人工界面从下到上依次被命名为 $\Gamma_{M+2},\Gamma_{M+3},\cdots,\Gamma_{2M+1}$。

根据上述的定义，显然可以得到

$$\Omega_i=\begin{cases}\{(r,\theta,z):R_1\leqslant r\leqslant R_2,0\leqslant\theta\leqslant2\pi,z_p\leqslant z\leqslant z_{p+1}\}, & p=0,1,\cdots,M;i=2p+1\\[2mm]\{(r,\theta,z):0\leqslant r\leqslant R_1,0\leqslant\theta\leqslant2\pi,z_p\leqslant z\leqslant z_{p+1}\}, & p=0,1,\cdots,M;i=2p+2\end{cases}$$

$$(2.77)$$

假设子域 Ω_i 和 $\Omega_{i'}$ $(i<i')$ 是相互接触的两个流体子域，其接触面为 Γ_k，于是由其下标组成的有序三元对 (i,i',k) 满足

$$(i,\ i',\ k)\in\{(2p-1,\ 2p,\ p)|p=1,2,\cdots,M+1\}$$
$$\bigcup\{(2p,\ 2p+2,\ M+1+p)|p=1,2,\cdots,M\} \quad (2.78)$$

显而易见，Ω_i 和 $\Omega_{i'}$ 在 Γ_k 上满足如下的连续条件：

$$\frac{\partial\phi_i}{\partial t}=\frac{\partial\phi_{i'}}{\partial t},\quad \frac{\partial\phi_i}{\partial n_k}=\frac{\partial\phi_{i'}}{\partial n_k} \quad (2.79)$$

式中，n_k 是 Γ_k 的单位法向矢量。各子域对应的速度势 ϕ_i 在刚性边界处满足如下的不透性条件：

$$\left.\frac{\partial \phi_1}{\partial z}\right|_{z=0} = 0, \quad \left.\frac{\partial \phi_2}{\partial z}\right|_{z=0} = 0, \quad \left.\frac{\partial \phi_i}{\partial r}\right|_{r=R_2} = 0, \quad p = 0,1,\cdots,M; i = 2p+1 \quad (2.80)$$

$$\left.\frac{\partial \phi_i}{\partial z}\right|_{z=z_p} = 0, \quad \left.\frac{\partial \phi_{i'}}{\partial z}\right|_{z=z_p} = 0, \quad p = 1,2,\cdots,M; i = 2p-1; i' = 2p+1 \quad (2.81)$$

由图 2-14 可知，子域 Ω_{2M+1} 有自由液面 Γ_{2M+3}，Ω_{2M+2} 有自由液面 Γ_{2M+2}，于是速度势在 Γ_k（$k = 2M+2$，$2M+3$）处满足

$$\left.\frac{\partial \phi_i}{\partial z}\right|_{z=H} + \frac{1}{g}\left.\frac{\partial^2 \phi_i}{\partial t^2}\right|_{z=H} = 0, \quad (i,k) \in \{(2M+1, 2M+3),(2M+2, 2M+2)\} \quad (2.82)$$

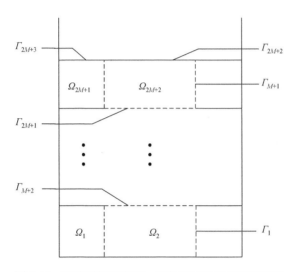

图 2-14　充液系统横截面、流体子域以及子域间界面

2.5.3　速度势函数的求解

当储液系统中流体做自由晃动时，ϕ 可以视为时间 t 的简谐函数，因此可设

$$\phi(r,\theta,z,t) = j\omega e^{j\omega t}\Phi(r,\theta,z) \quad (2.83)$$

式中，ω 是流体晃动的固有频率；j 是单位虚数；Φ 是流体域 Ω 的振型函数，Φ_i（$i = 1,2,\cdots,2M+2$）是对应于流体子域 Ω_i 的振型函数。将式（2.83）代入式（2.80）和式（2.81）可得

$$\left.\frac{\partial \Phi_1}{\partial z}\right|_{z=0} = 0, \quad \left.\frac{\partial \Phi_2}{\partial z}\right|_{z=0} = 0, \quad \left.\frac{\partial \Phi_i}{\partial r}\right|_{r=R_2} = 0, \quad p = 0,1,\cdots,M; i = 2p+1 \quad (2.84)$$

$$\left.\frac{\partial \Phi_i}{\partial z}\right|_{z=z_p} = 0, \quad \left.\frac{\partial \Phi_{i'}}{\partial z}\right|_{z=z_p} = 0, \quad p = 1,2,\cdots,M; i = 2p-1; i' = 2p+1 \quad (2.85)$$

根据图 2-14、式（2.84）以及式（2.85），利用线性势函数的叠加原理，对应于流体子域 Ω_i 的振型函数 Φ_i 可以设为

$$\Phi_i = \sum_{q=1}^{Q_i} \Phi_i^q, \quad Q_i = \begin{cases} 1, & p=1,2,\cdots,M; \; i=2p-1 \\ 2, & i=2,2M+1 \\ 3, & p=1,2,\cdots,M; \; i=2p+2 \end{cases} \tag{2.86}$$

式中，Q_i 表示流体子域 Ω_i 的自由液面条件个数和人工界面条件个数的和；Φ_i^q 为第 q 类速度势。对于环柱形流体子域 Ω_i（$p=0$，1，$\cdots$，$M-1$；$i=2p+1$），Φ_i^1 满足如下的边界条件：

$$\left.\frac{\partial \Phi_i^1}{\partial z}\right|_{z=z_{p+1}} = 0, \quad \left.\frac{\partial \Phi_i^1}{\partial z}\right|_{z=z_p} = 0, \quad \left.\frac{\partial \Phi_i^1}{\partial r}\right|_{r=R_2} = 0 \tag{2.87}$$

式中，Φ_i^1 为上底面、下底面以及外侧面上满足刚性边界条件。对于环柱形流体子域 Ω_{2M+1}，Φ_{2M+1}^q（$q=1$，2）满足如下的边界条件：

$$\left.\Phi_{2M+1}^1\right|_{z=z_{M+1}} = 0, \quad \left.\frac{\partial \Phi_{2M+1}^1}{\partial z}\right|_{z=z_M} = 0, \quad \left.\frac{\partial \Phi_{2M+1}^1}{\partial r}\right|_{r=R_2} = 0$$

$$\left.\frac{\partial \Phi_{2M+1}^2}{\partial r}\right|_{r=R_2} = 0, \quad \left.\frac{\partial \Phi_{2M+1}^2}{\partial r}\right|_{r=R_1} = 0, \quad \left.\frac{\partial \Phi_{2M+1}^2}{\partial z}\right|_{z=z_M} = 0 \tag{2.88}$$

式中，Φ_{2M+1}^1 在上底面满足零压力边界条件，在下底面和外侧面满足刚性边界条件；Φ_{2M+1}^2 在外侧面和外侧面满足刚性边界条件，在下底面满足刚性边界条件。对于柱形子域 Ω_2，Φ_2^q（$q=1$，2）满足如下的边界条件：

$$\left.\frac{\partial \Phi_2^1}{\partial z}\right|_{z=z_1} = 0, \quad \left.\frac{\partial \Phi_2^1}{\partial z}\right|_{z=z_0} = 0, \quad \left.\Phi_2^1\right|_{r=0} = 有限值$$

$$\left.\frac{\partial \Phi_2^2}{\partial z}\right|_{r=R_1} = 0, \quad \left.\Phi_2^2\right|_{r=0} = 有限值, \quad \left.\frac{\partial \Phi_2^2}{\partial z}\right|_{z=z_0} = 0 \tag{2.89}$$

式中，Φ_2^1 在上下底面满足刚性边界条件；Φ_2^2 在侧面和下底面满足刚性边界条件。对于柱形流体子域 Ω_i（$p=1$，2，$\cdots$，$M-1$；$i=2p+2$），Φ_i^q（$q=1$，2，3）满足下列边界条件：

$$\left.\frac{\partial \Phi_i^1}{\partial z}\right|_{z=z_{p+1}} = 0, \quad \left.\frac{\partial \Phi_i^1}{\partial z}\right|_{z=z_p} = 0, \quad \left.\Phi_i^1\right|_{r=0} = 有限值$$

$$\left.\frac{\partial \Phi_i^2}{\partial r}\right|_{r=R_1} = 0, \quad \left.\Phi_i^2\right|_{r=0} = 有限值, \quad \left.\frac{\partial \Phi_i^2}{\partial z}\right|_{z=z_p} = 0$$

$$\left.\frac{\partial \Phi_i^3}{\partial r}\right|_{r=R_1} = 0, \quad \left.\Phi_i^3\right|_{r=0} =有限值, \quad \left.\frac{\partial \Phi_i^3}{\partial z}\right|_{z=z_{p+1}} = 0 \qquad (2.90)$$

式中，Φ_i^1 在上下底面满足刚性边界条件；Φ_i^2 在侧面和下底面满足刚性边界条件；Φ_i^3 在侧面和上底面满足刚性边界条件。对于柱形流体子域 Ω_{2M+2}，Φ_{2M+2}^q（$q=1$，2，3）满足下面的边界条件：

$$\left.\Phi_{2M+2}^1\right|_{z=z_{M+1}} = 0, \quad \left.\frac{\partial \Phi_{2M+2}^1}{\partial z}\right|_{z=z_M} = 0, \quad \left.\Phi_{2M+2}^1\right|_{r=0} =有限值$$

$$\left.\frac{\partial \Phi_{2M+2}^2}{\partial r}\right|_{r=R_1} = 0, \quad \left.\Phi_{2M+2}^2\right|_{r=0} =有限值, \quad \left.\frac{\partial \Phi_{2M+2}^2}{\partial z}\right|_{z=z_M} = 0$$

$$\left.\frac{\partial \Phi_{2M+2}^3}{\partial r}\right|_{r=R_1} = 0, \quad \left.\Phi_{2M+2}^3\right|_{r=0} =有限值, \quad \left.\Phi_{2M+2}^3\right|_{z=z_{M+1}} = 0 \qquad (2.91)$$

式中，Φ_{2M+2}^1 在上底面满足零压力条件和下底面满足刚性边界条件；Φ_{2M+2}^2 在侧面和下底面满足刚性边界条件；Φ_{2M+2}^3 在侧面和上底面满足刚性边界条件。根据边界条件（2.87）～条件（2.91），Φ_i^q 的一般解可通过分离变量法进行求解，其解满足控制方程（2.11）和不透性边界条件（2.13）。在边界条件（2.88）和条件（2.91）中，自由液面条件被零压力条件所取代。在接下来的研究中，一般解中的待定系数可以通过自由液面条件和子域间界面条件求得。为简化分析，在此引入如下的无量纲坐标和参数：

$$\xi = \frac{r}{R_2}, \quad \zeta = \frac{z}{R_2}, \quad \Lambda = \omega\sqrt{\frac{R_2}{g}}, \quad \eta_k = \frac{n_k}{R_2}$$

$$\alpha = \frac{R_1}{R_2}, \quad \beta_p = \frac{z_p}{R_2}, \quad p = 0,1,\cdots,M+1 \qquad (2.92)$$

储液罐为圆柱形，于是流体晃动的振型函数可以分成两类：对称模态和反对称模态。不失一般性，在此仅考虑对称模态，根据式（2.14）和式（2.83），Φ_i 和 Φ_i^q 是关于 θ 的周期函数，且其周期为 2π，于是可设

$$\Phi_i = \sum_{m=0}^{\infty} \Phi_{im} \cos(m\theta), \quad \Phi_i^q = \sum_{m=0}^{\infty} \Phi_{im}^q \cos(m\theta) \qquad (2.93)$$

将式（2.83）、式（2.92）及式（2.93）代入式（2.11）可得

$$\frac{\partial^2 \Phi_{im}^q}{\partial \xi^2} + \frac{1}{\xi}\frac{\partial \Phi_{im}^q}{\partial \xi} + \frac{\partial^2 \Phi_{im}^q}{\partial \zeta^2} - \frac{m^2 \Phi_{im}^q}{\xi^2} = 0 \qquad (2.94)$$

根据式（2.87）～式（2.91），对应每个子域的 Φ_{im}^q 可以通过分离变量法进行求解。对于环柱形流体子域 Ω_i（$p=0$，1，$\cdots$，M；$i=2p+1$），可以求得

$$\Phi_{im}^1 = \sum_{n=1}^{\infty} A_{imn}^1 \cos(\lambda_{pmn}^1(\zeta - \beta_p))(I_m(\lambda_{pmn}^1\xi) + \kappa_{pmn}^1 K_m(\lambda_{pmn}^1\xi))$$
$$+ A_{im0}^1(\xi^m + \xi^{-m})\delta_{2m}\delta_{3i} + A_{i00}^1\delta_{1m} \tag{2.95}$$

$$\Phi_{im}^2 = \delta_{4i} \sum_{n=1}^{\infty} A_{imn}^2 e^{\lambda_{mn}^2\zeta}\left(1 + e^{2\lambda_{mn}^2(\beta_p - \zeta)}\right)$$
$$\times (N_m'(\lambda_{mn}^2\alpha)J_m(\lambda_{mn}^2\xi) - J_m'(\lambda_{mn}^2\alpha)N_m(\lambda_{mn}^2\xi)) \tag{2.96}$$

式中，J_m 和 N_m 分别对应于 m 阶的第一类和第二类贝塞尔函数；I_m 和 K_m 分别对应于第一类和第二类虚宗量的贝塞尔函数；J_m' 和 N_m' 分别对应于 J_m 和 N_m 对 ζ 的导数；δ_{1m}、δ_{2m}、δ_{3i}、δ_{4i}、λ_{pmn}^1、κ_{pmn}^1 及 λ_{mn}^2 满足如下方程：

$$\delta_{1m} = \begin{cases} 1, & m = 0 \\ 0, & m \neq 0 \end{cases}, \quad \delta_{2m} = \begin{cases} 0, & m = 0 \\ 1, & m \neq 0 \end{cases} \tag{2.97}$$

$$\delta_{3i} = \begin{cases} 0, & i = 2M+1 \\ 1, & i \neq 2M+1 \end{cases}, \quad \delta_{4i} = \begin{cases} 1, & i = 2M+1 \\ 0, & i \neq 2M+1 \end{cases} \tag{2.98}$$

$$\lambda_{pmn}^1 = \begin{cases} \dfrac{(2n-1)\pi}{2(\beta_{p+1} - \beta_p)}, & p = M \\ \dfrac{n\pi}{(\beta_{p+1} - \beta_p)}, & p = 0, 1, \cdots, M-1 \end{cases} \tag{2.99}$$

$$I_m'(\lambda_{pmn}^1) + \kappa_{pmn}^1 K_m'(\lambda_{pmn}^1) = 0 \tag{2.100}$$

$$N_m'(\lambda_{mn}^2\alpha)J_m'(\lambda_{mn}^2) - J_m'(\lambda_{mn}^2\alpha)N_m'(\lambda_{mn}^2) = 0 \tag{2.101}$$

式中，I_m' 和 K_m' 分别对应于 I_n 和 K_n 对 ζ 的导数。对于柱形子域 Ω_i（$p = 0, 1, \cdots, M$；$i = 2p+2$），得到

$$\Phi_{im}^1 = \sum_{n=1}^{\infty} A_{imn}^1 \cos(\lambda_{pmn}^1(\zeta - \beta_p))I_m(\lambda_{pmn}^1\xi)$$
$$+ A_{im0}^1\xi^m\delta_m^2\bar{\delta}_{3i} + A_{i00}^1\delta_m^1 \tag{2.102}$$

$$\Phi_{im}^2 = \sum_{n=1}^{\infty} A_{imn}^2 e^{\frac{\zeta\bar{\lambda}_{mn}^2}{\alpha}}\left(1 + e^{\frac{2\bar{\lambda}_{mn}^2(\beta_p - \zeta)}{\alpha}}\right)J_m\left(\frac{\bar{\lambda}_{mn}^2}{\alpha}\xi\right) \tag{2.103}$$

$$\Phi_{im}^3 = \bar{\delta}_{4i} \sum_{n=1}^{\infty} A_{imn}^3 e^{\frac{\zeta\bar{\lambda}_{mn}^2}{\alpha}}\left(1 + \bar{\delta}_{5i}e^{\frac{2\bar{\lambda}_{mn}^2(\beta_{p+1} - \zeta)}{\alpha}}\right)J_m\left(\frac{\bar{\lambda}_{mn}^2}{\alpha}\xi\right) \tag{2.104}$$

式中，$\bar{\delta}_{3i}$、$\bar{\delta}_{4i}$、$\bar{\delta}_{5i}$ 以及 $\bar{\lambda}_{mn}^2$ 满足如下方程：

$$\bar{\delta}_{3i} = \begin{cases} 0, & i = 2M+2 \\ 1, & i \neq 2M+2 \end{cases}, \quad \bar{\delta}_{4i} = \begin{cases} 0, & i = 2 \\ 1, & i \neq 2 \end{cases}$$

$$\bar{\delta}_{si} = \begin{cases} -1, & i = 2M + 2 \\ 1, & i \neq 2M + 2 \end{cases} \qquad (2.105)$$

$$J'_m(\bar{\lambda}^2_{mn}) = 0 \qquad (2.106)$$

在式（2.95）、式（2.96）以及式（2.102）～式（2.104）中，A^q_{imn}（$q = 1$，2，3；$i = 1$，2，$\cdots$，$2M + 2$；$m = 0$，1，2，$\cdots$；$n = 0$，1，2，$\cdots$）为待定系数。

2.5.4　特征方程

将式（2.83）和式（2.92）代入式（2.79），相邻子域 Ω_i 与 $\Omega_{i'}$ 在其界面 Γ_k 上的连续条件可表达成如下形式：

$$\Phi_i = \Phi_{i'}, \quad \frac{\partial \Phi_i}{\partial \eta_k} = \frac{\partial \Phi_{i'}}{\partial \eta_k} \qquad (2.107)$$

将式（2.93）代入式（2.107），即可得 Φ^q_{im} 和 $\Phi^q_{i'm}$ 在 Γ_k 上满足

$$\sum_{q=1}^{Q_i} \Phi^q_{im} = \sum_{q=1}^{Q_{i'}} \Phi^q_{i'm}, \quad \sum_{q=1}^{Q_i} \frac{\partial \Phi^q_{im}}{\partial \eta_k} = \sum_{q=1}^{Q_{i'}} \frac{\partial \Phi^q_{i'm}}{\partial \eta_k} \qquad (2.108)$$

式中，由下标组成的有序三元对 (i, i', k) 满足式（2.78）。将式（2.83）和式（2.92）代入式（2.82），即可得 Φ_i 在自由液面处满足

$$\frac{\partial \Phi_i}{\partial \zeta}\bigg|_{\zeta=\beta} - \Lambda^2 \Phi_i^2\big|_{\zeta=\beta} = 0 \qquad (2.109)$$

将式（2.93）代入式（2.109）即可得

$$\sum_{q=1}^{Q_i} \frac{\partial \Phi^q_{im}}{\partial \zeta}\bigg|_{\zeta=\beta} - \Lambda^2 \Phi_{im}^2\big|_{\zeta=\beta} = 0 \qquad (2.110)$$

式中，由下标组成的有序对满足 $(i, k) \in \{(2M+1, 2M+3), (2M+2, 2M+2)\}$。将式（2.95）、式（2.96）以及式（2.102）～式（2.104）代入式（2.108）和式（2.110）即可确定待定系数 A^q_{im}。在柱界面 Γ_k 上，截断级数项 n 至 $N + 1$ 即可得

$$\sum_{n=1}^{N} A^1_{imn} \cos(\lambda^1_{pmn}(\zeta - \beta_p))(I_m(\lambda^1_{pmn}\alpha) + \kappa^1_{pmn} K_m(\lambda^1_{pmn}\alpha))$$

$$+ A^1_{im0}(\alpha^m + \alpha^{-m})\delta_{2m}\delta_{3i} + A^1_{i00}\delta_{1m}$$

$$+ \delta_{4i}\sum_{n=1}^{N} A^2_{imn} e^{\lambda^2_{mn}\zeta}\left(1 + e^{2\lambda^2_{mn}(\beta_p - \zeta)}\right)(N'_m(\lambda^2_{mn}\alpha)J_m(\lambda^2_{mn}\alpha) - J'_m(\lambda^2_{mn}\alpha)N_m(\lambda^2_{mn}\alpha))$$

$$= \sum_{n=1}^{N} A^1_{i'mn} \cos(\lambda^1_{pmn}(\zeta - \beta_p))I_m(\lambda^1_{pmn}\alpha) + A^1_{i'm0}\alpha^m\delta_{2m}\bar{\delta}_{3i'} + A^1_{i'00}\delta_{1m}$$

$$+\sum_{n=1}^{N} A_{i'mn}^2 e^{\frac{\zeta \bar{\lambda}_{mn}^2}{\alpha}}\left(1+e^{\frac{2\bar{\lambda}_{mn}^2(\beta_p-\zeta)}{\alpha}}\right) J_m(\bar{\lambda}_{mn}^2)$$

$$+\bar{\delta}_{4i'}\sum_{n=1}^{N} A_{i'mn}^3 e^{\frac{\zeta \bar{\lambda}_{mn}^2}{\alpha}}\left(1+\bar{\delta}_{5i'}e^{\frac{2\bar{\lambda}_{mn}^2(\beta_p-\zeta)}{\alpha}}\right) J_m(\bar{\lambda}_{mn}^2) \qquad (2.111)$$

$$\sum_{n=1}^{N} A_{imn}^1 \lambda_{pmn}^1 \cos(\lambda_{pmn}^1(\zeta-\beta_p))(I_m'(\lambda_{pmn}^1\alpha)+\kappa_{pmn}^1 K_m'(\lambda_{pmn}^1\alpha))$$

$$+A_{im0}^1 m\alpha^{m-1}(1-\alpha^{-2m})\delta_{2m}\delta_{3i} \qquad (2.112)$$

$$=\sum_{n=1}^{N} A_{i'mn}^1 \lambda_{pmn}^1 \cos(\lambda_{pmn}^1(\zeta-\beta_p))I_m'(\lambda_{pmn}^1\alpha)+A_{i'm0}^1 m\alpha^{m-1}\delta_{2m}\bar{\delta}_{3i'}$$

式中，$p=0,1,\cdots,M$；$i=2p+2$；$i'=2p+1$；$k=p+1$。在圆人工界面 Γ_k 上，截断级数项 n 至 $N+1$ 可得

$$\sum_{n=1}^{N} A_{imn}^1 (-1)^n I_m(\lambda_{pmn}^1\xi)+A_{im0}^1\xi^m\delta_{2m}\bar{\delta}_{3i}+A_{i00}^1\delta_{1m}$$

$$+\sum_{n=1}^{N} A_{imn}^2 e^{\frac{\beta_{p+1}\bar{\lambda}_{mn}^2}{\alpha}}\left(1+e^{\frac{2\bar{\lambda}_{mn}^2(\beta_p-\beta_{p+1})}{\alpha}}\right) J_m\left(\frac{\bar{\lambda}_{mn}^2}{\alpha}\xi\right)$$

$$+\left(1+\bar{\delta}_{5i}\right)\bar{\delta}_{4i}\sum_{n=1}^{N} A_{imn}^3 e^{\frac{\beta_p\bar{\lambda}_{mn}^2}{\alpha}} J_m\left(\frac{\bar{\lambda}_{mn}^2}{\alpha}\xi\right)$$

$$=\sum_{n=1}^{N} A_{i'mn}^1 I_m(\lambda_{p+1mn}^1\xi)+A_{i'm0}^1\xi^m\delta_{2m}\bar{\delta}_{3i'}+A_{i'00}^1\delta_{1m}+2\sum_{n=1}^{N} A_{i'mn}^2 e^{\frac{\beta_{p+1}\bar{\lambda}_{mn}^2}{\alpha}} J_m\left(\frac{\bar{\lambda}_{mn}^2}{\alpha}\xi\right)$$

$$+\bar{\delta}_{4i'}\sum_{n=1}^{N} A_{i'mn}^3 e^{\frac{\beta_{p+1}\bar{\lambda}_{mn}^2}{\alpha}}\left(1+\bar{\delta}_{5i'}e^{\frac{2\bar{\lambda}_{mn}^2(\beta_{p+2}-\beta_{p+1})}{\alpha}}\right) J_m\left(\frac{\bar{\lambda}_{mn}^2}{\alpha}\xi\right) \qquad (2.113)$$

$$\frac{1}{\alpha}\sum_{n=1}^{N} A_{mn}^2 \bar{\lambda}_{mn}^2 e^{\frac{\beta_{p+1}\bar{\lambda}_{mn}^2}{\alpha}}\left(1-e^{\frac{2\bar{\lambda}_{mn}^2(\beta_p-\beta_{p+1})}{\alpha}}\right) J_m\left(\frac{\bar{\lambda}_{mn}^2}{\alpha}\xi\right)$$

$$=\frac{\bar{\delta}_{4i'}}{\alpha}\sum_{n=1}^{N} A_{i'mn}^3 \bar{\lambda}_{mn}^2 e^{\frac{\beta_{p+1}\bar{\lambda}_{mn}^2}{\alpha}}\left(1-\bar{\delta}_{5i'}e^{\frac{2\bar{\lambda}_{mn}^2(\beta_{p+2}-\beta_{p+1})}{\alpha}}\right) J_m\left(\frac{\bar{\lambda}_{mn}^2}{\alpha}\xi\right) \qquad (2.114)$$

式中，$P=0,1,\cdots,\ M-1$；$i=2p+2$；$i'=2p+4$；$k=2p+3$。在自由液面 Γ_{2M+2} 上，截断级数项 n 至 $N+1$ 即可得

$$\sum_{n=1}^{N} A_{imn}^1 \lambda_{Mmn}^1 (-1)^n I_m(\lambda_{Mmn}^1\xi)$$

$$+\frac{1}{\alpha}\sum_{n=1}^{N}A_{imn}^{2}\overline{\lambda}_{mn}^{2}\mathrm{e}^{\frac{\beta_{M+1}\overline{\lambda}_{mn}^{2}}{\alpha}}\left(1-\mathrm{e}^{\frac{2\overline{\lambda}_{mn}^{2}(\beta_{M}-\beta_{M+1})}{\alpha}}\right)J_{m}\left(\frac{\overline{\lambda}_{mn}^{2}}{\alpha}\xi\right)$$

$$+\frac{(1-\overline{\delta}_{5i})\overline{\delta}_{4i}}{\alpha}\sum_{n=1}^{N}A_{imn}^{3}\overline{\lambda}_{mn}^{2}\mathrm{e}^{\frac{\overline{\lambda}_{mn}^{2}\beta_{M+1}}{\alpha}}J_{m}\left(\frac{\overline{\lambda}_{mn}^{2}}{\alpha}\xi\right)$$

$$-\Lambda_{m}^{2}\sum_{n=1}^{N}A_{imn}^{2}\mathrm{e}^{\frac{\beta_{M+1}\overline{\lambda}_{mn}^{2}}{\alpha}}\left(1+\mathrm{e}^{\frac{2\overline{\lambda}_{mn}^{2}(\beta_{M}-\beta_{M+1})}{\alpha}}\right)J_{m}\left(\frac{\overline{\lambda}_{mn}^{2}}{\alpha}\xi\right)-\Lambda_{m}^{2}A_{i00}^{1}\delta_{1m}=0\quad(2.115)$$

式中，$i=2M+2$。在自由液面 Γ_{2M+3} 上，截断级数项 n 至 $N+1$ 即可得

$$\sum_{n=1}^{N}A_{imn}^{1}\lambda_{Mmn}^{1}(-1)^{n}\left(I_{m}(\lambda_{Mmn}^{1}\xi)+\kappa_{Mmn}^{1}K_{m}(\lambda_{Mmn}^{1}\xi)\right)$$

$$+\delta_{4i}\sum_{n=1}^{N}A_{imn}^{2}\lambda_{mn}^{2}\mathrm{e}^{\lambda_{mn}^{2}\beta_{M+1}}\left(1-\mathrm{e}^{2\lambda_{mn}^{2}(\beta_{M}-\beta_{M+1})}\right)$$

$$\times\left(N_{m}'(\lambda_{mn}^{2}\alpha)J_{m}(\lambda_{mn}^{2}\xi)-J_{m}'(\lambda_{mn}^{2}\alpha)N_{m}(\lambda_{mn}^{2}\xi)\right)$$

$$-\Lambda_{m}^{2}\delta_{4i}\sum_{n=1}^{N}A_{mn}^{2}\mathrm{e}^{\lambda_{mn}^{2}\beta_{M+1}}\left(1+\mathrm{e}^{2\lambda_{mn}^{2}(\beta_{M}-\beta_{M+1})}\right)\left(N_{m}'(\lambda_{mn}^{2}a)J_{m}(\lambda_{mn}^{2}\xi)\right.$$

$$\left.-J_{m}'\left(\lambda_{mn}^{2}\alpha\right)N_{m}\left(\lambda_{mn}^{2}\xi\right)\right)-\Lambda_{m}^{2}A_{i00}^{1}\delta_{1m}=0\quad(2.116)$$

式中，$i=2M+1$。晃动频率 Λ_{m} 对应于环向波数为 m 的晃动模态。将式（2.111）和式（2.112）两边同时乘以 $\cos(\lambda_{pmn}^{1}(\zeta-\beta_{p}))$（其中当 $p\leqslant M-1$ 时，取 $\overline{n}=0,1,2,\cdots,N$，$\lambda_{pm0}^{1}=0$；当 $p=M$ 时，取 $\overline{n}=0,1,2,\cdots,N$），然后两边同时对 ζ 从 β_{p} 到 β_{p+1} 进行积分，即可将式（2.111）和式（2.112）中的空间坐标 ζ 消除；将式（2.113）～式（2.115）两边同时乘以 $J_{m}(\overline{\lambda}_{m\overline{n}}^{2}\xi/\alpha)$（其中当 $m=0$ 时，取 $\overline{n}=0,1,2,\cdots,N$，$\overline{\lambda}_{00}^{2}=0$；当 $m\neq0$ 时，取 $\overline{n}=0,1,2,\cdots,N$），然后两边同时对 ξ 从 0 到 α 进行积分，即可将式（2.113）～式（2.115）中的空间坐标 ξ 消除。将式（2.116）两边同时乘以 $(N_{m}'(\lambda_{m\overline{n}}^{2}\alpha)J_{m}(\lambda_{m\overline{n}}^{2}\xi)-J_{m}'(\lambda_{m\overline{n}}^{2}\alpha)N_{m}(\lambda_{mn}^{2}\xi))$（其中当 $m=0$ 时，取 $\overline{n}=0,1,2,\cdots,N$，$\overline{\lambda}_{00}^{2}=0$；当 $m\neq0$ 时，取 $\overline{n}=0,1,2,\cdots,N$），然后两边同时对 ζ 从 α 到 1 进行积分，即可将式（2.116）中的空间坐标 ξ 消除。于是可将关于待定系数 A_{m} 的线性方程组写成如下形式：

$$\left[D_{m}-\Lambda_{m}^{2}\overline{D}_{m}\right]A_{m}=0\quad(2.117)$$

式中，矩阵 D_{m}、$\overline{D}_{m}$ 和列向量 A_{m} 的具体形式如下：

$$D_{m}=\begin{bmatrix}D_{m}^{11}&D_{m}^{12}\\D_{m}^{21}&D_{m}^{22}\end{bmatrix},\quad\overline{D}_{m}=\begin{bmatrix}0&0\\\overline{D}_{m}^{21}&\overline{D}_{m}^{22}\end{bmatrix}\quad(2.118)$$

$$A_m = \left[A_{1mn}^1, A_{2mn}^1, \cdots, A_{2M+2mn}^1, A_{2M+1mn}^2, A_{2mn}^2, A_{4mn}^3, A_{4mn}^2, A_{6mn}^3, A_{6mn}^2, \cdots, A_{2M+2mn}^3, A_{2M+2mn}^2 \right]^{\mathrm{T}}$$

$$(2.119)$$

式中

$$D_m^{11} = \begin{bmatrix} W_1 & & & & \\ & W_2 & & & \\ & & \ddots & & \\ & & & W_M & \\ & & & & W_{M+1} \end{bmatrix}$$

$$D_m^{12} = \begin{bmatrix} B_1' & & & & \\ 0 & B_2' & & & \\ \vdots & \ddots & \ddots & & \\ 0 & \cdots & 0 & B_M' & \\ B_{M+1} & 0 & \cdots & 0 & B_{M+1}' \end{bmatrix}$$

$$D_m^{21} = \begin{bmatrix} W_{M+2} & W_{M+2} & & & \\ & W_{M+3} & W_{M+3} & & \\ & & \ddots & \ddots & \\ & & & W_{2M+1} & W_{2M+1} \\ & & & & W_S \end{bmatrix}$$

$$D_m^{22} = \begin{bmatrix} B_{M+2} & B_{M+3} & & & \\ 0 & B_{M+3} & B_{M+3}' & & \\ \vdots & \ddots & \ddots & \ddots & \\ 0 & \cdots & 0 & B_{2M+1} & B_{2M+1}' \\ B_S^1 & 0 & \cdots & 0 & B_S^2 \end{bmatrix}$$

$$\bar{D}_m^{21} = \begin{bmatrix} 0 & 0 & \cdots & 0 & 0 \\ 0 & 0 & \cdots & 0 & 0 \\ \vdots & \vdots & & \vdots & \vdots \\ 0 & 0 & \cdots & 0 & 0 \\ 0 & 0 & \cdots & 0 & \bar{W}_S \end{bmatrix}, \quad \bar{D}_m^{22} = \begin{bmatrix} 0 & 0 & \cdots & 0 & 0 \\ 0 & 0 & \cdots & 0 & 0 \\ \vdots & \vdots & & \vdots & \vdots \\ 0 & 0 & \cdots & 0 & 0 \\ \bar{B}_S^1 & 0 & \cdots & 0 & \bar{B}_S^2 \end{bmatrix}$$

$$(2.120)$$

矩阵 D_m 和 $\bar{D}_m$ 中的非零元素均为 Fourier 展开或 Bessel 展开的系数，这些系数可以通过高斯积分进行求解。矩阵 D_m 和 $\bar{D}_m$ 以及矢量 A_m 的具体表达形式详见附录 B。对于任意给定的环向波数 m（$m=0$，1，2，$\cdots$），晃动频率 Λ_{ml} 可以通过求解线性特征值方程（2.117）获得。值得注意的是，与第 l 阶晃动频率所对应的模态的

径向波节数也是 l。通过式（2.118）～式（2.120）可以发现矩阵 D_m 和 $\bar{D}_m$ 是非对称的，显然方程（2.117）是一个广义特征值问题，但是在求解过程中我们从未遇到负频率的情况，其原因可能是在分析过程没有考虑流体阻尼。值得注意的是，流体子域法在一些极端的情况下会遇到求解稳定性的问题，这些极端情况主要包括：柱形流体子域非常细($0 < \alpha < 0.05$)；环柱形流体子域非常薄($0.95 < \alpha < 1$)；流体子域非常薄($0 < \beta_{p+1} - \beta_p < 0.05$)。将系数 $\{A_m\}$ 代入式（2.95）、式（2.96）及式（2.102）～式（2.104）即可得任意流体子域对应的速度势函数。在此引入液面晃动函数 f，即可将自由液面晃动方程改写成如下形式：

$$f + \frac{1}{g}\frac{\partial \phi}{\partial t} = 0 \qquad (2.121)$$

当储液罐中流体做自由晃动时，$f(r,\theta,t)$ 显然是时间的间歇函数。根据式（2.93）和式（2.121），$f(r,\theta,t)$ 显然可以设成如下形式：

$$f(r,\theta,t) = \frac{\mathrm{e}^{j\omega t}}{R_2}\sum_{m=0}^{\infty} F_m(r)\cos(m\theta) \qquad (2.122)$$

式中，$F_m(r)$ 为自由液面在 $\theta = 0$ 方向上的径向剖面。将式（2.83）、式（2.92）及式（2.122）代入式（2.121）得

$$F_m(\xi) = \Lambda_m^2 \Phi_m(\xi, \beta), \quad m = 0, 1, 2, \cdots \qquad (2.123)$$

2.5.5　收敛性研究及比较研究

为了验证流体子域法的正确性与稳定性，首先研究晃动频率收敛性。在下面的分析中，始终取液面深度与储液罐内半径的比 $H/R_2 = 1$。在此分别考虑隔板数量取 $M = 3, 4$ 的情况，当隔板数量取为 $M = 3$ 时，三个隔板分别被放置于 $z_1/R_2 = 0.4$，$z_2/R_2 = 0.6$ 以及 $z_3/R_2 = 0.8$ 的位置上，这三个隔板的内半径均取为 $R_1/R_2 = 0.5$；当隔板数量取为 $M = 4$ 时，四个隔板分别被放置于 $z_1/R_2 = 0.2$，$z_2/R_2 = 0.4$，$z_3/R_2 = 0.6$ 及 $z_4/R_2 = 0.8$ 的位置上，这四个隔板的内半径均取为 $R_1/R_2 = 0.7$。表 2-5 和表 2-6 分别给出了对应于这三种情况的晃动频率的收敛性 Λ_{ml}^2（$m = 0$，1，2，$l = 1$，2）。由表 2-5 和表 2-6 显然可得晃动频率随着截断级数项的增加迅速地收敛，当截断级数项大于 12 时即可保证三位有效数字，当截断级数项大于 20 时即可保证四位有效数字。因此本节后续的分析中均将截断级数项设定为 20。为了验证流体子域法的正确性，将流体子域法结果与商业有限元软件 ADINA 的结果进行比较研究。在 ADINA 的有限元模型中，流体采用 27 节点的势流单元，在此使用两种不同的 Potential-interfaces 边界来定义流体边界，将其自由液面设定为 Free surface，将流-固交界面设定为 Rigid-wall，N_e 为流体单元的数量。在此分别考虑隔板数量取 $M = 2, 3$ 的情况，当隔板数

量 $M = 2$ 时，隔板被放置在 $z_1 / R_2 = 0.5$，$z_2 / R_2 = 0.75$ 的位置上，隔板内半径取 $R_1 / R_2 = 0.5$，为研究 ADINA 的收敛性，考虑三种不同的网格划分 $N_e = 1765$，4512，8500；当隔板数量 $M = 3$ 时，三个隔板分别被放置在 $z_1 / R_2 = 0.25$，$z_2 / R_2 = 0.5$ 以及 $z_3 / R_2 = 0.75$ 的位置上，隔板内半径取 $R_1 / R_2 = 0.5$，考虑三种不同的网格划分 $N_e = 1648$，4800，8800。利用流体子域法和 ADINA 分别求出前十阶的晃动频率，其结果比较详见表 2-7。

表 2-5　隔板数量取为 3，内半径取为 $R_1/R_2 = 0.5$ 时，晃动频率 Λ_{ml}^2（$m = 0$，1，2；$l = 1$，2）的收敛性

m	l	$N = 4$	$N = 6$	$N = 8$	$N = 10$	$N = 12$	$N = 16$	$N = 20$	$N = 24$
0	1	2.641	2.649	2.651	2.653	2.654	2.655	2.656	2.656
	2	6.638	6.644	6.647	6.648	6.649	6.650	6.651	6.651
1	1	0.8819	0.8853	0.8871	0.8883	0.8891	0.8910	0.8911	0.8911
	2	4.855	4.855	4.855	4.856	4.856	4.856	4.857	4.857
2	1	1.787	1.789	1.791	1.792	1.792	1.793	1.794	1.794
	2	6.301	6.305	6.307	6.308	6.309	6.310	6.311	6.311

表 2-6　隔板数量取为 4，内半径取为 $R_1/R_2 = 0.7$ 时，晃动频率 Λ_{ml}^2（$m = 0$，1，2；$l = 1$，2）的收敛性

m	l	$N = 4$	$N = 6$	$N = 8$	$N = 10$	$N = 12$	$N = 16$	$N = 20$	$N = 24$
0	1	3.082	3.095	3.101	3.105	3.107	3.110	3.112	3.112
	2	6.760	6.764	6.764	6.764	6.764	6.764	6.764	6.764
1	1	1.225	1.232	1.236	1.238	1.240	1.242	1.243	1.243
	2	4.939	4.938	4.938	4.938	4.938	4.938	4.938	4.938
2	1	2.161	2.170	2.175	2.178	2.180	2.183	2.185	2.185
	2	6.469	6.470	6.470	6.469	6.469	6.468	6.468	6.468

表 2-7　隔板数量取为 $M = 2$，3，晃动频率 Λ_{ml}^2 的比较研究

M	方法	N_e	环向波数 m，径向波数 l									
			1, 1	2, 1	0, 1	3, 1	4, 1	1, 2	5, 1	2, 2	0, 2	6, 1
3	ADINA	1648	1.034	2.086	3.008	3.344	4.670	5.064	5.985	6.525	6.883	7.262
		4800	1.031	2.084	3.002	3.333	4.663	5.060	5.979	6.521	6.857	7.252
		8800	1.029	2.080	2.997	3.329	4.660	5.053	5.973	6.518	6.848	7.241
	流体子域法		1.026	2.076	2.994	3.327	4.636	5.049	5.921	6.503	6.832	7.158

续表

M	方法	N_e	环向波数 m，径向波数 l									
			1, 1	2, 1	0, 1	3, 1	4, 1	1, 2	5, 1	2, 2	0, 2	6, 1
2	ADINA	1765	1.033	2.085	3.007	3.345	4.670	5.064	5.985	6.524	6.871	7.262
		4512	1.031	2.081	3.002	3.335	4.665	5.059	5.981	6.519	6.862	7.250
		8500	1.028	2.079	2.997	3.330	4.658	5.055	5.976	6.513	6.857	7.243
	流体子域法		1.026	2.076	2.994	3.327	4.636	5.048	5.921	6.503	6.832	7.158

2.5.6　参数研究

1. 晃动频率随隔板位置的变化规律

研究隔板位置对晃动频率 Λ_{ml}^2 ($m = 0, 1; l = 1$) 的影响，在此取隔板数量 $M = 2$，显然其研究可分为两部分：固定下隔板的位置，研究上隔板位置对流体晃动的影响；固定上隔板的位置，研究下隔板位置对流体晃动的影响。首先考虑上隔板位置的影响，将下隔板固定在 $z_1 / R_2 = 0.4$ 的位置上，取两个不同的隔板内半径 $R_1 / R_2 = 0.6, 0.8$，上隔板位置从 $z_2 / R_2 = 0.45$ 上升到 $z_2 / R_2 = 0.9$，图 2-15 和图 2-16 分别给出了两个不同隔板内半径情况下晃动频率随上隔板位置的变化。为了研究下隔板在上隔板位置变化过程中所起到的作用，去掉下隔板，考虑晃动频率随单层隔板位置的变化，图 2-15 和图 2-16 给出了两种情况的比较。从图中可以看出，随着上隔板从靠近下隔板的位置向上变化，晃动频率单调减小。通过单层隔板与多层隔板的比较，下隔板在上隔板位置变化过程中所起到的作用是很小的。

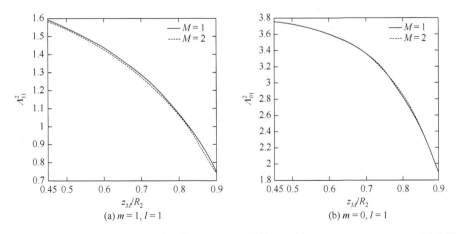

图 2-15　隔板内径取 $R_1/R_2 = 0.6$ 时，单层和双层隔板情况下的 Λ_{ml}^2 ($m = 0, 1; l = 1$) 随上隔板位置的变化

　　将上隔板被固定在 $z_2/R_2 = 0.8$ 的位置上，考虑两个不同的隔板内半径 $R_1/R_2 = 0.7, 0.9$，下隔板位置从 $z_1/R_2 = 0.1$ 上升到 $z_1/R_2 = 0.75$，图 2-17 和图 2-18 分别给出了两种不同内半径情况下晃动频率的变化曲线。从图中可以看出，当下隔板从靠近储液罐底的位置向上变化时，晃动频率先减小；当下隔板上升到靠近上隔板的位置时，晃动频率随着隔板的继续上升而增加。这主要是因为当下隔板靠近储液罐底时，其影响很小，当其位置上升时，其影响随之增加，但是当上升到比较靠近上隔板的位置时，其影响开始减小，当两个隔板的距离较小时，其结果应该接近于单层隔板的情况。

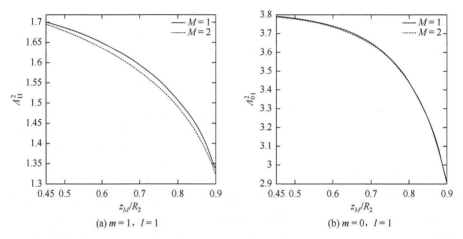

图 2-16　隔板内径取 $R_1/R_2 = 0.8$ 时，单层和双层隔板情况下 Λ_{ml}^2 （$m = 0, 1; l = 1$）随上隔板位置的变化

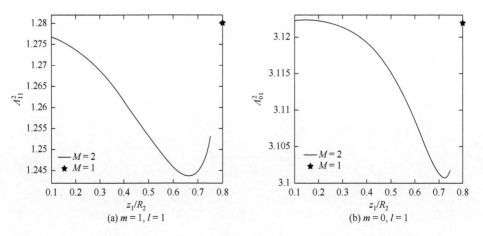

图 2-17　$M = 2$ （$R_1/R_2 = 0.7$, $z_2/R_2 = 0.8$）时，Λ_{ml}^2 （$m = 0, 1; l = 1$）随下隔板位置的变化

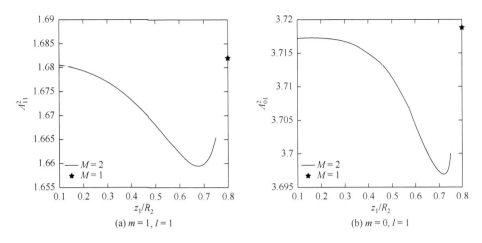

图 2-18　$M = 2$（$R_1/R_2 = 0.9$，$z_2/R_2 = 0.8$）时，Λ_{ml}^2（$m = 0$，1；$l = 1$）随下隔板位置的变化

2. 晃动频率随隔板内半径的变化规律

下面研究隔板内半径对流体晃动频率 Λ_{ml}^2（$m = 0$，1；$l = 1$）的影响，在此取隔板数量 $M = 2$，其研究可以分成两种情况。考虑第一种情况，上隔板位置固定在 $z_2/R_2 = 0.9$ 的位置上，考虑两个不同下隔板位置 $z_1/R_2 = 0.4$，0.8，图 2-19 给出了晃动频率随隔板内半径变化的曲线。由图 2-19 可得，晃动频率随隔板内半径的增加而增加，这意味着隔板对流体晃动的影响随着隔板内半径的增加而减小。除此之外，图 2-19 中对应于 $z_1/R_2 = 0.4$ 和 $z_1/R_2 = 0.8$ 的两条曲线的差别很小，因此下隔板在隔板内半径变化过程中所起到的作用很小。

考虑第二种情况，下隔板固定在 $z_1/R_2 = 0.5$ 的位置上，考虑两个不同的上隔板位置 $z_2/R_2 = 0.7$，0.9，图 2-20 给出了晃动频率随隔板内半径的变化规律。从图 2-20 中可以看出，对应于 $z_2/R_2 = 0.7$ 和 $z_2/R_2 = 0.9$ 的两条曲线有着明显的差异，除此之外，两条曲线的距离随着隔板内半径的增加而减小。这是因为上隔板位置对流体晃动的影响随着隔板内半径的增加而减小。当环形隔板的内外半径比接近于 1 的时候，两条曲线基本上交汇在一起了，这是因为两个不同上隔板位置情况下的晃动频率均趋于无隔板的情况。

3. 晃动模态

F_{ml}（$m = 0$，1；$l = 1$）为对应于晃动频率 Λ_{ml}^2（$m = 0$，1；$l = 1$）自由液面径向剖线。隔板数量取 $M = 2$，液体深度取为 $H/R_2 = 1$。首先取隔板内半径为 $R_1/R_2 = 0.65$，将下隔板固定在 $z_1/R_2 = 0.6$ 的位置上，图 2-21 为对应于

$z_2/R_2 = 0.7$，0.8，0.9 的径向剖线 F_{ml}（$m = 0$，1，$l = 1$）。从图 2-21 中可以看出，上隔板位置对于流体晃动模态有着明显的影响。接下来考虑下隔板位置对于晃动模态的影响，取隔板内半径为 $R_1/R_2 = 0.7$，将上隔板固定在 $z_2/R_2 = 0.9$ 的位置上，图 2-22 为对应于 $z_1/R_2 = 0.3$，0.7 的径向剖线 F_{ml}（$m = 0$，1；$l = 1$）。从图 2-22 中可以看出，下隔板位置对于流体晃动模态的影响很小。

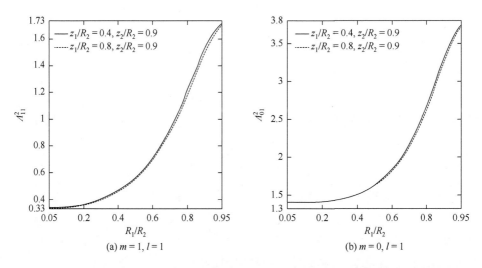

图 2-19　当 $z_1/R_2 = 0.4$，0.8，$z_2/R_2 = 0.9$ 时，Λ_{ml}^2（$m = 0$，1；$l = 1$）随隔板内半径的变化

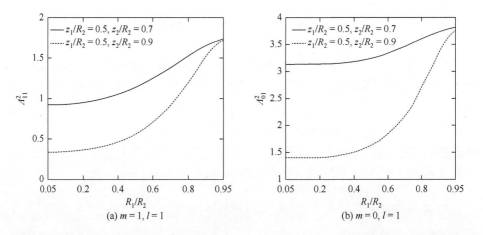

图 2-20　当 $z_1/R_2 = 0.5$，$z_2/R_2 = 0.7$，0.9 时，Λ_{ml}^2（$m = 0$，1；$l = 1$）随隔板内半径的变化

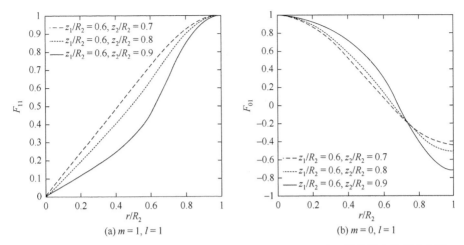

图 2-21　当 $R_1/R_2 = 0.65$，$z_1/R_2 = 0.6$，$z_2/R_2 = 0.7$，0.8，0.9 时，晃动模态的径向剖线 F_{ml}（$m = 0$，1；$l = 1$）

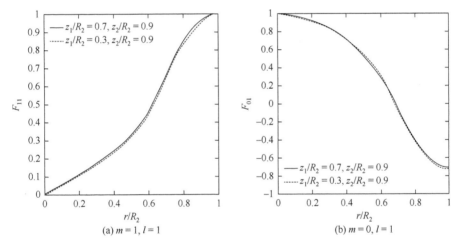

图 2-22　当 $R_1/R_2 = 0.7$，$z_1/R_2 = 0.3$，0.7，$z_2/R_2 = 0.9$ 时，晃动模态的径向剖线 F_{ml}（$m = 0$，1；$l = 1$）

2.6　本章小结

本章针对带环形刚性隔板的圆柱形储液罐中流体的线性晃动问题提出了流体子域法。该方法的基本思想是引入人工界面，将复杂流体域划分成若干个简单子域，使得每个子域的一般解（含待定系数）可以通过解析法进行求解。将一般解代入相关的边界条件及人工界面处的连续条件即可确定其待定系数，从而使问题得以解决。基于这种方法本章分别研究了单层隔板和多层隔板的情况，通过收敛性研究和比较研究检验了流体子域法的稳定性和精确性，通过对隔板参数的分析得到以下结论。

（1）环形刚性隔板的存在总能够降低流体晃动的固有频率，参数分析表明，隔板内径越小，隔板位置越靠近自由液面，则流体晃动的固有频率越低。这意味隔板内径越大、隔板位置越靠近自由液面，隔板对于流体晃动的影响越大。

（2）流体晃动的固有频率随着隔板位置和隔板内径单调变化，随隔板内径的变化曲线呈现出"阶梯"状，随隔板位置的变化则类似于指数函数的性质，当隔板远离自由液面时，固有频率迅速上升趋于无隔板的情形。

（3）对于多层隔板的情形，对流体晃动影响起主导作用的是距离自由液面最近的隔板，其余隔板对于流体晃动特性的影响不是很大。在两层隔板的情况下，晃动频率随下隔板位置变化呈现出非单调的变化。

参 考 文 献

[1] Steklov M W. Sur les problèmes fondamentaux de la physique mathematique[J]. Annales Scientifiques de l'École Normale Supérieure, 1902, 19（3）: 455-490.

[2] Lamb H. Hydrodynamics[M]. Cambridge: Cambridge University Press, 1945.

[3] Rayleigh J W S. On the maintenance of vibrations by forces of double frequency and on the propagation of waves through a medium endowed with a periodic structure[J]. Philosophical Magazine, 1887, 24（5）: 145-159.

[4] Abramson H N. The Dynamic Behavior of Liquids in Moving Containers [R]. SP-106, Washington, DC.: NASA, 1966.

[5] Budiansky B. Sloshing of liquids in circular canals and spherical tanks [J]. Journal of Aerospace Science, 1960, 27: 161-173.

[6] Chu W H. Fuel sloshing in a spherical tank filled to an arbitrary depth[J]. AIAA Journal, 1964, 2（11）: 1972-1979.

[7] McNeill W A, Lamb J P. Fundamental sloshing frequency for an inclined fluid-filled right circular cylinder[J]. Journal of Spacecraft and Rockets, 1970, 7（8）: 1001-1002.

[8] Fox D W, Kuttler J R. Sloshing frequencies[J]. Zeitschrift fur Angewandte Mathematik und Physik, 1983, 34: 668-696.

[9] Kuttler J R, Sigillito V G. Sloshing of liquid in cylindrical tanks[J]. AIAA Journal, 1984, 22（2）: 309-311.

[10] McIver P. Sloshing frequencies for cylindrical and spherical container filled to an arbitrary depth[J]. Journal of Fluid Mechanics, 1989, 201: 243-257.

[11] Evans D V, Linton C M. Sloshing frequencies[J]. Quarterly Journal of Mechanics and Applied Mathematics, 1993, 46（1）: 71-87.

[12] McIver P. Sloshing frequencies of longitudinal modes for a liquid contained in a trough[J]. Journal of Fluid Mechanics, 1993, 252: 525-541.

[13] 包光伟. Dewar 瓶内液体晃动的近似计算方法[J]. 力学季刊, 2002, 23（3）: 311-314.

[14] 包光伟. 液体三维晃动特征问题的有限元数值计算方法[J]. 力学季刊, 2003, 24（2）: 185-190.

[15] 李俊峰, 鲁异, 宝音贺西, 等. 贮箱内液体小幅晃动的频率和阻尼计算[J]. 工程力学, 2005, 22（6）: 87-90.

[16] 耿利寅, 李青. 容器内液体晃动的变分有限元方法[J]. 低温与特气, 2002, 20（6）: 22-25.

[17] 周叮. 截面任意形状的柱形和环形容器内液体晃动特性的精确解法[J]. 工程力学, 1995, 12（2）: 58-64.

[18] Biswal K C, Bhattacharyya S K, Sinha P K. Free vibration analysis of liquid filled tank with baffles [J]. Journal of Sound and Vibration, 2003, 259（1）: 177-192.

[19] Gavrilyuk I, Lukovsky I, Trotsenko Y. The fluid sloshing in a vertical circular cylindrical tank with an annular baffle part 1: linear fundamental solutions [J]. Journal of Engineering Mathematics, 2006, 54（1）: 71-88.

第3章 水平激励下带刚性隔板圆柱形储罐中流体晃动响应

3.1 工程背景及研究现状

拥有自由液面的储液系统均可产生晃动，其中包括固定在地面上的各种储液罐和由运载器运载的飞行器的燃料罐、油轮上的储油罐、油罐车上的储油罐等。上述各种储液系统中流体在外力激励下产生的晃动作用于结构上往往会导致结构的失稳和破坏。

针对水平地震激励下的储液罐，Housner[1,2]提出了一个基于刚性罐壁假设的储液罐晃动流体与固体耦合的简化模型，假设流体为无黏、无旋、不可压缩的理想流体，将罐体内流体所产生的动水压力分成两部分，一部分是脉动分量，即随固体共同运动的那部分流体产生的脉动压力；另一部分是对流分量，即储罐内流体晃动所产生的液压效应。Bauer[3]研究了单脉冲作用下火箭燃料箱中推进剂的晃动响应。Sogabe 等[4,5]研究了简谐激励下圆柱形储液系统中流体晃动的瞬态和稳态响应。Abramson 等[6]通过实验分别研究了带平底的和带锥形底的圆柱形储液系统中流体的晃动响应，实验结果表明锥形底圆柱形储液系统中的流体晃动可根据体积相等原则等效成平底圆柱形储液系统。Aslam 等[7]利用解析理论与实验相结合的方法研究了地震激励下的水平放置的圆柱形和环柱形储液系统中流体的晃动响应。之后，Aslam[8]提出了一种基于线性表面波理论的有限元法，这种方法可以用于计算任意激励下轴对称储液系统中流体晃动的波高和液动压力的分布。Bauer[9]研究了水平和摇摆简谐激励下的母线为抛物线的轴对称储液系统中流体的晃动响应。Budiansky[10]利用拉格朗日法建立了水平激励下柱形储液系统和球形储液系统中流体晃动的动力学模型。基于特征函数的展开，Isaacson 等[11]研究了水平地震激励下任意截面柱形储液系统中流体的晃动响应。Kobayashi 等[12]针对水平放置的圆柱形储液系统中流体的晃动响应和液动压力开展了一系列的解析和实验研究。Papaspyrou 等[13]通过速度势的展开建立一个数学模型，该模型可以用于计算任意激励下的半球形储液系统中流体的晃动响应。

工程中，常用隔板来控制流体的晃动，其中以环形隔板的应用最为广泛。因此研究带环形隔板圆柱形储液罐中流体的动力响应具有重要意义。目前在处理较为复杂的刚-液耦合系统动力响应问题时，主要采用有限元或试验进行仿真模拟。有限元法适用范围广，能够分析各种复杂的流-固耦合问题，但是计算程序的编制和数据的准备均较为复杂，计算量大，分析精度亦受制于所采用的离散模型和所使用的计算工具；试验方法不仅要付出昂贵的物力财力的代价，而且由于试验模型与实际储液系统尺度上的差别，试验结果不能够完全应用于结构设计之中。假设在流体为理想流体，自由液面做微幅晃动，储液罐和环形隔板均为刚性的条件下，将流体速度势分解成刚体运动速度势（也称为脉冲速度势）与摄动速度势（也称为对流速度势）两部分。利用 2.4 节和 2.5 节中的子域法求得流体自由晃动模态与频率。引入广义坐标，即可得摄动速度势的展开式。将两个速度势代入自由液面方程即可得关于广义坐标的动力响应方程，求解方程即可求得广义坐标。

3.2　刚体速度势

假设刚性储液系统中完全充满无旋、无黏、不可压的理想流体，显然储液系统中流体的速度是有势的。为描述如图 3-1 所示的刚性储液容器的运动，首先建立惯性坐标系 $O'x'y'z'$，然后在刚性储液容器上建立随体坐标系 $Oxyz$，这样刚体运动就能由随体坐标系 $Oxyz$ 相对于惯性坐标系 $O'x'y'z'$ 的运动所描述。采用基点法，显然可得刚体的绝对运动等于刚体随基点 O 的平动和绕基点 O 的转动。设 O 点速度为 v_0，随体坐标系 $Oxyz$ 相对于惯性坐标系的转动角速度为 ω，则刚性容器上任意点的绝对速度为

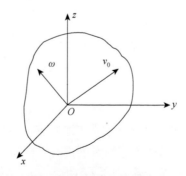

图 3-1　刚体运动的描述

$$v = v_0 + \omega r \tag{3.1}$$

根据上述定义和假设，刚性储液容器中任意点流体的速度为 $v_l = \nabla\phi$。其中，ϕ 为流体速度势函数，显然可得流体相对刚性储液容器的速度为

$$v_l = \nabla\phi - v_0 - \omega r \tag{3.2}$$

由于容器中流体的不可压缩性，容器中流体的相对速度满足连续性方程，又由于流体是无黏的，流体在容器壁上满足不可渗透性条件，于是可得

$$\nabla \cdot v_l = 0 \text{(在流体域内)} \tag{3.3}$$

$$n \times v_l = 0 \text{(在流体边界上)} \tag{3.4}$$

将式（3.2）代入式（3.3）和式（3.4），得到

$$\nabla^2 \phi = 0 \text{(在流体域内)} \tag{3.5}$$

$$\frac{\partial \phi}{\partial n} = (v_0 + \omega r) \times n \text{(在流体边界上)} \tag{3.6}$$

引入一个矢量函数 Ψ，Ψ 满足如下方程：

$$\nabla^2 \Psi = 0 \text{(在流体域上)}, \quad \frac{\partial \Psi}{\partial n} = rn \text{(在流体边界上)} \tag{3.7}$$

式中，Ψ 称为 Stokes-Zhukovskiy 速度势。从边值问题（3.7）可以看出 Ψ 仅仅与储液系统的形状相关。在此定义 $\bar{\phi}$，使之在整个流体域上满足

$$\bar{\phi} = v_0 \times r + \Psi \times \omega \tag{3.8}$$

从式（3.8）可以看出，$\bar{\phi}$ 由储液系统形状和储液系统运动确定，与流体没有关系，因此将其称为刚体速度势函数。

3.3　带单层刚性隔板圆柱形储液罐中流体晃动响应

3.3.1　基本模型和假设

考虑如图 3-2 所示的带环形刚性隔板的圆柱形刚性储液罐，储液罐竖向放置，其中流体为无旋、无黏、不可压的理想流体。为描述流体晃动，首先按图 3-2 建立惯性坐标系 $O'x'y'z'$，然后建立原点位于罐底中心的随体柱坐标系 $Or\theta z$，z 轴垂直于静止的自由液面。在此考虑自由液面的波动，其最大波高远小于罐体尺寸，于是可以用自由液面晃动的线性理论来研究流体的晃动响应。储液罐受到水平方向的激励，沿 x 方向运动，其位移为 $x(t)$。环形隔板水平固定于 $z = z_1$ 的位置上，隔板内半径为 R_1，储液罐内半径和隔板外半径均为 R_2，储液罐中流体深度为 H。隔板厚度远小于隔板内外半径，因此隔板厚度对流体晃动的影响可以忽略不计。按照 2.4 节中流体子域的划分方法，图 3-2 中的流体区域可以通过三个人工界面划分成四个流体子域，其中包括两个圆柱形子域和两个环柱形子域，划分后的子域及人工界面详见图 2-6。

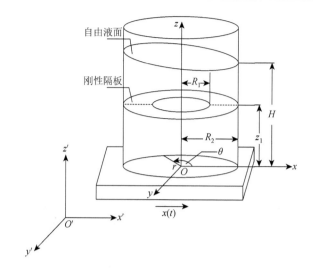

图 3-2　水平激励下部分充液的带环形刚性隔板圆柱形刚性储液罐

根据上述划分，定义 ϕ 为流体域 Ω 的速度势函数，ϕ_i 为对应流体子域 Ω_i 的速度势函数。根据上述定义和假设可得，在任意子域 Ω_i 中，其流体运动的速度势函数 ϕ_i 应该满足柱坐标系下的拉普拉斯方程（2.11）。流体子域 Ω_i 内任意点的速度由式（2.12）确定。我们可以定义 Ω_i 和 $\Omega_{i'}$ 是两个相互接触的流体子域，它们之间的人工界面记为 Γ_k，根据图 2-6 所示的划分，显而易见三元有序对 (i, i', k) 应属于集合 $\{(1, 2, 1), (3, 4, 2), (2, 4, 3)\}$。很明显，$\Omega_i$ 和 $\Omega_{i'}$ 在界面 Γ_k 满足速度和压力的连续边界条件（2.16）和条件（2.17）。

3.3.2　运动边界和初始条件

在储液罐中流体和刚体的交界面上，流体不可能向刚体内部渗透，也不可能脱离刚体腔壁，于是交界面上任意点流体相对于储液罐的速度在交界面法向上的分量为零，于是流体速度势函数在刚性边界处满足

$$\frac{\partial \phi_i}{\partial r}\bigg|_{r=R_2} = \dot{x}(t)\cos\theta, \quad i = 1, 3 \tag{3.9}$$

$$\frac{\partial \phi_1}{\partial z}\bigg|_{z=0} = 0, \quad \frac{\partial \phi_2}{\partial z}\bigg|_{z=0} = 0 \tag{3.10}$$

$$\frac{\partial \phi_1}{\partial z}\bigg|_{z=z_1} = \frac{\partial \phi_3}{\partial z}\bigg|_{z=z_1} = 0 \tag{3.11}$$

在此考虑自由液面波动，根据线性晃动理论，显然可得

$$\left.\frac{\partial \phi_i}{\partial t}\right|_{z=H} + g f_i = 0, \quad i = 3,4 \tag{3.12}$$

式中，f_i 为流体子域 Ω_i 的自由液面的波高方程，同时可以表示成如下积分形式：

$$f_i = \int_0^t \left.\frac{\partial \phi_i}{\partial z}\right|_{z=H} \mathrm{d}t, \quad i = 3,4 \tag{3.13}$$

流体速度势在 $t = 0$ 的时刻满足

$$\phi|_{t=0} = \phi_0, \quad \dot{\phi}|_{t=0} = \dot{\phi}_0 \tag{3.14}$$

式（3.9）给出了流体的刚性动边界条件。为解决刚性动边界的问题，根据 3.1 节中刚体速度势的定义，在此可以将速度势函数 ϕ_i 分解成两个部分：流体的刚体速度势 ϕ_A；流体的摄动速度势 ϕ_B，即 $\phi_i = \phi_{iA} + \phi_{iB}$。$\phi_A$ 与 ϕ_B 在子域间人工界面上应该分别满足相应的速度连续条件和压力连续条件。根据人工界面上流体速度和压力连续条件（2.16）和条件（2.17），得到

$$\left.\frac{\partial \phi_{1A}}{\partial t}\right|_{r=R_1} = \left.\frac{\partial \phi_{2A}}{\partial t}\right|_{r=R_1}, \quad \left.\frac{\partial \phi_{2A}}{\partial t}\right|_{z=z_1} = \left.\frac{\partial \phi_{4A}}{\partial t}\right|_{z=z_1}, \quad \left.\frac{\partial \phi_{3A}}{\partial t}\right|_{r=R_1} = \left.\frac{\partial \phi_{4A}}{\partial t}\right|_{r=R_1} \tag{3.15}$$

$$\left.\frac{\partial \phi_{1A}}{\partial r}\right|_{r=R_1} = \left.\frac{\partial \phi_{2A}}{\partial r}\right|_{r=R_1}, \quad \left.\frac{\partial \phi_{3A}}{\partial r}\right|_{r=R_1} = \left.\frac{\partial \phi_{4A}}{\partial r}\right|_{r=R_1}, \quad \left.\frac{\partial \phi_{2A}}{\partial z}\right|_{z=z_1} = \left.\frac{\partial \phi_{4A}}{\partial z}\right|_{z=z_1} \tag{3.16}$$

$$\left.\frac{\partial \phi_{1B}}{\partial t}\right|_{r=R_1} = \left.\frac{\partial \phi_{2B}}{\partial t}\right|_{r=R_1}, \quad \left.\frac{\partial \phi_{2B}}{\partial t}\right|_{z=z_1} = \left.\frac{\partial \phi_{4B}}{\partial t}\right|_{z=z_1}, \quad \left.\frac{\partial \phi_{3B}}{\partial t}\right|_{r=R_1} = \left.\frac{\partial \phi_{4B}}{\partial t}\right|_{r=R_1} \tag{3.17}$$

$$\left.\frac{\partial \phi_{1B}}{\partial r}\right|_{r=R_1} = \left.\frac{\partial \phi_{2B}}{\partial r}\right|_{r=R_1}, \quad \left.\frac{\partial \phi_{3B}}{\partial r}\right|_{r=R_1} = \left.\frac{\partial \phi_{4B}}{\partial r}\right|_{r=R_1}, \quad \left.\frac{\partial \phi_{2B}}{\partial z}\right|_{z=z_1} = \left.\frac{\partial \phi_{4B}}{\partial z}\right|_{z=z_1} \tag{3.18}$$

根据式（2.11），ϕ_A 与 ϕ_B 应分别满足控制方程：

$$\nabla^2 \phi_{iA} = 0, \quad \nabla^2 \phi_{iB} = 0, \quad i = 1,2,3,4 \tag{3.19}$$

除此，根据式（3.9）～式（3.14），ϕ_{iA} 与 ϕ_{iB} 还应满足如下的边界条件和初始条件：

$$\left.\frac{\partial \phi_{iA}}{\partial r}\right|_{r=R_2} = \dot{x}(t)\cos\theta, \quad \left.\frac{\partial \phi_{iB}}{\partial r}\right|_{r=R_2} = 0, \quad i = 1,3 \tag{3.20}$$

$$\left.\frac{\partial \phi_{2A}}{\partial z}\right|_{z=0} = 0, \quad \left.\frac{\partial \phi_{2B}}{\partial z}\right|_{z=0} = 0, \quad \left.\frac{\partial \phi_{1A}}{\partial z}\right|_{z=0} = 0, \quad \left.\frac{\partial \phi_{1B}}{\partial z}\right|_{z=0} = 0 \tag{3.21}$$

$$\left.\frac{\partial \phi_{1A}}{\partial z}\right|_{z=z_1} = \left.\frac{\partial \phi_{3A}}{\partial z}\right|_{z=z_1} = 0 \tag{3.22}$$

$$\left.\frac{\partial \phi_{1B}}{\partial z}\right|_{z=z_1} = \left.\frac{\partial \phi_{3B}}{\partial z}\right|_{z=z_1} \tag{3.23}$$

$$(\phi_{iA} + \phi_{iB})|_{t=0} = \phi_{i0}, \quad (\dot{\phi}_{iA} + \dot{\phi}_{iB})|_{t=0} = \dot{\phi}_{i0}, \quad i = 1,2,3,4 \tag{3.24}$$

$$\left.\frac{\partial \phi_{iB}}{\partial t}\right|_{z=H} + gf_{iB} = -\left.\frac{\partial \phi_{iA}}{\partial t}\right|_{z=H} - gf_{iA}, \quad i=3,4 \tag{3.25}$$

式中，f_{iA} 为 ϕ_{iA} 所产生的晃动波高；f_{iB} 为 ϕ_{iB} 所产生的晃动波高，且满足

$$f_{iA} = \int_0^t \left.\frac{\partial \phi_{iA}}{\partial z}\right|_{z=z_2} \mathrm{d}t, \quad f_{iB} = \int_0^t \left.\frac{\partial \phi_{iB}}{\partial z}\right|_{z=z_2} \mathrm{d}t, \quad i=3,4 \tag{3.26}$$

根据 ϕ_{iA} 所满足的控制方程和边界条件，在此可取流体的刚体速度势函数为

$$\phi_{iA} = \dot{x}(t) r \cos\theta, \quad i=1,2,3,4 \tag{3.27}$$

将式（3.26）和式（3.27）代入式（3.25），得到

$$\left.\frac{\partial \phi_{iB}}{\partial t}\right|_{z=H} + gf_{iB} = -\ddot{x}(t) r \cos\theta, \quad i=3,4 \tag{3.28}$$

3.3.3　流体的摄动速度势

振型叠加法是求解动力响应的一种行之有效的方法，根据摄动势函数 ϕ_{iB} 所满足的控制方程和边界条件，显然可以将 ϕ_{iB} 按照流体自由晃动的模态进行展开。在此引入关于时间的广义坐标 $q_n(t)$，由于水平激励往往只能激发出环向波数为 1 的振型，于是可设

$$\phi_{iB} = \cos\theta \sum_{n=1}^{\infty} \dot{q}_n(t) \Phi_{1n}^i(r,z), \quad i=1,2,3,4 \tag{3.29}$$

式中，Φ_{1n}^i 为对应于流体子域 Ω_i 的晃动模态，其环向波数为 1。根据 2.4 节的内容，流体晃动模态 Φ_{1n}^i 满足如下方程：

$$\nabla^2 \Phi_{1n}^i = 0, \quad i=1,2,3,4 \tag{3.30}$$

$$\left.\frac{\partial \Phi_{1n}^i}{\partial r}\right|_{z=R_2} = 0, \quad i=1.3 \tag{3.31}$$

$$\left.\frac{\partial \Phi_{1n}^1}{\partial z}\right|_{z=0} = 0, \quad \left.\frac{\partial \Phi_{1n}^2}{\partial z}\right|_{z=0} = 0 \tag{3.32}$$

$$\left.\frac{\partial \Phi_{1n}^1}{\partial z}\right|_{z=z_1} = \left.\frac{\partial \Phi_{1n}^3}{\partial z}\right|_{z=z_1} = 0 \tag{3.33}$$

$$\left.\frac{\partial \Phi_{1n}^i}{\partial z}\right|_{z=H} - \frac{\omega_{1n}^2}{g} \Phi_{1n}^i\Big|_{z=H} = 0, \quad i=3,4 \tag{3.34}$$

$$\Phi_{1n}^i = \Phi_{1n}^{i'}, \quad \frac{\partial \Phi_{1n}^i}{\partial n_k} = \frac{\partial \Phi_{1n}^{i'}}{\partial n_k} \tag{3.35}$$

式中，ω_{1n} 为对应于模态 Φ_{1n}^i 的固有频率，ω_{1n} 和 Φ_{1n}^i 均可通过 2.4 节中的流体子域

法进行求解。在此考虑另外一个不等于 ω_{1n} 的固有 $\omega_{1n'}$，其对应的模态为 $\Phi_{1n'}^i$。根据高斯公式，显然可以得到如下积分方程：

$$\int_{\Omega_1} (\nabla \Phi_{1n}^1 \cdot \nabla \Phi_{1m}^1 + \Phi_{1m}^1 (\nabla^2 \Phi_{1n}^1)) \mathrm{d}V = \int_{\partial \Omega_1} \Phi_{1m}^1 \nabla \Phi_{1n}^1 \cdot \mathrm{d}S \qquad (3.36)$$

$$\int_{\Omega_2} (\nabla \Phi_{1n}^2 \cdot \nabla \Phi_{1m}^2 + \Phi_{1m}^2 (\nabla^2 \Phi_{1n}^2)) \mathrm{d}V = \int_{\partial \Omega_2} \Phi_{1m}^2 \nabla \Phi_{1n}^2 \cdot \mathrm{d}S \qquad (3.37)$$

$$\int_{\Omega_3} (\nabla \Phi_{1n}^3 \cdot \nabla \Phi_{1m}^3 + \Phi_{1m}^3 (\nabla^2 \Phi_{1n}^3)) \mathrm{d}V = \int_{\partial \Omega_3} \Phi_{1m}^3 \nabla \Phi_{1n}^3 \cdot \mathrm{d}S \qquad (3.38)$$

$$\int_{\Omega_4} (\nabla \Phi_{1n}^4 \cdot \nabla \Phi_{1m}^4 + \Phi_{1m}^4 (\nabla^2 \Phi_{1n}^4)) \mathrm{d}V = \int_{\partial \Omega_4} \Phi_{1m}^4 \nabla \Phi_{1n}^4 \cdot \mathrm{d}S \qquad (3.39)$$

将式（3.36）～式（3.39）的两边相加，得到

$$\sum_{i=1}^4 \int_{\Omega_i} (\nabla \Phi_{1n}^i \cdot \nabla \Phi_{1m}^i + \Phi_{1m}^i (\nabla^2 \Phi_{1n}^i)) \mathrm{d}V = \int_{\Gamma_5} \Phi_{1m}^3 \nabla \Phi_{1n}^3 \cdot \mathrm{d}S + \int_{\Gamma_4} \Phi_{1m}^4 \nabla \Phi_{1n}^4 \cdot \mathrm{d}S \qquad (3.40)$$

式中，Γ_5 为 Ω_3 的自由液面；Γ_4 为 Ω_4 的自由液面。将式（3.31）代入式（3.41）可得

$$\sum_{i=1}^4 \int_{\Omega_i} \nabla \Phi_{1n}^i \cdot \nabla \Phi_{1m}^i \mathrm{d}V = \int_{\Gamma_5} \Phi_{1m}^3 \nabla \Phi_{1n}^3 \cdot \mathrm{d}S + \int_{\Gamma_4} \Phi_{1m}^4 \nabla \Phi_{1n}^4 \cdot \mathrm{d}S \qquad (3.41)$$

类似地，我们可以得到另外一个积分方程：

$$\sum_{i=1}^4 \int_{\Omega_i} \nabla \Phi_{1m}^i \cdot \nabla \Phi_{1n}^i \mathrm{d}V = \int_{\Gamma_5} \Phi_{1n}^3 \nabla \Phi_{1m}^3 \cdot \mathrm{d}S + \int_{\Gamma_4} \Phi_{1n}^4 \nabla \Phi_{1m}^4 \cdot \mathrm{d}S \qquad (3.42)$$

比较式（3.41）和式（3.42）的两边，显然可得

$$\int_{\Gamma_5} \Phi_{1m}^3 \nabla \Phi_{1n}^3 \cdot \mathrm{d}S + \int_{\Gamma_4} \Phi_{1m}^4 \nabla \Phi_{1n}^4 \cdot \mathrm{d}S = \int_{\Gamma_5} \Phi_{1n}^3 \nabla \Phi_{1m}^3 \cdot \mathrm{d}S + \int_{\Gamma_4} \Phi_{1n}^4 \nabla \Phi_{1m}^4 \cdot \mathrm{d}S$$

$$(3.43)$$

式中，$\nabla \Phi_{1n}^i = \dfrac{\partial \Phi_{1n}^i}{\partial x} i + \dfrac{\partial \Phi_{1n}^i}{\partial y} j + \dfrac{\partial \Phi_{1n}^i}{\partial z} k$。显然式（3.43）可以写成如下标量形式：

$$\int_{\Gamma_5} \Phi_{1m}^3 \frac{\partial \Phi_{1n}^3}{\partial z} \mathrm{d}S + \int_{\Gamma_4} \Phi_{1m}^4 \frac{\partial \Phi_{1n}^4}{\partial z} \mathrm{d}S = \int_{\Gamma_5} \Phi_{1n}^3 \frac{\partial \Phi_{1m}^3}{\partial z} \mathrm{d}S + \int_{\Gamma_4} \Phi_{1n}^4 \frac{\partial \Phi_{1m}^4}{\partial z} \mathrm{d}S \qquad (3.44)$$

将式（3.34）代入式（3.43），得到

$$\omega_{1n}^2 \left(\int_{\Gamma_5} \Phi_{1m}^3 \Phi_{1n}^3 \mathrm{d}S + \int_{\Gamma_4} \Phi_{1m}^4 \Phi_{1n}^4 \mathrm{d}S \right) = \omega_{1m}^2 \left(\int_{\Gamma_5} \Phi_{1n}^3 \Phi_{1m}^3 \mathrm{d}S + \int_{\Gamma_4} \Phi_{1n}^4 \Phi_{1m}^4 \mathrm{d}S \right) \qquad (3.45)$$

式中，$\omega_{1n}^2 \neq \omega_{1m}^2$。于是可以得到

$$\int_{\Gamma_5} \Phi_{1m}^3 \Phi_{1n}^3 \mathrm{d}S + \int_{\Gamma_4} \Phi_{1m}^4 \Phi_{1n}^4 \mathrm{d}S = 0 \qquad (3.46)$$

为简化式（3.46）的表达形式，引入 Φ_{1n} 作为整个流体域的模态，于是得到

$$\Phi_{1n}(r,z) = \Phi_{1n}^i(r,z), \quad (r,\theta,z) \in \Omega_i, \quad i = 1,2,3,4 \qquad (3.47)$$

利用式（3.47），可将式（3.46）表示为

$$\int_{\Gamma_{\text{surf}}} \Phi_{1m} \Phi_{1n} \mathrm{d}S = 0 \qquad (3.48)$$

3.3.4 动力响应方程

将刚体速度势 ϕ_{lA} 和摄动速度势 ϕ_{lB} 代入自由液面的动力学方程（3.25），可得

$$\sum_{n=1}^{\infty}\ddot{q}_n(t)\Phi_{1n}(r,z)\Big|_{z=H}+g\sum_{n=1}^{\infty}q_n(t)\frac{\partial\Phi_{1n}(r,z)}{\partial z}\Big|_{z=H}=-\ddot{x}(t)r \tag{3.49}$$

Φ_{1n}（$n=1$，2，$\cdots$）是一簇正交完备的函数，因此可以将任意函数展开成关于 Φ_{1n} 的函数项级数，在此将式（3.49）右边的 r 展开成如下形式：

$$r=\sum_{n=1}^{\infty}b_n\Phi_{1n}(r,z)\Big|_{z=H} \tag{3.50}$$

式中，b_n（$n=1$，2，$\cdots$）是展开的系数，其具体形式如下：

$$b_n=\int_0^{R_2}r^2\Phi_{1n}(r,z)\Big|_{z=H}\mathrm{d}r\Big/\int_0^{R_2}r\left(\Phi_{1n}(r,z)\Big|_{z=H}\right)^2\mathrm{d}r \tag{3.51}$$

将式（3.49）的两边同时乘以 $\Phi_{1n}(r,z)\Big|_{z=H}$，然后将其两边同时对 r 从 0 到 R_2 进行积分，即可将式（3.49）中的空间坐标 r 消除。在积分的同时利用式（3.48）给出的正交性可以得到关于任意广义坐标 $q_n(t)$ 的动力响应方程：

$$M_{1n}\ddot{q}_n(t)+K_{1n}q_n(t)=-\ddot{x}(t) \tag{3.52}$$

式中，M_{1n} 和 K_{1n} 分别定义为

$$M_{1n}=\int_0^{R_2}r\left(\Phi_{1n}(r,z)\Big|_{z=H}\right)^2\mathrm{d}r\Big/\int_0^{R_2}r^2\Phi_{1n}(r,z)\Big|_{z=H}\mathrm{d}r \tag{3.53}$$

$$K_{1n}=g\int_0^{R_2}r((\partial\Phi_{1n}(r,z)/\partial z)\Phi_{1n}(r,z))\Big|_{z=H}\mathrm{d}r\Big/\int_0^{R_2}r^2\Phi_{1n}(r,z)\Big|_{z=H}\mathrm{d}r \tag{3.54}$$

任意激励下的线性单自由度动力响应方程可以用杜阿梅尔积分进行求解，对于式（3.52），其一般形式的解为

$$q_n(t)=q_n(0)\cos(\omega_{1n}t)+\frac{\dot{q}_n(0)}{\omega_{1n}}\sin(\omega_{1n}t)+\frac{1}{M_{1n}\omega_{1n}}\int_0^t\ddot{x}(\tau)\sin(\omega_{1n}(t-\tau))\mathrm{d}\tau \tag{3.55}$$

式中，$q_n(0)$ 是广义坐标 $q_n(t)$ 的初始值；$\dot{q}_n(0)$ 是广义坐标 $q_n(t)$ 对时间导数的初始值。将广义坐标 $q_n(t)$ 代入式（3.29）即可得到流体的摄动速度势函数 ϕ_{lB}。把刚体速度势与摄动速度势进行叠加，即可得流体在水平激励下的速度势函数：

$$\phi_i=\cos\theta\left(\sum_{n=1}^{\infty}\dot{q}_n(t)\Phi_{1n}^i(r,z)+\dot{x}(t)r\right),\quad i=1,2,3,4 \tag{3.56}$$

根据伯努利方程，流体晃动所产生的液动压力为

$$P_i=-\rho\frac{\partial\phi_i}{\partial t}=-\rho\cos\theta\left(\sum_{n=1}^{\infty}\ddot{q}_n(t)\Phi_{1n}^i(r,z)+\ddot{x}(t)r\right),\quad i=1,2,3,4 \tag{3.57}$$

沿着储液罐侧壁对式（3.57）进行积分即可得到流体对储液罐侧壁的合力，也就是作用在储液罐地基上的基底剪力，在此考虑激励沿 $\theta = 0$ 方向，流体对储液罐侧壁的合力为

$$F_x = \int_0^{2\pi}\int_0^{z_1} P_1(R_2,\theta,z,t)\cos\theta R_2 \mathrm{d}z\mathrm{d}\theta + \int_0^{2\pi}\int_{z_1}^{z_2} P_3(R_2,\theta,z,t)\cos\theta R_2 \mathrm{d}z\mathrm{d}\theta \quad (3.58)$$

同样地，可以得到作用在储液罐壁上的液动压力所产生的倾覆力矩：

$$M_{\mathrm{wall}} = \int_0^{2\pi}\int_0^{z_1} P_1(R_2,\theta,z,t)z\cos\theta R_2 \mathrm{d}z\mathrm{d}\theta + \int_0^{2\pi}\int_{z_1}^{z_2} P_3(R_2,\theta,z,t)z\cos\theta R_2 \mathrm{d}z\mathrm{d}\theta$$

$$(3.59)$$

作用在隔板上下表面的液动压力所产生的倾覆力矩为

$$M_{\mathrm{baffle}} = \int_{R_1}^{R_2}\int_0^{2\pi} P_1(r,\theta,z_p,t)r^2\cos\theta\mathrm{d}\theta\mathrm{d}r - \int_{R_1}^{R_2}\int_0^{2\pi} P_3(r,\theta,z_p,t)r^2\cos\theta\mathrm{d}\theta\mathrm{d}r$$

$$(3.60)$$

作用在储液罐底的液动压力所产的倾覆力矩为

$$M_{\mathrm{bottom}} = \int_0^{R_1}\int_0^{2\pi} P_2(r,\theta,0,t)r^2\cos\theta\mathrm{d}\theta\mathrm{d}r + \int_{R_1}^{R_2}\int_0^{2\pi} P_1(r,\theta,0,t)r^2\cos\theta\mathrm{d}\theta\mathrm{d}r \quad (3.61)$$

由式（3.59）～式（3.61）可得作用在整个储液罐上的倾覆力矩为

$$M_y = M_{\mathrm{wall}} + M_{\mathrm{baffle}} + M_{\mathrm{bottom}} \quad (3.62)$$

3.3.5　水平简谐激励下的响应

首先研究水平激励 $x(t)$ 为正弦激励的情况，其位移幅值为 X_0，激励频率为 $\bar{\omega}$。将 $\ddot{x}(t)$ 代入式（3.52），得到

$$q_n(t) = \frac{X_0\bar{\omega}^2}{K_{1n}}\left(\frac{\omega_{1n}^2}{\omega_{1n}^2 - \bar{\omega}^2}\right)\left(\sin(\bar{\omega}t) - \frac{\bar{\omega}}{\omega_{1n}}\sin(\omega_{1n}t)\right) \quad (3.63)$$

在下面的分析中，储液罐内半径取为 $R_2 = 0.508\mathrm{m}$，液体深度取 $H = 0.508\mathrm{m}$，流体密度取为 $1000\mathrm{kg/m}^3$。激励频率取为 $\bar{\omega} = 5.811\mathrm{rad/s}$，该频率对应于无隔板时流体晃动的第一阶频率，激励的位移幅值取为 $X_0 = 0.001\mathrm{m}$。储液罐中流体的晃动响应主要体现在三个方面：液面波高、基底剪力以及倾覆力矩。在此着重研究了隔板内半径以及隔板位置对这三个方面的影响。

1. 液面波高

将广义坐标表达式（3.63）代入式（3.56）即可得到流体的速度势函数，再由自由液面方程（3.12）可得自由液面的波高：

$$f_i(r,\theta) = -\frac{X_0\bar{\omega}^3\cos\theta}{g}\sum_{n=1}^{\infty}\frac{\varPhi_{1n}^i(r,H)}{K_{1n}}\left(\frac{\omega_{1n}^2}{\omega_{1n}^2-\bar{\omega}^2}\right)(\omega_{1n}\sin(\omega_{1n}t)-\bar{\omega}\sin(\bar{\omega}t))$$
$$+\frac{X_0\bar{\omega}^2}{g}\sin(\bar{\omega}t)r\cos\theta, \quad i=3,4 \tag{3.64}$$

为验证半解析模型的正确性，将基于半解析模型的动力响应与文献[14]用有限元法求出的结果进行比较，表 3-1 给出了三个不同的隔板内半径 $R_1/R_2 = 0.4$，0.6，0.8 和三个不同的隔板位置 $z_1/R_2 = 0.1$，0.3，0.8 所对应的罐壁处的最大波高，从表 3-1 可以看出，流体子域法所求出的结果和有限元解基本吻合。

表 3-1　罐壁处的最大波高　　　　　　　单位：m

z_1/R_2	$R_1/R_2 = 0.4$		$R_1/R_2 = 0.6$		$R_1/R_2 = 0.8$	
	流体子域法	有限元法	流体子域法	有限元法	流体子域法	有限元法
0.1	0.0015	0.0016	0.0034	0.0036	0.0158	0.0166
0.3	0.0049	0.0051	0.0095	0.01	0.033	0.0344
0.8	0.0386	0.039	0.0405	0.0406	0.0412	0.0411

f_{wall} 为 $r = R_2$，$\theta = 0$ 处的液面波高。首先将隔板固定在 $z_1/R_2 = 0.8$ 的位置上，依次考察三个不同的隔板内半径 $R_1/R_2 = 0.4$，0.6，0.8，图 3-3 给出了对应不同隔板内半径的 f_{wall} 随时间的变化曲线（前 10s）。然后将隔板内半径取为 $R_1/R_2 = 0.5$，依次考察三个不同的隔板位置 $z_1/R_2 = 0.4$，0.6，0.8，图 3-4 给出了对应于不同隔板位置的 f_{wall} 随时间的变化曲线（前 10s）。

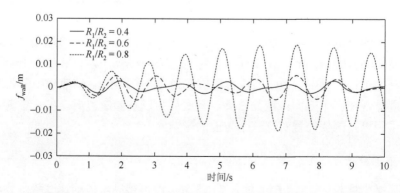

图 3-3　隔板位于 $z_1/R_2 = 0.8$ 时，不同隔板内半径情况下罐壁处自由液面的波高响应

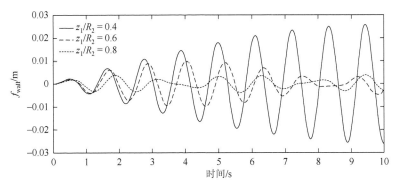

图 3-4　隔板内半径取为 $R_1/R_2 = 0.5$ 时，不同隔板位置情况下罐壁处自由液面的波高响应

从图 3-4 中可以看出，自由液面的波高响应随着隔板位置的上升而减小，随着隔板内半径的增加而增加。也就是说，当隔板比较靠近自由液面且隔板内半径比较小时，隔板对液面波动的抑制效果较为明显。

2. 基底剪力

将广义坐标表达式（3.63）代入式（3.58）得到储液罐的基底剪力：

$$F_x = -\rho X_0 \bar{\omega}^3 \pi R_2 \sum_{n=1}^{\infty} \frac{\int_0^H \Phi_{1n}(R_2, z)\mathrm{d}z}{K_{1n}} \left(\frac{\omega_{1n}^2}{\omega_{1n}^2 - \bar{\omega}^2} \right) (\omega_{1n} \sin(\omega_{1n} t) - \bar{\omega} \sin(\bar{\omega} t)) \qquad (3.65)$$
$$+ \rho \pi X_0 \bar{\omega}^2 \sin(\bar{\omega} t) R_2^2 H$$

首先将隔板固定在 $z_1/R_2 = 0.8$ 的位置上，依次考察三个不同的隔板内半径 $R_1/R_2 = 0.4$，0.6，0.8，图 3-5 给出了对应于不同隔板内半径的基底剪力随时间的变化曲线（前 10s）；然后取隔板内半径为 $R_1/R_2 = 0.5$，依次考察三个不同的隔板位置 $z_1/R_2 = 0.4$，0.6，0.8，图 3-6 给出了对应于不同隔板位置的基底剪力随时间的变化曲线（前 10s）。从图中可以看出，基底剪力随着隔板位置的上升而减小，随着隔板内半径的增加而增加。

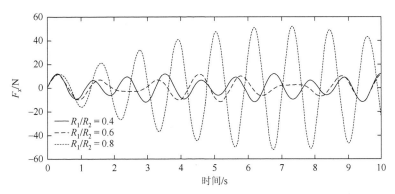

图 3-5　隔板位于 $z_1/R_2 = 0.8$ 时，不同隔板内半径情况下基底剪力的响应

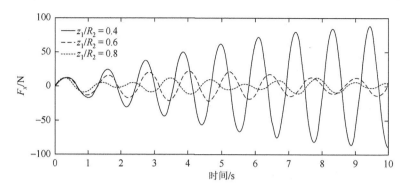

图 3-6　隔板内半径取为 $R_1/R_2 = 0.5$ 时，不同隔板位置情况下基底剪力的响应

3. 倾覆力矩

将广义坐标表达式（3.63）代入式（3.59）～式（3.61），得到

$$M_{\text{wall}} = -\rho \pi R_2 \overline{\omega}^2 \left(X_0 \overline{\omega} \sum_{n=1}^{\infty} \frac{1}{K_{1n}} \left(\frac{\omega_{1n}^2}{\omega_{1n}^2 - \overline{\omega}^2} \right) (\omega_{1n} \sin(\omega_{1n} t) - \overline{\omega} \sin(\overline{\omega} t)) \right.$$
$$\left. \times \int_0^H z \Phi_{1n}(R_2, z) \mathrm{d}z - \frac{X_0 \sin(\overline{\omega} t) R_2 H^2}{2} \right) \tag{3.66}$$

$$M_{\text{baffle}} = -\rho \pi X_0 \overline{\omega}^3 \sum_{n=1}^{\infty} \frac{1}{K_{1n}} \left(\frac{\omega_{1n}^2}{\omega_{1n}^2 - \overline{\omega}^2} \right) (\omega_{1n} \sin(\omega_{1n} t) - \overline{\omega} \sin(\overline{\omega} t))$$
$$\times \left(\int_{R_1}^{R_2} \Phi_{1n}^1(r, z_1) r^2 \mathrm{d}r - \int_{R_1}^{R_2} \Phi_{1n}^3(r, z_1) r^2 \mathrm{d}r \right) \tag{3.67}$$

$$M_{\text{bottom}} = -\rho \pi \overline{\omega}^2 \left(X_0 \overline{\omega} \sum_{n=1}^{\infty} \frac{1}{K_{1n}} \left(\frac{\omega_{1n}^2}{\omega_{1n}^2 - \overline{\omega}^2} \right) (\omega_{1n} \sin(\omega_{1n} t) - \overline{\omega} \sin(\overline{\omega} t)) \right.$$
$$\left. \times \int_0^{R_2} \Phi_{1n}(r, 0) r^2 \mathrm{d}r - \frac{X_0 \sin(\overline{\omega} t) R_2^4}{4} \right) \tag{3.68}$$

　　首先将隔板固定在 $z_1/R_2 = 0.8$ 的位置上，依次考察三个不同的隔板内半径 $R_1/R_2 = 0.4$，0.6，0.8，图 3-7 给出了对应于不同隔板内半径的倾覆力矩随时间的变化曲线（前 10s）；然后取隔板内半径为 $R_1/R_2 = 0.5$，依次考察三个不同的隔板位置 $z_1/R_2 = 0.4$，0.6，0.8，图 3-8 给出了对应于不同隔板位置的倾覆力矩随时间的变化曲线（前 10s）。从图中可以看出，倾覆力矩随着隔板内半径的增加而增加，随着隔板位置的上升而减小。这意味当隔板位置比较靠近自由液面且隔板内半径比较小时，隔板对于倾覆力矩的抑制比较明显。

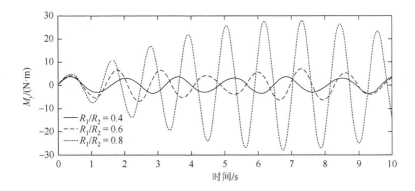

图 3-7　隔板位于 $z_1/R_2 = 0.8$ 时，不同隔板内半径情况下倾覆力矩的响应

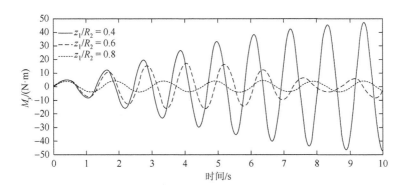

图 3-8　隔板内半径取为 $R_1/R_2 = 0.5$ 时，不同隔板位置情况下倾覆力矩的响应

3.4　带多层刚性隔板圆柱形储液罐中流体晃动响应

3.4.1　基本模型和假设

考虑如图 3-9 所示的带多层环形刚性隔板圆柱形刚性储液罐。这些隔板被从下到上依次放置于 $z = z_1$，$z_2, \cdots, z_M$ 的位置上。$z = z_{M+1} = H$ 为液体深度，$z = z_0 = 0$ 为储液罐底的位置。隔板外半径和储液罐内半径为 R_2，隔板内半径为 R_1。根据第 2 章中流体子域的划分方法，可以通过 $2M+1$ 个人工界面将图 3-9 中的流体域划分成 $2M+2$ 个流体子域 Ω_i（$i = 1$，2，$\cdots$，$2M+2$），流体子域及人工界面的命名规则沿用 2.5 节的命名规则，ϕ_i 为对应于流体子域 Ω_i 的速度势函数，ϕ 为对应于整个流体域的速度势函数。显然 ϕ_i 与 ϕ 满足式（2.11）、式（2.12）、式（2.76）以及式（2.79）。

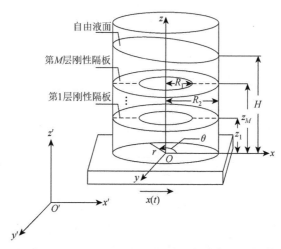

图 3-9　水平激励下部分充液的带多层环形刚性隔板圆柱形刚性储液罐

3.4.2　动边界和初始条件

储液罐与环形隔板均为刚性，因此流体速度在罐壁、罐底以及隔板处满足

$$\left.\frac{\partial \phi_i}{\partial r}\right|_{r=R_2} = \dot{x}(t)\cos\theta, \quad p = 1, 2, \cdots, M+1;\ k' = 0, 1, 2\cdots;\ i = 2p-1 \quad (3.69)$$

$$\left.\frac{\partial \phi_i}{\partial z}\right|_{z=0} = 0 \quad (3.70)$$

$$\left.\frac{\partial \phi_i}{\partial z}\right|_{z=z_{p-1}} = \left.\frac{\partial \phi_i}{\partial z}\right|_{z=z_p} = \left.\frac{\partial \phi_{2M+1}}{\partial z}\right|_{z=z_M} = 0, \quad p = 1, 2, \cdots, M;\ i = 2p-1 \quad (3.71)$$

当 $t = 0$ 时，流体速度势函数及其对时间的导数满足如下初始条件：

$$\phi\big|_{t=0} = \phi_0, \quad \dot{\phi}\big|_{t=0} = \dot{\phi}_0 \quad (3.72)$$

考虑自由液面的小幅线性晃动，显然可得速度势函数 ϕ_i 在自由液面处满足方程：

$$\left.\frac{\partial \phi_i}{\partial t}\right|_{z=z_{M+1}} + g f_i = 0, \quad i = 2M+1, 2M+2 \quad (3.73)$$

式中，$f_i = \int_0^t \left.\frac{\partial \phi_i}{\partial z}\right|_{z=z_{M+1}} dt$。根据 3.3 节中速度势函数的分解，在此将 ϕ_i 分解成两部分：流体的刚体速度势 ϕ_{iA} 和流体的摄动速度势 ϕ_{iB}。同样地，ϕ_{iA} 和 ϕ_{iB} 在子域间人工界面上应该分别满足相应的速度连续条件和压力连续条件，由式（2.79）得

$$\left.\frac{\partial \phi_{iA}}{\partial t}\right|_{z=z_p} = \left.\frac{\partial \phi_{i'A}}{\partial t}\right|_{z=z_p}, \quad \left.\frac{\partial \phi_{iA}}{\partial z}\right|_{z=z_p} = \left.\frac{\partial \phi_{i'A}}{\partial z}\right|_{z=z_p}, \quad p = 1, 2, \cdots, M;\ i = 2p;\ i' = 2p+2$$

$$(3.74)$$

$$\left.\frac{\partial\phi_{iA}}{\partial t}\right|_{r=R_1}=\left.\frac{\partial\phi_{i'A}}{\partial t}\right|_{r=R_1}, \quad \left.\frac{\partial\phi_{iA}}{\partial r}\right|_{r=R_1}=\left.\frac{\partial\phi_{i'A}}{\partial r}\right|_{r=R_1}, \quad p=1,2,\cdots,M+1; i=2p-1; i'=2p$$

$$(3.75)$$

$$\left.\frac{\partial\phi_{iB}}{\partial t}\right|_{z=z_p}=\left.\frac{\partial\phi_{i'B}}{\partial t}\right|_{z=z_p}, \quad \left.\frac{\partial\phi_{iB}}{\partial z}\right|_{z=z_p}=\left.\frac{\partial\phi_{i'B}}{\partial z}\right|_{z=z_p}, \quad p=1,2,\cdots,M; i=2p; i'=2p+2$$

$$(3.76)$$

$$\left.\frac{\partial\phi_{iB}}{\partial t}\right|_{r=R_1}=\left.\frac{\partial\phi_{i'B}}{\partial t}\right|_{r=R_1}, \quad \left.\frac{\partial\phi_{iB}}{\partial r}\right|_{r=R_1}=\left.\frac{\partial\phi_{i'B}}{\partial r}\right|_{r=R_1}, \quad p=1,2,\cdots,M+1; i=2p-1; i'=2p$$

$$(3.77)$$

根据式（2.11）和式（3.69）～式（3.73），ϕ_{iA} 和 ϕ_{iB} 应该满足如下控制方程、边界条件以及初始条件：

$$\nabla^2\phi_{iA}=0, \quad \nabla^2\phi_{iB}=0, \quad i=1,2,\cdots,2M+2 \quad (3.78)$$

$$\left.\frac{\partial\phi_{iA}}{\partial r}\right|_{r=R_2}=\dot{x}(t)\cos\theta, \quad \left.\frac{\partial\phi_{iB}}{\partial r}\right|_{r=R_2}=0, \quad i=2p-1; p=1,2,\cdots,M+1 \quad (3.79)$$

$$\left.\frac{\partial\phi_{2A}}{\partial z}\right|_{z=0}=0, \quad \left.\frac{\partial\phi_{2B}}{\partial z}\right|_{z=0}=0 \quad (3.80)$$

$$\left.\frac{\partial\phi_{iA}}{\partial z}\right|_{z=z_{p-1}}=\left.\frac{\partial\phi_{iA}}{\partial z}\right|_{z=z_p}=\left.\frac{\partial\phi_{2M+1A}}{\partial z}\right|_{z=z_M}=0, \quad i=2p-1; p=1,2,\cdots,M \quad (3.81)$$

$$\left.\frac{\partial\phi_{iB}}{\partial z}\right|_{z=z_{p-1}}=\left.\frac{\partial\phi_{iB}}{\partial z}\right|_{z=z_p}=\left.\frac{\partial\phi_{2M+1B}}{\partial z}\right|_{z=z_M}=0, \quad i=2p-1; p=1,2,\cdots,M \quad (3.82)$$

$$\left.\frac{\partial\phi_{iB}}{\partial t}\right|_{z=z_{M+1}}+gf_{iB}=-\left.\frac{\partial\phi_{iA}}{\partial t}\right|_{z=z_{M+1}}-gf_{iA}, \quad i=2M+1,2M+2 \quad (3.83)$$

$$\left.(\phi_{iA}+\phi_{iB})\right|_{t=0}=\phi_0, \quad \left.(\dot{\phi}_{iA}+\dot{\phi}_{iB})\right|_{t=0}=\dot{\phi}_0, \quad i=1,2,\cdots,2M+2 \quad (3.84)$$

$$f_{iA}=\int_0^t\left.\frac{\partial\phi_{iA}}{\partial z}\right|_{z=z_{M+1}}\mathrm{d}t, \quad f_{iB}=\int_0^t\left.\frac{\partial\phi_{iB}}{\partial z}\right|_{z=z_{M+1}}\mathrm{d}t, \quad i=2M+1,2M+2 \quad (3.85)$$

式中，f_{iA} 为刚体速度势所对应的自由液面波高方程；f_{iB} 为摄动速度势所对应的自由液面波高方程。根据式（3.78）～式（3.85），刚体速度势函数可以取为

$$\phi_{iA}=\dot{x}(t)r\cos\theta, \quad i=1,2,\cdots,2M+2 \quad (3.86)$$

将式（3.85）和式（3.86）代入式（3.83），得到

$$\left.\frac{\partial\phi_{iB}}{\partial t}\right|_{z=z_{M+1}}+gf_{iB}=-\ddot{x}(t)r\cos\theta, \quad i=1,2 \quad (3.87)$$

3.4.3　流体的摄动速度势函数

引入广义坐标 $q_n(t)$（$n = 1$，2，$\cdots$），根据流体摄动速度势函数 ϕ_{lB} 的边界条件，可以将 ϕ_{lB} 按照流体自由晃动的模态进行展开，其展开形式如下：

$$\phi_{lB} = \cos\theta \sum_{n=1}^{\infty} \dot{q}_n(t) \Phi_{1n}^i(r,z), \quad i = 1,2,\cdots,2M+2 \tag{3.88}$$

式中，$\Phi_{1n}^i(r,z)$ 为对应于流体子域 Ω_i 的环向波数 m 为 1 的晃动模态。显然，$\Phi_{1n}^i(r,z)$ 满足如下的控制方程和边界条件：

$$\nabla^2 \Phi_{1n}^i = 0, \quad i = 1,2,\cdots,2M+2 \tag{3.89}$$

$$\left.\frac{\partial \Phi_{1n}^i}{\partial r}\right|_{r=R_2} = 0, \quad i = 2p-1; \; p = 1,2,\cdots,M+1 \tag{3.90}$$

$$\left.\frac{\partial \Phi_{1n}^2}{\partial z}\right|_{z=0} = 0 \tag{3.91}$$

$$\left.\frac{\partial \Phi_{1n}^i}{\partial z}\right|_{z=z_{p-1}} = \left.\frac{\partial \Phi_{1n}^i}{\partial z}\right|_{z=z_p} = \left.\frac{\partial \Phi_{1n}^{2M+1}}{\partial z}\right|_{z=z_M} = 0, \quad i = 2p-1; \; p = 1,2,\cdots,M \tag{3.92}$$

$$\left.\frac{\partial \Phi_{1n}^i}{\partial z}\right|_{z=z_{M+1}} - \frac{\omega_{1n}^2}{g} \Phi_{1n}^i\bigg|_{z=z_{M+1}} = 0, \quad i = 2M+1,2M+2 \tag{3.93}$$

$$\Phi_{1n}^i = \Phi_{1n}^{i'}, \quad \frac{\partial \Phi_{1n}^i}{\partial n_k} = \frac{\partial \Phi_{1n}^{i'}}{\partial n_k} (\text{在} \Gamma_k \text{上}) \tag{3.94}$$

在此考虑两个不同的固有频率 ω_{1n} 和 ω_{1m}，显然 $\omega_{1n} \neq \omega_{1m}$；这两个频率对应的晃动模态分别为 Φ_{1n}^i 和 Φ_{1m}^i。由高斯公式，我们可以得到如下积分方程：

$$\int_{\Omega_i} (\nabla \Phi_{1n}^i \cdot \nabla \Phi_{1m}^i + \Phi_{1m}^i (\nabla^2 \Phi_{1n}^i)) \mathrm{d}V = \int_{\partial \Omega_i} \Phi_{1m}^i \nabla \Phi_{1n}^i \cdot \mathrm{d}S, \quad i = 1,2,\cdots,2M+2 \tag{3.95}$$

将式（3.95）给出的 $2M+2$ 个积分方程的两边相加，得到

$$\sum_{i=1}^{2M+2} \int_{\Omega_i} (\nabla \Phi_{1n}^i \cdot \nabla \Phi_{1m}^i + \Phi_{1m}^i (\nabla^2 \Phi_{1n}^i)) \mathrm{d}V$$

$$= \int_{\Gamma_{2M+3}} \Phi_{1m}^{2M+1} \nabla \Phi_{1n}^{2M+1} \cdot \mathrm{d}S + \int_{\Gamma_{2M+2}} \Phi_{1m}^{2M+2} \nabla \Phi_{1n}^{2M+2} \cdot \mathrm{d}S \tag{3.96}$$

式中，Γ_{2M+3} 为子域 Ω_{2M+1} 的自由液面；Γ_{2M+2} 为子域 Ω_{2M+2} 的自由液面。将式（3.89）代入式（3.96），得到

$$\sum_{i=1}^{2M+2} \int_{\Omega_i} \nabla \Phi_{1n}^i \cdot \nabla \Phi_{1m}^i \mathrm{d}V$$

$$= \int_{\Gamma_{2M+1}} \Phi_{1m}^{2M+1} \nabla \Phi_{1n}^{2M+1} \cdot \mathrm{d}S + \int_{\Gamma_{2M+2}} \Phi_{1m}^{2M+2} \nabla \Phi_{1n}^{2M+2} \cdot \mathrm{d}S \qquad (3.97)$$

交换式（3.95）中的下标，类似地可以得到

$$\sum_{i=1}^{2M+2} \int_{\Omega_i} \nabla \Phi_{1n}^i \cdot \nabla \Phi_{1m}^i \mathrm{d}V$$

$$= \int_{\Gamma_{2M+1}} \Phi_{1n}^{2M+1} \nabla \Phi_{1m}^{2M+1} \cdot \mathrm{d}S + \int_{\Gamma_{2M+2}} \Phi_{1n}^{2M+2} \nabla \Phi_{1m}^{2M+2} \cdot \mathrm{d}S \qquad (3.98)$$

比较式（3.97）和式（3.98）的左右两边，显然可得

$$\int_{\Gamma_{2M+1}} \Phi_{1m}^{2M+1} \nabla \Phi_{1n}^{2M+1} \cdot \mathrm{d}S + \int_{\Gamma_{2M+2}} \Phi_{1m}^{2M+2} \nabla \Phi_{1n}^{2M+2} \cdot \mathrm{d}S$$

$$= \int_{\Gamma_{2M+1}} \Phi_{1n}^{2M+1} \nabla \Phi_{1m}^{2M+1} \cdot \mathrm{d}S + \int_{\Gamma_{2M+2}} \Phi_{1n}^{2M+2} \nabla \Phi_{1m}^{2M+2} \cdot \mathrm{d}S \qquad (3.99)$$

将式（3.93）代入式（3.99），得到

$$\left(\int_{\Gamma_{2M+1}} \Phi_{1m}^{2M+1} \Phi_{1n}^{2M+1} \mathrm{d}S + \int_{\Gamma_{2M+2}} \Phi_{1m}^{2M+2} \Phi_{1n}^{2M+2} \mathrm{d}S \right)(\omega_{1n}^2 - \omega_{1m}^2) = 0 \qquad (3.100)$$

由于 $\omega_{1n} \neq \omega_{1m}$，显然可得

$$\int_{\Gamma_{2M+1}} \Phi_{1m}^{2M+1} \Phi_{1n}^{2M+1} \mathrm{d}S + \int_{\Gamma_{2M+2}} \Phi_{1m}^{2M+2} \Phi_{1n}^{2M+2} \mathrm{d}S = 0 \qquad (3.101)$$

式（3.101）即带多层刚性隔板圆柱形储液罐中流体晃动模态的正交性。

3.4.4　动力响应方程

将刚体速度势式（3.86）和摄动速度势式（3.88）进行叠加即可得流体的速度势函数，再将流体速度势代入自由液面方程（3.87）得到流体晃动的动力响应方程：

$$\sum_{n=1}^{\infty} \ddot{q}_n(t) \Phi_{1n}(r,z)\big|_{z=z_{M+1}} + g \sum_{n=1}^{\infty} q_n(t) \frac{\partial \Phi_{1n}(r,z)}{\partial z}\bigg|_{z=z_{M+1}} = -\ddot{x}(t)r \qquad (3.102)$$

将式（3.102）等号右边按 $\Phi_{1n}(r,z)\big|_{z=z_{M+1}}$ 进行展开，得到

$$\sum_{n=1}^{\infty} \ddot{q}_n(t) \Phi_{1n}(r,z)\big|_{z=z_{M+1}} + g \sum_{n=1}^{\infty} q_n(t) \frac{\partial \Phi_{1n}(r,z)}{\partial z}\bigg|_{z=z_{M+1}} = -\ddot{x}(t) \sum_{n=1}^{\infty} b_n \Phi_{1n}(r,z)\big|_{z=z_{M+1}}$$

$$\qquad (3.103)$$

式中，$b_n (n=1, 2, \cdots)$ 为展开项系数，其具体表达式为

$$b_n = \frac{\int_0^{R_2} r^2 \Phi_{1n}(r,z)\big|_{z=z_{M+1}} \mathrm{d}r}{\int_0^{R_2} r(\Phi_{1n}(r,z)\big|_{z=z_{M+1}})^2 \mathrm{d}r} \qquad (3.104)$$

式（3.103）中的空间坐标 r 可以通过如下方法消除，在方程的两边同时乘以 $\Phi_{1n}(r,z)$，再将其两边同时对 r 从 0 到 R_2 进行积分。根据流体晃动模态的正交性公式（3.101）即可得到关于任意广义坐标 $q_n(t)$ 的动力响应方程：

$$\ddot{q}_n(t)\int_0^{R_2} r(\varPhi_{1n}(r,z)\big|_{z=z_{M+1}})^2\,\mathrm{d}r + gq_n(t)\int_0^{R_2} r\left(\frac{\partial \varPhi_{1n}(r,z)}{\partial z}\varPhi_{1n}(r,z)\right)\bigg|_{z=z_{M+1}}\,\mathrm{d}r$$

$$=-\ddot{x}(t)\int_0^{R_2} r^2\,\varPhi_{1n}(r,z)\big|_{z=z_{M+1}}\,\mathrm{d}r \qquad (3.105)$$

在此，我们定义质量因子 M_{1n} 和刚度因子 K_{1n} 如下：

$$M_{1n}=\int_0^{R_2} r(\varPhi_{1n}(r,z)\big|_{z=z_{M+1}})^2\,\mathrm{d}r\bigg/\int_0^{R_2} r^2\,\varPhi_{1n}(r,z)\big|_{z=z_{M+1}}\,\mathrm{d}r \qquad (3.106)$$

$$K_{1n}=g\int_0^{R_2} r(\varPhi_{1n}(r,z)\partial\varPhi_{1n}(r,z)/\partial z)\big|_{z=z_{M+1}}\,\mathrm{d}r\bigg/\int_0^{R_2} r^2\,\varPhi_{1n}(r,z)\big|_{z=z_{M+1}}\,\mathrm{d}r$$

$$(3.107)$$

根据式（3.93），显而易见 $\omega_{1n}^2=K_{1n}/M_{1n}$。将 M_{1n} 和 K_{1n} 代入式（3.105），得到

$$M_{1n}\ddot{q}_n(t)+K_{1n}q_n(t)=-\ddot{X}(t) \qquad (3.108)$$

应用杜阿梅尔积分，可以得到式（3.108）的一般形式的解：

$$q_n(t)=q_n(0)\cos(\omega_{1n}t)+\frac{\dot{q}_n(0)}{\omega_{1n}}\sin(\omega_{1n}t)+\frac{1}{M_{1n}\omega_{1n}}\int_0^t \ddot{x}(\tau)\sin(\omega_{1n}(t-\tau))\mathrm{d}\tau$$

$$(3.109)$$

式中，$q_n(0)$ 为广义坐标的初始值；$\dot{q}_n(0)$ 为广义坐标对时间导数的初始值。将 $q_n(0)$ 代入式（3.88）得到流体的摄动速度势。将 ϕ_{1A} 和 ϕ_{1B} 相加即可得到流体的速度势函数：

$$\phi_i=\cos\theta\left(\sum_{n=1}^{\infty}\dot{q}_n(t)\varPhi_{1n}^i(r,z)+\dot{x}(t)r\right),\quad i=1,2,\cdots,2M+2 \qquad (3.110)$$

将流体的速度势函数（3.109）代入式（3.73），得到流体自由液面的波高方程：

$$f_i=-\frac{\cos\theta}{g}\left(\sum_{n=1}^{\infty}\ddot{q}_n(t)\varPhi_{1n}^i(r,z)\big|_{z=h_{M+1}}+\ddot{x}(t)r\right),\quad i=2M+1,2M+2 \qquad (3.111)$$

流体晃动时会产生作用于隔板和储液罐上的液动压力，在此不考虑流体的静压力，根据伯努利方程即可得到液动压力：

$$P_i=-\rho\frac{\partial\phi_i}{\partial t}=-\rho\cos\theta\left(\sum_{n=1}^{\infty}\ddot{q}_n(t)\varPhi_{1n}^i(r,z)+\ddot{x}(t)r\right),\quad i=1,2,\cdots,2M+2 \qquad (3.112)$$

将作用于储液罐壁上的液动压力沿罐壁进行积分，即可得到液动压力的合力，也就是储液罐的基底剪力，因为水平激励沿 x 方向，根据对称性显然可得

$$F_x=\sum_{p=1}^{M+1}\int_0^{2\pi}\int_{h_{p-1}}^{h_p} P_{2p-1}(R_2,\theta,z,t)\cos\theta R_2\mathrm{d}z\mathrm{d}\theta \qquad (3.113)$$

同样地，可以得到作用于储液罐壁的液动压力所产生的倾覆力矩：

$$M_{\mathrm{wall}}=\sum_{p=1}^{M+1}\int_0^{2\pi}\int_{h_{p-1}}^{h_p} P_{2p-1}(R_2,\theta,z,t)z\cos\theta R_2\mathrm{d}z\mathrm{d}\theta \qquad (3.114)$$

由于环形隔板固结在储液罐上，作用在隔板上的力矩最终会转化成储液罐的

倾覆力矩，沿隔板的上下表面积分得到

$$M_{\text{baffle}}^p = \int_{R_1}^{R_2}\int_0^{2\pi} P_{2p-1}(r,\theta,z_p,t)r^2\cos\theta\mathrm{d}\theta\mathrm{d}r - \int_{R_1}^{R_2}\int_0^{2\pi} P_{2p+1}(r,\theta,z_p,t)r^2\cos\theta\mathrm{d}\theta\mathrm{d}r$$

（3.115）

作用于储液罐底的液动压力同样会产生倾覆力矩，沿罐底积分可得

$$M_{\text{bottom}} = \int_0^{R_1}\int_0^{2\pi} P_2(r,\theta,0,t)r^2\cos\theta\mathrm{d}\theta\mathrm{d}r + \int_{R_1}^{R_2}\int_0^{2\pi} P_1(r,\theta,0,t)r^2\cos\theta\mathrm{d}\theta\mathrm{d}r$$

（3.116）

将作用于罐壁、隔板以及罐底上的倾覆力矩相加可得

$$M_y = M_{\text{wall}} + \sum_{p=1}^M M_{\text{baffle}}^p + M_{\text{bottom}}$$

（3.117）

3.4.5　比较研究

为验证流体子域法的正确性，本节将流体子域法的结果和商业有限元软件 ADINA 的结果进行比较。在此取隔板数量 $M=2$，储液罐内半径为 $R_2=1\mathrm{m}$，罐中流体的深度 $z_{M+1}=1\mathrm{m}$，流体密度取为 $1000\mathrm{kg/m}^3$。储液罐受到水平方向上的简谐激励 $x(t)=X_0\sin(\overline{\omega}t)$，其位移幅值为 $X_0=0.001\mathrm{m}$，依次考察三个不同激励频率 $\overline{\omega}=5\mathrm{rad/s}$，$6\mathrm{rad/s}$，$7\mathrm{rad/s}$，时间 $t=0\mathrm{s}$ 时系统处于静止状态。隔板内半径取为 $R_1/R_2=0.5$，两个隔板分别被固定在 $z_1/R_2=0.5$ 和 $z_2/R_2=0.75$ 的位置上。在 ADINA 的有限元模型中，流体模型采用 27 节点的三维势流单元，在此将流体划分成 19564 个单元。在 ADINA 中可以直接定义流体的自由液面和刚性边界，因此刚性储液罐和隔板可使用刚性边界来模拟。f_{wall} 为 $r=R_2$，$\theta=0$ 处的液面波高，图 3-10～图 3-12 分别给出了对应于三个不同激励频率的 f_{wall} 随时间的变化曲线。从图中可以看出，流体子域法求出的 f_{wall} 的时程曲线与 ADINA 算出的时程曲线吻合得很好。

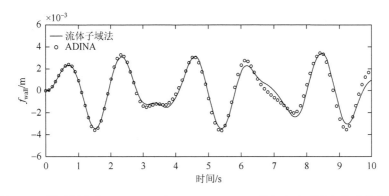

图 3-10　激励频率为 $\overline{\omega}=5\mathrm{rad/s}$ 时，$\theta=0$，$r/R_2=1$ 处自由液面波高的时程曲线

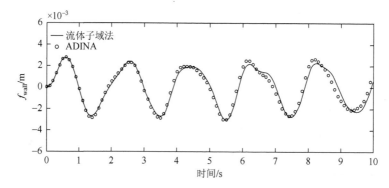

图 3-11　激励频率为 $\bar{\omega} = 6\text{rad/s}$ 时，$\theta = 0$，$r/R_2 = 1$ 处自由液面波高的时程曲线

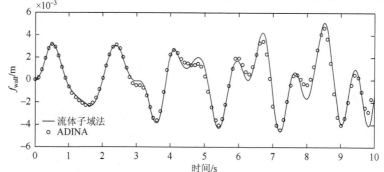

图 3-12　激励频率为 $\bar{\omega} = 7\text{rad/s}$ 时，$\theta = 0$，$r/R_2 = 1$ 处自由液面波高的时程曲线

3.4.6　稳态响应

当系统受到水平方向上的简谐激励 $x(t) = X_0 \sin(\bar{\omega}t)$ 时，系统响应可以分成两部分：瞬态响应和稳态响应。瞬态响应取决于系统的初始状态，与系统的外部激励无关；而稳态响应的存在是因为有外部激励，稳态响应与系统的初始状态无关。在实际的系统中，阻尼是不可避免存在的，从而使得瞬态响应随时间不断衰减。本节着重研究系统的稳态响应，式（3.108）的稳态解为

$$q_n(t) = \frac{X_0 \bar{\omega}^2 \omega_{1n}^2}{K_{1n}(\omega_{1n}^2 - \bar{\omega}^2)} \sin(\bar{\omega}t) \qquad (3.118)$$

值得注意的是，由于不考虑系统的阻尼作用，当激励频率 $\bar{\omega}$ 接近流体晃动的固有频率 ω_{1n} 时，$q_n(t)$ 趋于无穷大。因此当激励频率 $\bar{\omega}$ 接近流体晃动的固有频率 ω_{1n} 时，半解析模型只适用于定性的分析。在下面的研究中，着重分析了液面波高、液动压力分布、基底剪力以及倾覆力矩。储液罐内半径取为 $R_2 = 0.508\text{m}$，液体深度取 $z_{M+1} = 0.508\text{m}$，隔板数量取为 $M = 2$，流体密度取为 1000kg/m^3。激励频率取

为 $\bar{\omega} = 5.811\text{rad/s}$，激励幅值取为 $X_0 = 0.001\text{m}$。为研究隔板对系统动力响应的影响，下面的研究主要分为两个部分：①下隔板固定于 $z_1/R_2 = 0.4$ 的位置上，依次考察两个不同的上隔板位置 $z_2/R_2 = 0.8$ 和 $z_2/R_2 = 0.9$，研究系统动力响应随隔板内半径的变化规律；②下隔板固定于 $z_1/R_2 = 0.4$ 的位置上，依次考察两个不同隔板内半径 $R_1/R_2 = 0.4$ 和 $R_1/R_2 = 0.6$，研究系统动力响应随上隔板位置的变化规律。

1. 液面波高

将式（3.118）代入式（3.111），得到

$$f_i = \frac{X_0\bar{\omega}^2}{g}\left(\sum_{n=1}^{\infty}\frac{\omega_{1n}^2\bar{\omega}^2\Phi_{1n}^i(r,h)}{K_{1n}(\omega_{1n}^2-\bar{\omega}^2)}+r\right)\sin(\bar{\omega}t)\cos\theta, \quad i = 2M+1, 2M+2 \quad (3.119)$$

图 3-13 给出了液面波高幅值 f_{max} 随隔板内半径的变化规律。图 3-14 给出了液面波高幅值 f_{max} 随上隔板位置的变化规律。从图中可以看出，液面波高幅值随着隔板内半径的增加单调增加，在上隔板从靠近下隔板的位置上升到靠近自由液面的位置的过程中，f_{max} 单调减小。

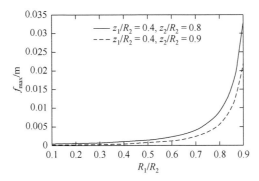

图 3-13 下隔板位于 $z_1/R_2 = 0.4$ 时，不同上隔板位置（$z_2/R_2 = 0.8$，0.9）情况下自由液面波高幅值随隔板内半径的变化

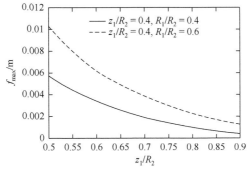

图 3-14 下隔板位于 $z_1/R_2 = 0.4$ 时，不同上隔板内半径（$R_1/R_2 = 0.4$，0.6）情况下自由液面波高幅值随上隔板位置的变化

2. 基底剪力

将式（3.118）代入式（3.113），得到

$$F_x = \rho X_0 \bar{\omega}^2 \pi R_2 \left(\sum_{n=1}^{\infty} \frac{\omega_{1n}^2 \bar{\omega}^2 \int_0^h \Phi_{1n}(R_2, z) \mathrm{d}z}{K_{1n}(\omega_{1n}^2 - \bar{\omega}^2)} + R_2 h \right) \sin(\bar{\omega} t) \qquad (3.120)$$

图 3-15 给出了基底剪力幅值 $F_{\max}$ 随隔板内半径的变化规律。从图 3-15 可以看出，随着隔板内半径的增加，$F_{\max}$ 先缓慢地减小到零，然后快速地上升。当上隔板位于 $z_2/R_2 = 0.8$ 时，$F_{\max}$ 在隔板内半径取 $R_1/R_2 = 0.68$ 的情况下为零；当上隔板位于 $z_2/R_2 = 0.9$ 时，$F_{\max}$ 在隔板内半径取 $R_1/R_2 = 0.78$ 的情况下为零。

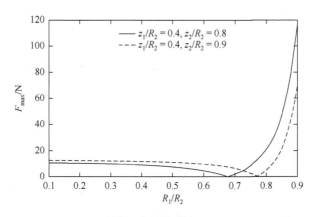

图 3-15　下隔板位于 $z_1/R_2 = 0.4$ 时，不同上隔板位置（$z_2/R_2 = 0.8$，0.9）情况下基底剪力幅值随隔板内半径的变化

为了进一步研究基底剪力为零的情况，在此研究 $F_{\max} = 0$ 时的液动压力分布，图 3-16 给出了 $\bar{\omega} t = \pi/2$ 时罐壁上的液动压力分布 $(\theta = 0)$。从图 3-16 可以看出，上隔板上面的流体所产生的液动压力随着液体深度变化较大，可以认为该部分流体的晃动现象较为明显；然而上隔板下面的流体所产生的液动压力随着液体深度变化不大，可以认为该部分流体的晃动现象较为微弱。在此我们定义储液罐中晃动现象明显的流体称为晃动流体，储液罐中晃动现象较为微弱的流体称为刚性流体。显而易见，晃动流体的液动压力跟刚性流体的液动压力有180°的相位差。晃动流体随着隔板内半径的增加而增加，这意味着晃动流体所产生合力幅值随着隔板内半径的增加而增加，与此同时，刚性流体随着隔板内半径的增加而减小，这意味着刚性流体所产生的合力幅值随着隔板内半径的增加而减小。在 $F_{\max}$ 的零点之前，刚性流体所产生的合力幅值大于晃动流体所产

生合力幅值；当 F_{max} 为零时，刚性流体所产生的合力幅值刚好等于晃动流体所产生的合力幅值。

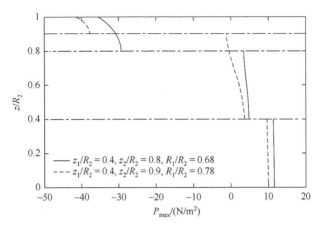

图 3-16　隔板取两组不同的参数：$z_1/R_2 = 0.4$，$z_2/R_2 = 0.8$，$R_1/R_2 = 0.68$；$z_1/R_2 = 0.4$，$z_2/R_2 = 0.9$，$R_1/R_2 = 0.78$，$\bar{\omega}t = \pi/2$ 时液动压力在 $\theta = 0$，$r/R_2 = 1$ 处的分布曲线

图 3-17 给出了基底剪力幅值 F_{max} 随上隔板位置的变化规律。从图 3-17 可以看出，在上隔板从靠近下隔板的位置上升到靠近自由液面的位置的过程中，F_{max} 先快速地减小到零，然后缓慢地增加。对于两个不同的隔板内半径 $R_1/R_2 = 0.4$ 和 $R_1/R_2 = 0.6$，F_{max} 为零所对应的上隔板位置分别是 $z_2/R_2 = 0.61$ 和 $z_2/R_2 = 0.73$。类似地，研究 F_{max} 为零时的液动压力分布，图 3-18 给出了 $\bar{\omega}t = \pi/2$ 时罐壁上的液动压力分布（$\theta = 0$）。显而易见，刚性流体随着隔板的上升而增加，这意味着晃动流体所产生的合力幅值随着隔板的上升而减小，然后刚性流体所产生的合力幅值随着隔板的上升而增加。当 F_{max} 为零时，晃动流体所产生的合力幅值刚好等于刚性流体所产生的合力幅值，并且这两部分合力有 180° 的相位差，显然此时的合力为零。

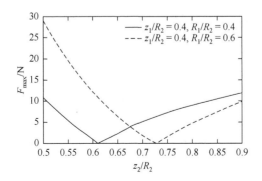

图 3-17　下隔板位于 $z_1/R_2 = 0.4$ 时，不同隔板内半径（$R_1/R_2 = 0.4$，0.6）情况下基底剪力幅值随上隔板位置的变化

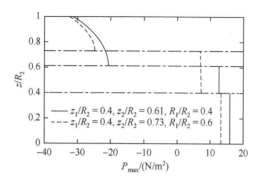

图 3-18　隔板取两组不同的参数：$z_1/R_2 = 0.4$，$z_2/R_2 = 0.61$，$R_1/R_2 = 0.4$；$z_1/R_2 = 0.4$，$z_2/R_2 = 0.73$，
$R_1/R_2 = 0.6$，$\bar{\omega}t = \pi/2$ 时液动压力在 $\theta = 0$，$r/R_2 = 1$ 处的分布曲线

3. 倾覆力矩

将式（3.118）代入式（3.114）～式（3.116），得到

$$M_{\text{wall}} = \rho X_0 \bar{\omega}^2 \pi R_2 \left(\sum_{n=1}^{\infty} \frac{\omega_{1n}^2 \bar{\omega}^2 \int_0^h z \Phi_{1n}(R_2, z)\mathrm{d}z}{K_{1n}(\omega_{1n}^2 - \bar{\omega}^2)} + \frac{R_2 h^2}{2} \right) \sin(\bar{\omega}t) \qquad （3.121）$$

$$M_{\text{baffle}}^p = \rho X_0 \bar{\omega}^2 \pi \sum_{n=1}^{\infty} \frac{\omega_{1n}^2 \bar{\omega}^2 \left(\int_{R_1}^{R_2} \Phi_{1n}^1(r, z_p) r^2 \mathrm{d}r - \int_{R_1}^{R_2} \Phi_{1n}^3(r, z_p) r^2 \mathrm{d}r \right)}{K_{1n}(\omega_{1n}^2 - \bar{\omega}^2)} \sin(\bar{\omega}t)$$

$$（3.122）$$

$$M_{\text{bottom}} = \rho X_0 \bar{\omega}^2 \pi \left(\sum_{n=1}^{\infty} \frac{\omega_{1n}^2 \bar{\omega}^2 \int_0^{R_2} \Phi_{1n}(r, 0) r^2 \mathrm{d}r}{K_{1n}(\omega_{1n}^2 - \bar{\omega}^2)} + \frac{R_2^4}{4} \right) \sin(\bar{\omega}t) \qquad （3.123）$$

图 3-19 给出了倾覆力矩幅值 $M_{\max}$ 随隔板内半径的变化规律。从图中可以看出，随着隔板内半径的增加，$M_{\max}$ 先缓慢地下降到零，零点之后再快速地上升。当上隔板位于 $z_2/R_2 = 0.8$ 时，$M_{\max}$ 在隔板内半径取为 $R_1/R_2 = 0.46$ 的情况下为零；当上隔板位于 $z_2/R_2 = 0.9$ 时，$M_{\max}$ 在隔板内半径取为 $R_1/R_2 = 0.69$ 的情况下为零。在此定义上隔板上面的流体所产生的倾覆力矩在时间 $t = \pi/(2\bar{\omega})$ 上为 M_u，上隔板下面的流体所产生的倾覆力矩在时间 $t = \pi/(2\bar{\omega})$ 上为 M_d。表 3-2 给出了 M_u 和 M_d 随隔板内半径的变化规律。从表 3-2 可以看出 M_u 与 M_d 有 180° 的相位差。

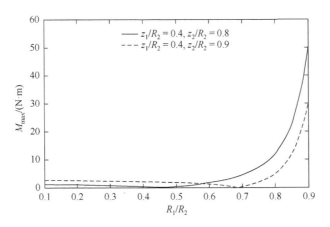

图 3-19　下隔板位于 $z_1/R_2 = 0.4$ 时，不同上隔板位置（$z_2/R_2 = 0.8$，0.9）情况下倾覆力矩幅值随
隔板内半径的变化

表 3-2　$z_1/R_2 = 0.4$ 时，M_u 和 M_d 随隔板内半径的变化

z_2/R_2	力矩	R_1/R_2						
		0.1	0.2	0.3	0.4	0.5	0.6	0.7
0.8	M_u/（N·m）	−2.890	−2.966	−3.146	−3.463	−3.987	−4.892	−6.646
	M_d/（N·m）	4.0245	4.007	3.963	3.877	3.714	3.365	2.471
0.9	M_u/（N·m）	−2.023	−2.108	−2.241	−2.414	−2.659	−3.068	−3.891
	M_d/（N·m）	4.625	4.610	4.581	4.536	4.452	4.255	3.680

图 3-20 给出了 M_{max} 随上隔板位置的变化规律。从图 3-20 可以看出，在上隔板从靠近下隔板的位置上升到靠近自由液面的位置的过程中，M_{max} 快速地减小到零，零点之后再缓慢地增加。对于两个不同的隔板内半径 $R_1/R_2 = 0.4$ 和 $R_1/R_2 = 0.6$，M_{max} 为零所对应的上隔板位置分别是 $z_2/R_2 = 0.78$ 和 $z_2/R_2 = 0.86$。表 3-3 给出了 M_u 和 M_d 随上隔板位置的变化规律。从表 3-3 可以看出，M_u 的绝对值随着隔板的上升而减小，M_d 的绝对值则随着隔板的上升而增加。

表 3-3　$z_1/R_2 = 0.4$ 时，M_u 和 M_d 随上隔板位置的变化

R_1/R_2	力矩	z_2/R_2								
		0.5	0.55	0.6	0.65	0.7	0.75	0.8	0.85	0.9
0.4	M_u/（N·m）	−11.978	−9.637	−7.790	−6.319	−5.145	−4.208	−3.464	−2.875	−2.414
	M_d/（N·m）	2.456	2.636	2.842	3.069	3.317	3.587	3.877	4.192	4.536
0.6	M_u/（N·m）	−18.430	−14.626	−11.700	−9.400	−7.568	−6.093	−4.893	−3.903	−3.068
	M_d/（N·m）	1.558	1.810	2.078	2.364	2.670	3.002	3.365	3.774	4.255

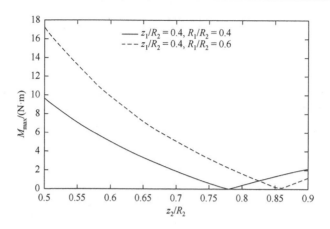

图 3-20　下隔板位于 $z_1/R_2 = 0.4$ 时，不同隔板内半径（$R_1/R_2 = 0.4$，0.6）情况下倾覆力矩幅值
随上隔板位置的变化

3.4.7　水平地震响应

本节研究了水平地震激励下的动力响应。输入的地震波为南北向的 Kobe 波，时间间隔为 0.02s，持续时间为 30s，图 3-21 给出了地震波的时程曲线。在此取隔板数量为 $M = 2$，储液罐内半径 R_2 取为 10m，液体深度 H 也取为 10m，流体密度为 1000kg/m³。下面主要研究了地震激励下的最大波高、最大基底剪力以及最大倾覆力矩随隔板位置及隔板内半径的变化。

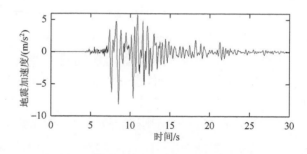

图 3-21　前 30s 的 Kobe 波

首先研究随隔板内半径的变化规律，将两个隔板分别固定在 $z_1/R_2 = 0.4$ 和 $z_2/R_2 = 0.7$ 的位置上，图 3-22～图 3-24 分别给出了波高最大值、基底剪力最大值以及倾覆力矩最大值随隔板内半径的变化规律，图中 $R_1/R_2 = 1$ 表示无隔板的情况。从图中可以看出，当 R_1/R_2 小于 0.43 时自由液面波高最大值随着隔板内半径增加而减小，当 R_1/R_2 大于 0.43 时自由液面波高最大值随隔板内半径的增加而增

加；基底剪力最大值随着隔板内半径的增加而单调减小；当隔板内半径比较小时，倾覆力矩最大值随隔板内半径的增加变化不大，当隔板内半径大于 0.4 时，倾覆力矩最人值随着隔板内半径的增加而单调增加。

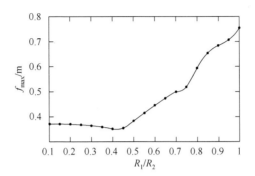

图 3-22　两隔板位于 $z_1/R_2 = 0.4$，$z_2/R_2 = 0.7$ 时，自由液面波高最大值随隔板内半径的变化

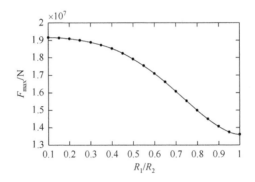

图 3-23　两隔板位于 $z_1/R_2 = 0.4$，$z_2/R_2 = 0.7$ 时，基底剪力最大值随隔板内半径的变化

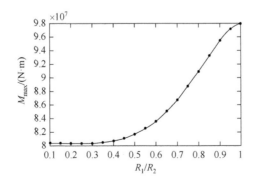

图 3-24　两隔板位于 $z_1/R_2 = 0.4$，$z_2/R_2 = 0.7$ 时，倾覆力矩最大值随隔板内半径的变化

　　下面研究上隔板位置对于地震响应的影响，在此将下隔板固定在 $z_1/R_2 = 0.2$，隔板内半径取为 $R_1/R_2 = 0.4$。上隔板位置从 $z_2/R_2 = 0.3$ 变化到 $z_2/R_2 = 0.9$。图 3-25～图 3-27 分别给出了波高最大值、基底剪力最大值以及倾覆力矩最大值随上隔板位置的变化规律。从图中可以看出，自由液面波高最大值随着上层隔板位置的上升单调减小；基底剪力最大值随着上层隔板位置的上升单调增加；当 $z_2/R_2 < 0.57$ 时，倾覆力矩最大值随着 z_2/R_2 的增加而减小，当 $z_2/R_2 > 0.57$ 时，倾覆力矩最大值随着 z_2/R_2 的增加而增加。

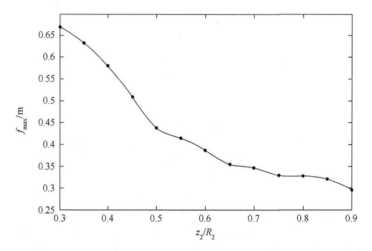

图 3-25　隔板内半径取 $R_1/R_2 = 0.4$，下隔板位于 $z_1/R_2 = 0.2$ 时，自由液面波高
最大值随上隔板位置的变化

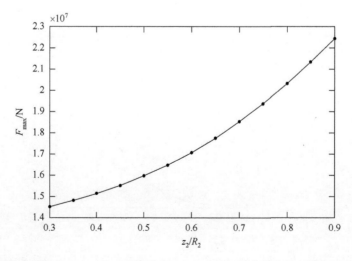

图 3-26　隔板内半径取 $R_1/R_2 = 0.4$，下隔板位于 $z_1/R_2 = 0.2$ 时，基底剪力最大值随上隔板位置的变化

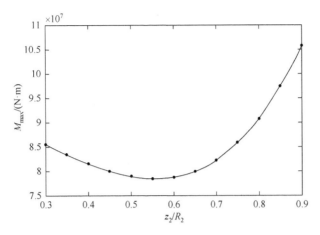

图 3-27　隔板内半径取 $R_1/R_2 = 0.4$，下隔板位于 $z_1/R_2 = 0.2$ 时，倾覆力矩最大值随上隔板位置的变化

3.5　本　章　小　结

本章提出了刚体速度势的概念，将水平激励下带刚性隔板圆柱形储液罐中流体的速度势分解成刚体速度势和摄动速度势，引入广义坐标将摄动速度势按流体线性晃动的模态进行展开，将刚体速度势和摄动速度势代入自由液面方程得到流体晃动的动力响应方程。证明了流体晃动模态的正交性，基于此将动力响应方程解耦成单自由度动力响应方程。利用杜阿梅尔积分求解动力响应方程并详细地探讨了隔板参数对于流体晃动响应的影响，得到以下几个结论。

（1）瞬态响应分析中，激励频率取为无隔板时流体晃动的固有频率，分析结果表明环形刚性隔板可以有效地改变流体晃动频率从而避免共振，起到抑制流体晃动响应的效果。

（2）稳态响应分析中，刚性隔板的存在破坏了作用于储液罐壁上的液动压力的连续性，靠近自由液面的压力分布随液体深度变化较大，靠近罐底的压力分布随液体深度变化较小，并且这两部分液动压力有 180° 的相位差。

（3）对于某一个固定的简谐激励，可以通过隔板位置和隔板内半径的优化使得基底剪力和倾覆力矩的稳态响应幅值为零，这便为防晃板的优化设计提供了理论依据。

参 考 文 献

[1]　Housner G M. Dynamic pressure on accelerated fluid containers [J]. Bullet in of the Seismological Society of America，1957，47（1）：15-35.

[2]　Housner G M. The dynamic behavior of water tanks [J]. Bullet in of the Seismological Society of America，1963，53（2）：381-387.

[3]　　Bauer H F. Developments in Theoretical and Applied Mechanics [M]. New York：Plenum Press，1970.

[4]　　Sogabe K，Shibata H. Response analysis on sloshing of liquid in a cylindrical storage Part 1：Basic equation and response to sinusoidal input [J]. Journal of Institute of Industrial Science，1974，26（3）：119-122.

[5]　　Sogabe K，Shibata H. Response analysis on sloshing of liquid in a cylindrical storage Part 2：Transient response to sinusoidal input [J]. Journal of Institute of Industrial Science，1975，26（4）：152-155.

[6]　　Abramson H N，Ransleben G E. Some comparisons of sloshing behavior in cylindrical tanks with flat and conical bottoms [J].ARS Journal，1961：542-544.

[7]　　Aslam M，Godden W G，Scalise D T. Earthquake sloshing in annular and cylindrical tanks [J]. Journal of the Engineering Mechanics Division，1979，105（3）：371-389.

[8]　　Aslam M. Finite element analysis of earthquake induced sloshing in axisymmetric tanks [J]. International Journal for Numerical Methods，1981，17：159-169.

[9]　　Bauer H F. Forced liquid oscillations in paraboloid containers [J]. Zeitschrift fuer Flugwissenschaften and Weltraumforschung，1984，8：49-55.

[10]　Budiansky B. Sloshing of liquids in circular canals and spherical tanks [J]. Journal of Aerospace Science，1960，27（3）：161-173.

[11]　Isaacson M，Ryu C S. Earthquake-induced sloshing in vertical container of arbitrary section [J]. Journal of the Engineering Mechanics Division，1998，124（2）：158-166.

[12]　Kobayashi N，Mieda T，Shibata H, et al. A study of the liquid sloshing response in horizontal cylindrical tanks [J]. Journal of Pressure Vessel Technology，1989，111：32-38.

[13]　Papaspyrou S，Valougeorgis D，Karamanos S A. Refined solutions of externally induced sloshing in half-full spherical containers [J]. Journal of Engineering Mechanics，2003，129（12）：1369-1379.

[14]　　Biswal K C，Bhattacharyya S K，Sinha P K. Dynamic response analysis of a liquid–filled cylindrical tank with annular baffle [J]. Journal of Sound and Vibration，2004，274（1）：13-37.

第4章 带多层刚性隔板储液罐在俯仰激励下的动力响应

4.1 工程背景及研究意义

液化天然气（LNG）运输船在航行过程中遇到海浪时会产生俯仰运动[1]，航天器和航空器在改变姿态时也会发生俯仰运动[2]，大型立式储液罐在地震激励下发生提离实际上也是一种俯仰运动[3]，因此俯仰激励下所产生的流体晃动对于上述的工程问题是不可忽略的。对于流体晃动控制，目前主要针对水平或者竖向激励进行研究，俯仰激励下流体的晃动控制研究则比较少。

岳宝增[4]将 ALE 运动描述引入 Navier-Stokes 方程中，推导了有限元数值离散方程和分步有限元计算格式，对圆柱形储液罐中流体大幅晃动进行了仿真。苟兴宇等[5]、尹立中等[6]运用两种不同的 Lagrange 函数，建立了流-固耦合系统的耦合动力学方程，分别研究了矩形储箱在水平与俯仰运动下的动力特性与响应。吴文军等[7]利用傅里叶-贝塞尔级数对储箱受俯仰激励时的自由液面处的运动边界条件进行展开，研究了低重环境下俯仰运动圆柱储箱中流体的晃动。

4.2 基 本 方 程

图 4-1 为带多层环形隔板的圆柱储液罐，其中 $O\text{-}XYZ$ 是惯性参考系，$o\text{-}xyz$ 和 $o\text{-}r\theta z$ 为固连在储液罐底的参考系。罐体和隔板均为刚体，储罐中流体为无黏、无旋、不可压的理想流体。环形隔板的位置分别为 z_1，z_2，$\cdots$，z_M（M 表示隔板的数量）。Σ_0 表示流体自由液面，S_0 表示流体与结构（罐体与隔板）的接触界面，$z = f(r, \theta, t)$ 为自由液面波高幅值。如图 4-1 所示，储罐中流体在俯仰激励 Θ_2 作用下发生晃动，俯仰轴为 y 轴。Ω 表示带隔板储罐中流体的区域，根据势流理论，储罐中流体的速度势 ϕ 应满足方程（2.11）。

在流-固耦合的界面上，流体不可穿透固体边界，因此流体沿着界面法线方向的分量等于固体在对应点处的速度，因此在流体与罐壁的接触面上满足运动方程：

$$\frac{\partial \phi}{\partial r} = z\dot{\Theta}_2 \cos\theta \qquad (4.1)$$

在隔板与罐底上满足运动方程:

$$\phi = -r\dot{\Theta}_2 \cos\theta \qquad (4.2)$$

自由液面上流体质点的速度等于液面波高变化的速率,因此流体速度势与自由液面波高在自由液面上满足运动方程[8]:

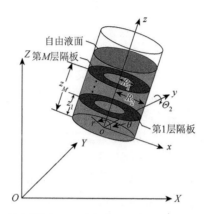

图 4-1　俯仰激励下具有多个刚性隔板的圆柱形储液罐

$$\frac{\partial \phi}{\partial z} = -r\dot{\Theta}_2 \cos\theta + \frac{\partial f}{\partial t} \qquad (4.3)$$

在重力场中,流体的质量力占主导地位,自由液面的张力可以忽略不计[9]。根据线性化伯努利方程,流体速度势与自由液面波高在自由液面上满足动力学方程:

$$\frac{\partial \phi}{\partial t} = gr\Theta_2 \cos\theta - fg \qquad (4.4)$$

式中,g 为重力加速度。在储罐俯仰运动过程中,没有流体流入,也没有流体流出。根据流体的不可压缩性,可得

$$\int_{\Sigma_0} fr\mathrm{d}r\mathrm{d}\theta = 0 \qquad (4.5)$$

储罐中流体静止时的深度为 H,隔板内半径为 R_1,储罐的内半径和隔板的外半径为 R_2。为简化分析,引入无量纲的量 $\xi = r/R_2$,$\xi_1 = R_1/R_2$,$\zeta = z/R_2$,$\zeta_j = z_j/R_2$ ($j = 1,2,\cdots,M$) 和 $\zeta_0 = H/R_2$。引入广义坐标 $q_{mn}(t)$ 和 $p_{mn}(t)$ 可将自由表面高度 f 和速度势 ϕ 展开,即

$$f = \sum q_{mn}(t)f_{mn}(\xi)\cos(m\theta) \qquad (4.6)$$

$$\phi = \omega\Psi(\xi,\theta,\varsigma) + \sum p_{mn}(t)\Phi_{mn}(\xi,\varsigma)\cos(m\theta) \qquad (4.7)$$

式中,Φ_{mn} 为流体自由晃动模态;f_{mn} 满足方程 $f_{mn}(\xi) = \Phi_{mn}(\xi,\zeta_0)$;$\Psi(\xi,\theta,\varsigma)$ 为 Stokes-Joukowski 势的向量函数;ω 表示俯仰激励的角速度矢量。如 2.5 节所述,

带隔板储罐中流体的晃动模态可通过流体子域法求得，子域划分如图 4-2 所示。

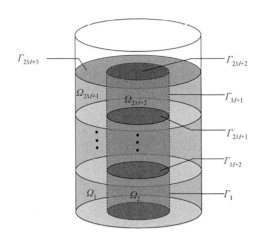

图 4-2　划分子域和边界面

4.3　Stokes-Joukowski 势的求解

在本节中，基于流体子域法求解带多层环形隔板圆柱形储罐中流体的 Stokes-Joukowski 势。在流体域 Ω 中，Stokes-Joukowski 势 Ψ 满足拉普拉斯方程：

$$\Delta \Psi = 0 \tag{4.8}$$

在流体域的边界上（$S_0 \bigcup \Sigma_0$），Ψ 满足边界条件：

$$\frac{\partial \Psi}{\partial n} = r \times n \tag{4.9}$$

式中，n 表示 Σ_0 和 S_0 的外法线的向量；r 为相对于 o 点的位移矢量。俯仰激励的角速度矢量在 z 轴上的投影为零，所以只需考虑 Ψ 沿着 x 轴和 y 轴的分量 Ψ_1 和 Ψ_2。根据式（4.8）和式（4.9），可知 Ψ_1 和 Ψ_2 满足拉普拉斯方程，即 $\Delta \Psi_1 = 0$ 和 $\Delta \Psi_2 = 0$。在自由液面，罐底以及隔板上，Ψ_1 和 Ψ_2 满足如下边界条件：

$$\frac{\partial \Psi_1}{\partial \varsigma} = R_2^2 \xi \sin \theta \tag{4.10}$$

$$\frac{\partial \Psi_2}{\partial \varsigma} = -R_2^2 \xi \cos \theta \tag{4.11}$$

在罐壁上，Ψ_1 和 Ψ_2 满足边界条件：

$$\frac{\partial \Psi_1}{\partial \xi} = -R_2^2 \varsigma \sin \theta \tag{4.12}$$

$$\frac{\partial \Psi_2}{\partial \xi} = R_2^2 \varsigma \cos \theta \tag{4.13}$$

为了简化分析，引入无量纲的分量 $\psi_1 = \Psi_1 / R_2^2$ 和 $\psi_2 = \Psi_2 / R_2^2$，根据式（4.10）～式（4.13），ψ_1 与 ψ_2 可设为如下形式：

$$\psi_1 = (\psi - \varsigma\xi)\sin\theta \tag{4.14}$$

$$\psi_2 = (\varsigma\xi - \psi)\cos\theta \tag{4.15}$$

式中，函数 ψ 满足如下柱坐标下的拉普拉斯方程：

$$\frac{\partial^2\psi}{\partial\xi^2} + \frac{1}{\xi}\frac{\partial\psi}{\partial\xi} - \frac{\psi}{\xi^2} + \frac{\partial^2\psi}{\partial\varsigma^2} = 0 \tag{4.16}$$

同时，ψ 函数在罐壁处满足边界条件：

$$\frac{\partial\psi}{\partial\xi} = 0 \tag{4.17}$$

在自由液面、罐底以及隔板处，ψ 函数满足边界条件：

$$\frac{\partial\psi}{\partial\varsigma} = 2\xi \tag{4.18}$$

如图 4-2 所示，将流体域划分为 $2M + 2$ 个子域。在任意流体子域 Ω_i 中，可以将 ψ 函数设为

$$\psi(\xi,\varsigma) = \psi_i(\xi,\varsigma) \tag{4.19}$$

显而易见，ψ_i 在流体子域 Ω_i 中满足拉普拉斯方程 $\Delta\psi_i = 0$。Ω_i 与 $\Omega_{i'}$ 为相邻的两个子域，其界面为 Γ_k。这两个相邻的子域在其界面 Γ_k 上满足如下连续条件：

$$\psi_i = \psi_{i'}, \quad \frac{\partial\psi_i}{\partial n_k} = \frac{\partial\psi_{i'}}{\partial n_k} \tag{4.20}$$

式中，n_k 为 Γ_k 的单位法向量。由式（4.17）和式（4.18）可知，ψ_i 满足以下边界条件：

$$\left.\frac{\partial\psi_i}{\partial\xi}\right|_{\xi=1} = 0, \quad i = 1, 3, \cdots, 2M+1 \tag{4.21}$$

$$\left.\frac{\partial\psi_1}{\partial\varsigma}\right|_{\varsigma=0} = 2\xi, \quad \left.\frac{\partial\psi_2}{\partial\varsigma}\right|_{\varsigma=0} = 2\xi \tag{4.22}$$

$$\left.\frac{\partial\psi_{2M+1}}{\partial\varsigma}\right|_{\varsigma=\varsigma_0} = 2\xi, \quad \left.\frac{\partial\psi_{2M+2}}{\partial\varsigma}\right|_{\varsigma=\varsigma_0} = 2\xi \tag{4.23}$$

$$\left.\frac{\partial\psi_{2j-1}}{\partial\varsigma}\right|_{\varsigma=\varsigma_j} = 2\xi, \quad \left.\frac{\partial\psi_{2j+1}}{\partial\varsigma}\right|_{\varsigma=\varsigma_j} = 2\xi \tag{4.24}$$

根据各子域的边界条件，对于任意子域 Ω_i，可以利用叠加原理求解其对应的 ψ_i 函数，由此可将 ψ_i 函数分解为如下形式：

$$\psi_i = \psi_i^1 + \psi_i^2 + \psi_i^3 \tag{4.25}$$

式中，ψ_i^1、ψ_i^2 以及 ψ_i^3 为 ψ_i 函数的分量。如图 4-2 所示，对于环柱形子域 Ω_i（$i = 1,3,\cdots,2M+1$），ψ_i 函数的分量 ψ_i^1、ψ_i^2 和 ψ_i^3 满足如下边界条件：

$$\left.\frac{\partial \psi_i^1}{\partial \xi}\right|_{\xi=1} = 0, \quad \left.\frac{\partial \psi_i^1}{\partial \varsigma}\right|_{\varsigma=\varsigma_i^t} = 0, \quad \left.\frac{\partial \psi_i^1}{\partial \varsigma}\right|_{\varsigma=\varsigma_i^b} = 0 \tag{4.26}$$

$$\left.\frac{\partial \psi_i^2}{\partial \xi}\right|_{\xi=1} = 0, \quad \left.\frac{\partial \psi_i^2}{\partial \xi}\right|_{\xi=\xi_1} = 0, \quad \left.\frac{\partial \psi_i^2}{\partial \varsigma}\right|_{\varsigma=\varsigma_i^t} = 0 \tag{4.27}$$

$$\left.\frac{\partial \psi_i^3}{\partial \xi}\right|_{\xi=1} = 0, \quad \left.\frac{\partial \psi_i^3}{\partial \xi}\right|_{\xi=\xi_1} = 0, \quad \left.\frac{\partial \psi_i^3}{\partial \varsigma}\right|_{\varsigma=\varsigma_i^b} = 0 \tag{4.28}$$

式中，ς_i^b 和 ς_i^t 分别表示流体子域 Ω_i 的下底面和上底面的位置。对于圆柱形子域 Ω_i（$i = 2,4,\cdots,2M+2$），ψ_i 函数的分量 ψ_i^1、ψ_i^2 和 ψ_i^3 满足如下边界条件：

$$\left.\psi_i^1\right|_{\xi=0} = \text{有限值}, \quad \left.\frac{\partial \psi_i^1}{\partial \varsigma}\right|_{\varsigma=\varsigma_i^t} = 0, \quad \left.\frac{\partial \psi_i^1}{\partial \varsigma}\right|_{\varsigma=\varsigma_i^b} = 0 \tag{4.29}$$

$$\left.\psi_i^2\right|_{\xi=0} = \text{有限值}, \quad \left.\frac{\partial \psi_i^2}{\partial \xi}\right|_{\xi=\xi_1} = 0, \quad \left.\frac{\partial \psi_i^2}{\partial \varsigma}\right|_{\varsigma=\varsigma_i^t} = 0 \tag{4.30}$$

$$\left.\psi_i^3\right|_{\xi=0} = \text{有限值}, \quad \left.\frac{\partial \psi_i^3}{\partial \xi}\right|_{\xi=\xi_1} = 0, \quad \left.\frac{\partial \psi_i^3}{\partial \varsigma}\right|_{\varsigma=\varsigma_i^b} = 0 \tag{4.31}$$

根据各分量满足的边界条件，可以利用分离变量法求解 ψ_i^1、ψ_i^2 和 ψ_i^3 的形式解。对于环柱形流体子域 Ω_i（$i = 1,3,\cdots,2M+1$），ψ_i 函数的分量 ψ_i^1、ψ_i^2 和 ψ_i^3 的形式解为

$$\psi_i^1 = \sum_{n=0}^{\infty} A_{in}^1 \psi_{in}^1$$

$$= \sum_{n=1}^{\infty} A_{in}^1 \cos(\lambda_{in}^1(\varsigma - \varsigma_i^b))\left(I_1(\lambda_{in}^1 \xi) + \kappa_{in}^1 K_1(\lambda_{in}^1 \xi)\right) + A_{i0}^1(\xi + \xi^{-1}) \tag{4.32}$$

$$\psi_i^2 = \sum_{n=1}^{\infty} A_{in}^2 \psi_{in}^2$$

$$= \sum_{n=1}^{\infty} A_{in}^2 e^{\lambda_{in}^2 \varsigma}\left(1 + e^{2\lambda_{in}^2\left(\varsigma_i^t - \varsigma\right)}\right)\left(N_1'(\lambda_{in}^2 \xi_1)J_1(\lambda_{in}^2 \xi) - J_1'(\lambda_{in}^2 \xi_1)N_1(\lambda_{in}^2 \xi)\right) \tag{4.33}$$

$$\psi_i^3 = \sum_{n=1}^{\infty} A_{in}^3 \psi_{in}^3$$

$$= \sum_{n=1}^{\infty} A_{in}^3 e^{\lambda_{in}^2 \varsigma}\left(1 + e^{2\lambda_{in}^2\left(\varsigma_i^b - \varsigma\right)}\right)\left(N_1'(\lambda_{in}^2 \xi_1)J_1(\lambda_{in}^2 \xi) - J_1'(\lambda_{in}^2 \xi_1)N_1(\lambda_{in}^2 \xi)\right) \tag{4.34}$$

式中，J_1 和 N_1 表示第一种和第二种贝塞尔函数；I_1 和 K_1 表示虚宗量的贝塞尔函数；（′）表示关于 ζ 的导数；系数 λ_{in}^1、λ_{in}^2 和 κ_{in}^1 满足下列方程：

$$\lambda_{in}^1 = \frac{n\pi}{\varsigma_i^t - \varsigma_i^b} \tag{4.35}$$

$$I_1'(\lambda_{in}^1) + \kappa_{in}^1 K_1'(\lambda_{in}^1) = 0 \tag{4.36}$$

$$N_1'(\lambda_{in}^2 \xi_1) J_1'(\lambda_{in}^2) - J_1'(\lambda_{in}^2 \xi_1) N_1'(\lambda_{in}^2) = 0 \tag{4.37}$$

对于圆柱形子域 $\Omega_i(i = 2, 4, \cdots, 2M + 2)$，$\psi_i$ 函数的分量 ψ_i^1、ψ_i^2 和 ψ_i^3 的形式解为

$$\psi_i^1 = \sum_{n=0}^\infty A_{in}^1 \psi_{in}^1 = \sum_{n=1}^\infty A_{in}^1 \cos(\lambda_{in}^1 (\zeta - \zeta_i^b)) I_1(\lambda_{in}^1 \xi) + A_{i0}^1 \xi \tag{4.38}$$

$$\psi_i^2 = \sum_{n=1}^\infty A_{in}^2 \psi_{in}^2 = \sum_{n=1}^\infty A_{in}^2 e^{\lambda_{in}^3 \varsigma / \xi_1} \left(1 + e^{2\lambda_{in}^3 (\varsigma_i^t - \varsigma)/\xi_1}\right) J_1\left(\lambda_{in}^3 \xi / \xi_1\right) \tag{4.39}$$

$$\psi_i^3 = \sum_{n=1}^\infty A_{in}^3 \psi_{in}^3 = \sum_{n=1}^\infty A_{in}^3 e^{\lambda_{in}^3 \varsigma / \xi_1} \left(1 + e^{2\lambda_{in}^3 (\varsigma_i^b - \varsigma)/\xi_1}\right) J_1\left(\lambda_{in}^3 \xi / \xi_1\right) \tag{4.40}$$

式中，系数 λ_{in}^3 满足以下方程：

$$J_1'(\lambda_{in}^3) = 0 \tag{4.41}$$

在式（4.32）～式（4.34）和式（4.38）～式（4.40）中，待定系数 A_{in}^1、A_{in}^2 和 A_{in}^3 可以通过子域间连续条件和各子域的边界条件来确定。在柱形界面 Γ_k 上，将 ψ_i 函数的分量的形式解代入子域间连续条件，将形式解中的 n 截断至 N 得到

$$\sum_{n=0}^N A_{in}^1 \psi_{in}^1 \Big|_{\xi=\xi_1} + \sum_{n=1}^N A_{in}^2 \psi_{in}^2 \Big|_{\xi=\xi_1} + \sum_{n=1}^N A_{in}^3 \psi_{in}^3 \Big|_{\xi=\xi_1}$$

$$= \sum_{n=0}^N A_{i'n}^1 \psi_{i'n}^1 \Big|_{\xi=\xi_1} + \sum_{n=1}^N A_{i'n}^2 \psi_{i'n}^2 \Big|_{\xi=\xi_1} + \sum_{n=1}^N A_{i'n}^3 \psi_{i'n}^3 \Big|_{\xi=\xi_1} \tag{4.42}$$

$$\sum_{n=0}^N A_{in}^1 \frac{\partial \psi_{in}^1}{\partial \xi} \Big|_{\xi=\xi_1} = \sum_{n=0}^N A_{i'n}^1 \frac{\partial \psi_{i'n}^1}{\partial \xi} \Big|_{\xi=\xi_1} \tag{4.43}$$

式中，$i = 2k - 1$；$i' = 2k$（$k = 1, 2, \cdots, M + 1$）。在圆形界面 Γ_k 上，将 ψ_i 函数的分量的形式解代入子域间连续条件，将形式解中的 n 截断至 N 得到

$$\sum_{n=0}^N A_{in}^1 \psi_{in}^1 \Big|_{\varsigma=\varsigma_k} + \sum_{n=1}^N A_{in}^2 \psi_{in}^2 \Big|_{\varsigma=\varsigma_k} + \sum_{n=1}^N A_{in}^3 \psi_{in}^3 \Big|_{\varsigma=\varsigma_k}$$

$$= \sum_{n=0}^N A_{i'n}^1 \psi_{i'n}^1 \Big|_{\varsigma=\varsigma_k} + \sum_{n=1}^N A_{i'n}^2 \psi_{i'n}^2 \Big|_{\varsigma=\varsigma_k} + \sum_{n=1}^N A_{i'n}^3 \psi_{i'n}^3 \Big|_{\varsigma=\varsigma_k} \tag{4.44}$$

$$\sum_{n=0}^N A_{in}^3 \frac{\partial \psi_{in}^3}{\partial \varsigma} \Big|_{\varsigma=\varsigma_k} = \sum_{n=0}^N A_{i'n}^2 \frac{\partial \psi_{i'n}^2}{\partial \varsigma} \Big|_{\varsigma=\varsigma_k} \tag{4.45}$$

式中，$i=2(k-M-1)$；$i'=2(k-M)$（$k=M+2,\cdots,2M+1$）。在罐底、隔板以及自由液面处，将 ψ_i 函数的分量的形式解代入边界条件可得

$$\sum_{n=0}^{N}A_{1n}^2\frac{\partial\psi_{1n}^2}{\partial\varsigma}\bigg|_{\varsigma=0}=2\xi,\quad \sum_{n=0}^{N}A_{2n}^2\frac{\partial\psi_{2n}^2}{\partial\varsigma}\bigg|_{\varsigma=0}=2\xi \tag{4.46}$$

$$\sum_{n=0}^{N}A_{2M+1n}^3\frac{\partial\psi_{2M+1n}^3}{\partial\varsigma}\bigg|_{\varsigma=\varsigma_0}=2\xi,\quad \sum_{n=0}^{N}A_{2M+2n}^3\frac{\partial\psi_{2M+2n}^3}{\partial\varsigma}\bigg|_{\varsigma=\varsigma_0}=2\xi \tag{4.47}$$

$$\sum_{n=0}^{N}A_{in}^3\frac{\partial\psi_{in}^3}{\partial\varsigma}\bigg|_{\varsigma=\varsigma_k}=\sum_{n=0}^{N}A_{i'n}^2\frac{\partial\psi_{i'n}^2}{\partial\varsigma}\bigg|_{\varsigma=\varsigma_k}=2\xi \tag{4.48}$$

式中，$i=2k-2M-3$；$i'=2k-M-1$（$k=M+2,\cdots,2M+1$）。对于式（4.42）和式（4.43），沿着子域的高度方向进行傅里叶展开，即可消除空间坐标 ζ；对于式（4.44）～式（4.48），沿着径向进行贝塞尔展开，即可消除空间坐标 ξ。由此可得关于待定系数 A_{in}^1、A_{in}^2 和 A_{in}^3 的线性方程组：

$$D\times A=b \tag{4.49}$$

式中，矩阵 D 和矢量 A 和 b 分别为

$$D=\begin{bmatrix}D_{11}&D_{12}&D_{13}\\D_{21}&0&D_{23}\\0&D_{31}&D_{33}\end{bmatrix} \tag{4.50}$$

$$A=\Big[A_1^1,A_2^1,\cdots,A_{2M+2}^1,A_1^2,A_1^3,A_3^2,A_3^3,\cdots,$$
$$A_{2M+1}^2,A_{2M+1}^3,A_2^2,A_2^3,A_4^2,A_4^3,\cdots,A_{2M+2}^2,A_{2M+2}^3\Big]^{\mathrm{T}} \tag{4.51}$$

$$b=[0,\cdots,0,b_1,b_2,\cdots,b_{2M+2}]^{\mathrm{T}} \tag{4.52}$$

式中，$A_i^1=[A_{i1}^1,\cdots,A_{iN}^1]$；$A_i^2=[A_{i1}^2,\cdots,A_{iN}^2]$；$A_i^3=[A_{i1}^3,\cdots,A_{iN}^3]$。矩阵 D 和向量 b 中的非零元素可由傅里叶展开或者贝塞尔展开确定。求解线性方程式（4.49）可得待定系数，将 A_{in}^1、A_{in}^2 和 A_{in}^3 代入式（4.32）～式（4.34）和式（4.38）～式（4.40）可得 Stokes-Joukowski 势。

4.4　建立动力响应方程

将自由表面高度 f 和速度势 ϕ 的展开式（4.6）～式（4.7）代入自由液面的运动学方程可得

$$\sum\dot{q}_{mn}(t)f_{mn}(\xi)\cos(m\theta)=\sum\frac{p_{mn}(t)}{R_2}\frac{\partial\Phi_{mn}}{\partial\varsigma}\cos(m\theta) \tag{4.53}$$

根据前面所述，流体自由晃动的固有模态 Φ_{mn} 在自由液面处满足以下方程：

$$\frac{\partial \Phi_{mn}}{\partial \varsigma} - \Phi_{mn}\Lambda_{mn}^2 = 0 \tag{4.54}$$

式中，Λ_{mn} 表示对应于 Φ_{mn} 的无量纲晃动频率。根据前面内容证明的流体晃动模态的正交性，可得

$$p_{mn}(t) = \frac{R_2 \dot{q}_{mn}(t)}{\Lambda_{mn}^2} \tag{4.55}$$

将自由表面高度 f 和速度势 ϕ 的展开式（4.6）～式（4.7）代入储罐中自由液面的动力学方程可得

$$\sum \frac{R_2 \ddot{q}_{mn}(t)}{\Lambda_{mn}^2} f_{mn}(\xi)\cos(m\theta) + g\sum q_{mn}(t)f_{mn}(\xi)\cos(m\theta) \tag{4.56}$$

$$-\left(g\Theta_2 \xi + \ddot{\Theta}_2\left(\psi\big|_{\Sigma_0} - \varsigma_0 \xi\right)R_2\right)R_2\cos\theta = 0 \tag{4.57}$$

根据三角函数的正交性，可将式（4.56）化简成以下表达式：

$$\sum \frac{\ddot{q}_{1n}(t)}{\Lambda_{1n}^2} f_{1n}(\xi) + \frac{g}{R_2}\sum q_{1n}(t)f_{1n}(\xi) - g\Theta_2 \xi - \ddot{\Theta}_2\left(\psi\big|_{\Sigma_0} - \varsigma_0 \xi\right)R_2 = 0 \tag{4.58}$$

在式（4.57）两边同时乘以 $f_{1n}(\xi)$，然后对坐标 ξ 在区间[0,1]上进行积分，利用流体晃动模态的正交性即可实现对式（4.58）进行解耦，得到对应于广义坐标 $q_{1n}(t)$ 的动力响应方程：

$$M_{1n}\ddot{q}_{1n}(t) + q_{1n}(t)K_{1n} = F(t) \tag{4.59}$$

式中，质量系数 M_{1n} 和刚度系数 K_{1n} 分别为

$$M_{1n} = \frac{\int_0^1 f_{1n}f_{1n}\xi \mathrm{d}\xi}{\Lambda_{1n}^2} \tag{4.60}$$

$$K_{1n} = \frac{g\int_0^1 f_{1n}f_{1n}\xi \mathrm{d}\xi}{R_2} \tag{4.61}$$

式（4.59）等号右侧 $F(t)$ 的具体表达式为

$$F(t) = g\Theta_2 \int_0^1 f_{1n}\xi^2 \mathrm{d}\xi + \ddot{\Theta}_2\left(\int_0^1 f_{1n}\psi\big|_{\Sigma_0}\xi \mathrm{d}\xi - \varsigma_0 \int_0^1 f_{1n}\xi^2 \mathrm{d}\xi\right)R_2 \tag{4.62}$$

根据伯努利方程，储罐中流体晃动引起的液动压力可由以下公式确定：

$$P(\xi, \theta, \varsigma, t) = -\rho \frac{\partial \phi}{\partial t} = -\rho R_2 \cos\theta \left(\ddot{\Theta}_2 (\varsigma\xi - \psi) R_2 + \sum \frac{\ddot{q}_{1n}(t)\phi_{1n}}{\Lambda_{1n}^2} \right) \quad (4.63)$$

式中，ρ 表示储液罐中流体的密度。通过液动压力在罐壁上积分，可得到作用在储罐上的基底剪力：

$$F_x = -\rho R_2^3 \pi \sum \frac{\ddot{q}_{1n}(t)}{\Lambda_{1n}^2} \int_0^{\varsigma_0} \phi_{1n}\big|_{\xi=1} \, \mathrm{d}\varsigma + \rho R_2^4 \pi \ddot{\Theta}_2 \left(\int_0^{\varsigma_0} \psi\big|_{\xi=1} \, \mathrm{d}\varsigma - \frac{\varsigma_0^2}{2} \right) \quad (4.64)$$

液动压力作用在罐壁上的倾覆力矩：

$$M_{\mathrm{wall}}^y = \rho R_2^4 \pi \sum \frac{\ddot{q}_{1n}(t)}{\Lambda_{1n}^2} \int_0^{\varsigma_0} \phi_{1n}\big|_{\xi=1} \varsigma \mathrm{d}\varsigma - \rho R_2^5 \pi \ddot{\Theta}_2 \left(\int_0^{\varsigma_0} \psi\big|_{\xi=1} \varsigma \mathrm{d}\varsigma - \frac{\varsigma_0^3}{3} \right) \quad (4.65)$$

液动压力作用在罐底部的倾覆力矩：

$$M_{\mathrm{bottom}}^y = \rho R_2^4 \pi \sum \frac{\ddot{q}_{1n}(t)}{\Lambda_{1n}^2} \int_0^1 \phi_{1n}\big|_{\varsigma=0} \xi^2 \mathrm{d}\xi - \rho R_2^5 \pi \ddot{\Theta}_2 \int_0^1 \psi\big|_{\varsigma=0} \xi^2 \mathrm{d}\xi \quad (4.66)$$

液动压力作用在隔板上的倾覆力矩：

$$\begin{aligned} M_{\mathrm{baffle}}^y = {} & \rho R_2^4 \pi \sum_{j=1}^M \sum \frac{\ddot{q}_{1n}(t)}{\Lambda_{1n}^2} \int_{\xi_1}^1 (\phi_{1n}^{2j+1} - \phi_{1n}^{2j-1})\big|_{\varsigma=\varsigma_j} \xi^2 \mathrm{d}\xi \\ & - \rho R_2^4 \pi \sum_{j=1}^M R_2 \ddot{\Theta}_2 \int_{\xi_1}^1 (\psi_{2j+1} - \psi_{2j-1})\big|_{\varsigma=\varsigma_j} \xi^2 \mathrm{d}\xi \end{aligned} \quad (4.67)$$

根据式（4.65）～式（4.67），可得作用液动压力作用在储罐上的总的倾覆力矩为

$$M_y = M_{\mathrm{wall}}^y + M_{\mathrm{bottom}}^y + M_{\mathrm{baffle}}^y \quad (4.68)$$

4.5　方　法　验　证

ADINA 是用于进行固体、结构、流体以及结构相互作用的有限元分析软件。ADINA 以有限元理论为基础，通过求解力学线性、非线性方程组的方式获得固体力学、结构力学、温度场问题的数值解。为验证前面分析方法的正确性，利用 ADINA（版本 9.3.4）建立了带两层隔板的储液罐模型，通过数值仿真得到储罐中流体在俯仰激励下的晃动响应，然后将前面分析方法得到结果与数值仿真结果进行比较。比较算例的相关参数取为：储液罐的内半径为 $R_2 = 1\mathrm{m}$；流体静止时液面高度 $H = 1\mathrm{m}$；隔板位置分别为 $z_1 = 0.3\mathrm{m}$ 和 $z_1 = 0.6\mathrm{m}$；隔板的内半径 $R_1 = 0.5\mathrm{m}$。

在 ADINA 模型中，储罐中的流体由 8800 个基于 3D 势流体单元构成；储罐

的罐体和隔板由 2640 个 2D 壳单元构成。输入的俯仰激励为 $\Theta_2 = \Theta_0 \sin\omega_0 t$，$\Theta_0$ 和 ω_0 分别表示俯仰激励的幅值和频率。考虑三个不同的激励频率：$\omega_0 = 4\text{rad/s}$，6rad/s，8rad/s，对罐壁处的自由液面波高 f_{wall} 进行比较研究。在此取 $\theta = 0$，图 4-3～图 4-5 对两种方法得到 f_{wall} 随时间的变化曲线进行了比较，结果表明由前面所述的解析法得到的结果与 ADINA 的数值仿真结果基本吻合。

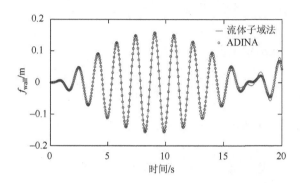

图 4-3　当 $\omega_0 = 4\text{rad/s}$，$\theta = 0$ 时罐壁面上的自由液面处的波高时程图与 ADINA 的对比

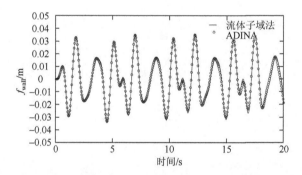

图 4-4　当 $\omega_0 = 6\text{rad/s}$，$\theta = 0$ 时罐壁面上的自由液面处的波高时程图与 ADINA 的对比

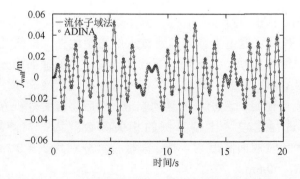

图 4-5　当 $\omega_0 = 8\text{rad/s}$，$\theta = 0$ 时罐壁面上的自由液面处的波高时程图与 ADINA 的对比

4.6　稳　态　响　应

本节将通过正弦激励下的稳态响应，研究激励参数与隔板参数对储罐中流体晃动的影响。f_{wall} 为罐壁上 $\theta = 0$ 处的自由液面波高，F_x 为基底剪力，M_y 为倾覆力矩，由此可将它们的稳态解设为如下形式：

$$f_{wall} = f_{max}\sin(\omega_0 t), \quad F_x = F_{max}\sin(\omega_0 t), \quad M_y = M_{max}\sin(\omega_0 t) \quad (4.69)$$

式中，f_{max}、F_{max} 和 M_{max} 分别对应于 f_{wall}、F_x 和 M_y 的幅值，幅值为正意味着响应与激励保持同相位；幅值为负意味着响应与激励的相位差为 π。表 4-1 给出了隔板和储液罐的部分参数。

表 4-1　稳态分析中储液罐和隔板的参数

类型	参数	大小
储液罐的内半径/m	R_2	1
自由液面高度/m	H	1
储液罐中流体的密度/(kg/m³)	ρ	1000
隔板的数量	M	2
输入激励的幅值/rad	Θ_0	0.01

4.6.1　隔板参数的影响

俯仰激励的频率固定为 $\omega_0 = 5\,\text{rad/s}$。研究隔板内半径的影响时，两个隔板的安装位置分别为 $z_1 = 0.5\text{m}$ 和 $z_2 = 0.7\text{m}$；研究上隔板位置的影响时，将下隔板固定在 $z_1 = 0.2\text{m}$ 处，隔板的内半径取 $R_1 = 0.6\text{m}$；研究下隔板位置的影响时，将上隔板固定于 $z_2 = 0.9\text{m}$ 处，隔板内半径大小取 $R_1 = 0.6\text{m}$。

1. 隔板参数对自由液面波高的影响

首先研究隔板参数对自由液面波高的影响，即 $|f_{max}|$ 随隔板内半径 R_1、上隔板位置 z_2 以及下隔板位置 z_1 的变化规律。如图 4-6 所示，随着隔板内半径 R_1 的增加，$|f_{max}|$ 呈现不断增加的趋势。这意味着隔板内半径越小，隔板对自由液面波高的抑制效果越好。图 4-7 给出了 $|f_{max}|$ 随上隔板位置的变化曲线，随着上隔板从靠近下隔板

的位置逐渐上升到靠近自由液面的位置，$|f_{max}|$ 呈现不断减小的趋势。因此当上隔板靠近自由液面时，其对流体晃动的抑制效果较为明显。如图 4-8 所示，当下隔板靠近罐底或者上隔板时，其对流体晃动的影响较小，可以忽略不计。随着下隔板从靠近储罐底部的位置逐渐上升到靠近上隔板的位置，$|f_{max}|$ 呈现先增大后减小的趋势，这意味着下隔板对流体晃动的影响先增加后减小。另外，下隔板的存在反而增加了自由液面的波高，但下隔板对自由液面波高的影响远小于上隔板。

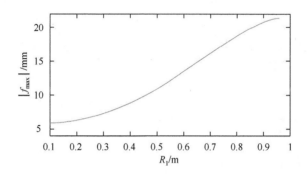

图 4-6　$z_1 = 0.5\text{m}$ 和 $z_2 = 0.7\text{m}$ 时，隔板内半径对自由液面波高幅值的影响

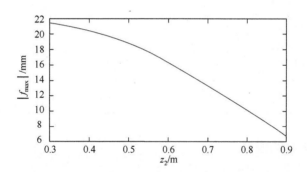

图 4-7　$z_1 = 0.2\text{m}$ 和 $R_1 = 0.6\text{m}$ 时，上隔板的位置对自由液面波高幅值的影响

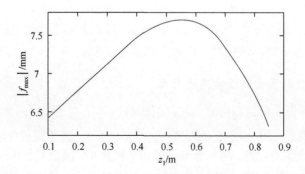

图 4-8　当 $R_1 = 0.5\text{m}$ 和 $z_2 = 0.9\text{m}$ 时，下隔板的位置对自由液面波高幅值的影响

2. 隔板参数对基底剪力的影响

对于带两层隔板的储液罐，可将其中的流体分成三层：第一层是自由液面与上层隔板之间的流体；第二层为上层隔板与下层隔板之间的流体；第三层是下层隔板与罐底之间的流体。F_{max}^1 和 M_{max}^1 为第一层（上层）流体所产生的基底剪力与倾覆力矩的幅值；F_{max}^2 和 M_{max}^2 为第二层（中间层）流体所产生的基底剪力与倾覆力矩的幅值；F_{max}^3 和 M_{max}^3 为第三层（下层）流体所产生的基底剪力与倾覆力矩的幅值。根据上述定义，可得

$$F_{max} = \sum_{i=1}^{3} F_{max}^i \qquad (4.70)$$

$$M_{max} = \sum_{i=1}^{3} M_{max}^i \qquad (4.71)$$

下面将分别探讨隔板参数（R_1，z_2，z_1）对 F_{max}^i $(i=1,2,3)$ 和 F_{max} 的影响。图 4-9 给出了 F_{max}^i $(i=1,2,3)$ 和 F_{max} 随隔板内半径的变化曲线，$|F_{max}|$ 随着隔板内半径的增加而减小，当隔板内半径取 $R_1 = 0.53\text{m}$ 时，$|F_{max}|$ 减小到零，与此同时基底剪力的相位发生改变。随着隔板内半径的进一步增加，$|F_{max}|$ 呈现单调增加的趋势。F_{max}^1 与 F_{max}^3 的相位差为 π。上层流体以晃动为主，其对应的基底剪力与外部激励的相位差为 π；下层流体以刚体运动为主，其对应的基底剪力与外部激励的相位相同。因此，F_{max}^1 与 F_{max}^3 的正负号是相反的。当隔板内半径 $R_1 < 0.7\text{m}$ 时，F_{max}^2 与 F_{max}^3 的正负相同，因此中间层流体产生的基底剪力与下层流体产生的基底剪力的相位相同，此时中间层流体以刚体运动为主；当隔板内半径 $R_1 > 0.7\text{m}$ 时，F_{max}^1 与 F_{max}^2 的正负相同，中间层流体产生的基底剪力与上层流体产生的基底剪力的相位相同，此时中间层流体以晃动为主。进一步分析 F_{max} 随隔板内径的变化规律可以发现，当隔板内半径 $R_1 < 0.53\text{m}$ 时，基底剪力与外部激励的相位相同；当隔板内半径 $R_1 > 0.53\text{m}$ 时，基底剪力与外部激励的相位差为 π。

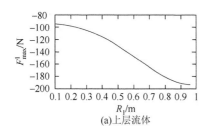
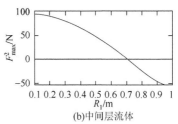

(a)上层流体　　　　(b)中间层流体

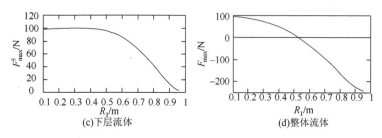

图 4-9　当 $z_1 = 0.5$m 和 $z_2 = 0.7$m 时，隔板的内半径对 $F_{max}^i\,(i = 1, 2, 3)$ 和 F_{max} 的影响

图 4-10 给出了 $F_{max}^i\,(i = 1, 2, 3)$ 和 F_{max} 随上隔板位置的变化曲线，随着上隔板向自由液面处移动，$|F_{max}|$ 逐渐减小。当 $z_2 = 0.73$m 时，$|F_{max}|$ 减小到零，与此同时基底剪力发生相变。随着隔板位置的继续上升，$|F_{max}|$ 单调增加。除此之外，F_{max}^1 与外部激励的相位差为 π，而 F_{max}^2 与 F_{max}^3 的相位与外部激励相同，因此上层流体以晃动为主，中间层与下层流体以刚体运动为主。在上隔板上升的过程中，$|F_{max}^2|$ 与 $|F_{max}^3|$ 单调增加，$|F_{max}^1|$ 单调减小，这主要是由参与晃动的流体质量的减小造成的。

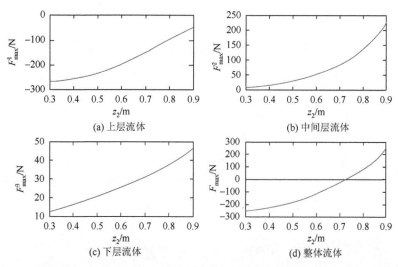

图 4-10　当 $z_1 = 0.2$m 和 $R_1 = 0.6$m 时，上隔板的位置对 $F_{max}^i\,(i = 1, 2, 3)$ 和 F_{max} 的影响

图 4-11 给出了 $F_{max}^i\,(i = 1, 2, 3)$ 和 F_{max} 随下隔板位置的变化曲线，随着下隔板从罐底向上移动，$|F_{max}|$ 逐渐减小，在 $z_1 = 0.57$m 处取得最小值。当下隔板位置继续向上移动时，$|F_{max}|$ 呈现增加趋势。在下隔板上升的过程中，F_{max}^1 先减小后增加，F_{max}^2 单调减小，F_{max}^3 单调增加，并且 F_{max}^2 与 F_{max}^3 的和基本保持不变，因此 F_{max} 的变化主要取决于 F_{max}^1。

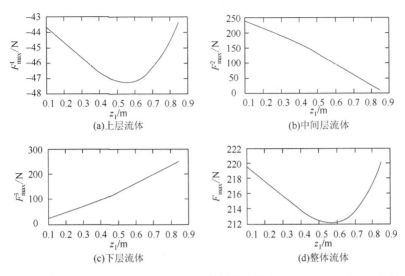

图 4-11　当 $z_2 = 0.9$m 和 $R_1 = 0.6$m 时，下隔板的位置对 F_{max}^i ($i = 1, 2, 3$) 和 F_{max} 的影响

3. 隔板参数对倾覆力矩的影响

下面将分别探讨隔板参数（R_1，z_2，z_1）对 M_{max}^i ($i = 1, 2, 3$) 和 M_{max} 的影响。图 4-12 给出了 M_{max}^i ($i = 1, 2, 3$) 和 M_{max} 随隔板内半径的变化曲线，$|M_{max}|$ 随着隔板内半径的增加而减小，当 $R_1 = 0.31$m 时，$|M_{max}|$ 达到零点，与此同时倾覆力矩发生相变。随着隔板内半径的继续增加，$|M_{max}|$ 呈现单调增加。当 $R_1 < 0.6$m 时，隔板内半径的变化对 M_{max}^1 和 M_{max}^3 的影响很小。当 $R_1 > 0.6$m 时，$|M_{max}^1|$ 与 $|M_{max}^3|$ 随 R_1 的增加迅速减小，这实际上是因为上层流体的压力中心到罐底的距离迅速减小。上层流体产生的倾覆力矩与外部激励的相位差为 π，下层流体产生的倾覆力矩与外部激励的相位相同，因此 M_{max}^1 和 M_{max}^3 正负号是相反的，这两者的和基本保持不变，所以 M_{max} 的变化主要取决于中间层流体的倾覆力矩。

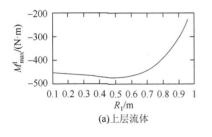

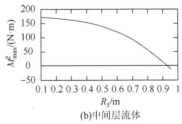

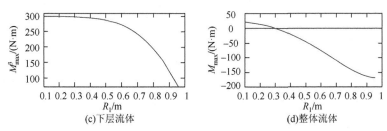

图 4-12　当 $z_1 = 0.2\text{m}$ 和 $z_2 = 0.7\text{m}$ 时，隔板内半径对 $M_{\max}^i$ ($i = 1, 2, 3$) 和 $M_{\max}$ 的影响

图 4-13 给出了 $M_{\max}^i$ ($i = 1, 2, 3$) 和 $M_{\max}$ 随上隔板位置的变化曲线，随着上隔板向自由液面处移动，$|M_{\max}|$ 逐渐减小，在 $z_2 = 0.81\text{m}$ 处达到零点。随着上隔板位置的继续上升，$|M_{\max}|$ 呈现单调增加的趋势。上层流体产生的倾覆力矩与外界激励的相位差为 π，中间层流体与下层流体产生的倾覆力矩与外界激励的相位相同。中间层流体与下层流体的压力中心到罐底的距离随着上隔板位置的上升逐渐增加，因此 $|M_{\max}^2|$ 与 $|M_{\max}^3|$ 单调增加。虽然上层流体的压力中心到罐底的距离也随之增加，但是上层流体质量却随着上隔板位置的上升逐渐减小，因此 $|M_{\max}^1|$ 先增加后减小，在 $z_2 = 0.77\text{m}$ 时取得最大值。

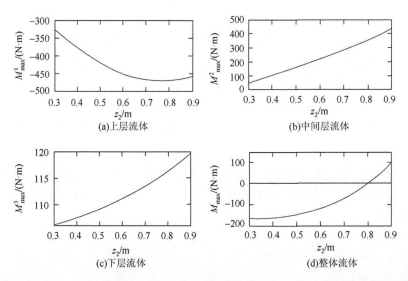

图 4-13　当 $z_1 = 0.2\text{m}$ 和 $R_1 = 0.6\text{m}$ 时，上隔板的位置对 $M_{\max}^i$ ($i = 1, 2, 3$) 和 $M_{\max}$ 的影响

图 4-14 给出了 $M_{\max}^i$ ($i = 1, 2, 3$) 和 $M_{\max}$ 随下隔板位置的变化曲线，当下隔板从靠近罐底的位置上升到靠近上隔板的位置时，$|M_{\max}|$ 先增大后减小，在 $z_1 = 0.4\text{m}$ 处取得最大值。$M_{\max}^1$ 与外部激励的相位差为 π，$M_{\max}^2$ 与 $M_{\max}^3$ 的相位与外部激励相同。在下隔板位置上升的过程中，$|M_{\max}^2|$ 单调减小而 $|M_{\max}^3|$ 单调增加；$|M_{\max}^1|$

呈现非单调的变化趋势，先增加后减小，在 $z_1 = 0.55\text{m}$ 处达到最大值。这意味着下隔板存在实际上增加了上层流体的倾覆力矩的绝对值，但是这种影响并不明显。因此储罐中流体的倾覆力矩幅值 $M_{\max}$ 主要取决于中间层流体与下层流体。

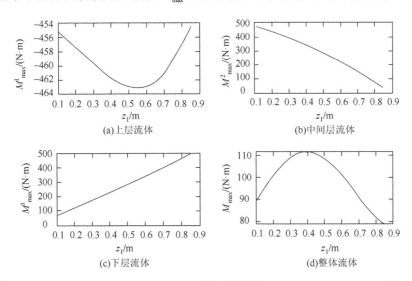

图 4-14　当 $z_2 = 0.9\text{m}$ 和 $R_1 = 0.6\text{m}$ 时，下隔板的位置对 $M_{\max}^i$ ($i = 1, 2, 3$) 和 $M_{\max}$ 的影响

4.6.2　俯仰激励频率对稳态响应的影响

讨论分析稳态响应与俯仰激励频率 ω_0 的关系。设定两个隔板的位置分别为 $z_1 = 0.5\text{m}$ 和 $z_2 = 0.8\text{m}$，隔板的内半径大小为 $R_1 = 0.5\text{m}$。激励频率对自由液面波高幅值大小 $|f_{\max}|$ 的影响如图 4-15 所示。引入无量纲的基底剪力 $\bar{F}_{\max}$ 和倾覆力矩 $\bar{M}_{\max}$：

$$\bar{F}_{\max} = \frac{F_{\max}}{\rho g R_2^3 \Theta_0}, \quad \bar{M}_{\max} = \frac{M_{\max}}{\rho g R_2^4 \Theta_0} \tag{4.72}$$

图 4-16 和图 4-17 分别给出了 $\bar{F}_{\max}$ 和 $\bar{M}_{\max}$ 随俯仰激励频率的变化规律。如图 4-15～图 4-17 所示，当俯仰激励的频率接近储罐中流体晃动的固有频率时，储罐中流体发生共振，其晃动响应迅速增加。随着激励频率的增加，相邻的两个共振频率之间的带宽越来越小。下面分析图 4-16 与图 4-17 中曲线的非共振部分，显而易见如果不考虑共振的影响，$\bar{F}_{\max}$ 和 $\bar{M}_{\max}$ 随俯仰激励频率的增加单调增加。这实际上意味着，当俯仰激励频率较大时，基底剪力和倾覆力矩主要取决于式（4.63）～式（4.67）中的惯性项，其惯性项主要由角加速度和 Stokes-Joukowski 势构成。

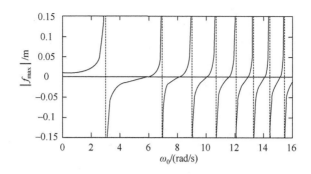

图 4-15　当 $R_1 = 0.5\text{m}$，$z_1 = 0.5\text{m}$ 和 $z_2 = 0.8\text{m}$ 时，自由液面波高度与激励频率的关系

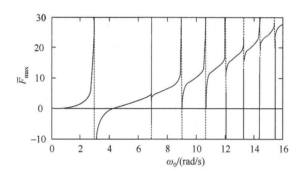

图 4-16　当 $R_1 = 0.5\text{m}$，$z_1 = 0.5\text{m}$ 和 $z_2 = 0.8\text{m}$ 时，基底剪力与激励频率的关系

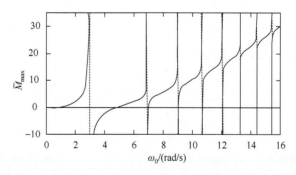

图 4-17　当 $R_1 = 0.5\text{m}$，$z_1 = 0.5\text{m}$ 和 $z_2 = 0.8\text{m}$ 时，倾覆力矩与激励频率的关系

4.7　本章小结

　　本章主要研究了俯仰激励下带多层刚性隔板的圆柱形储罐中流体的晃动响应。基于流体子域的划分，提出一种求解 Stokes-Joukowski 势的解析法。根据自由液面上的运动学和动力学的边界条件，建立俯仰激励下的动力响应方程。利用 ADINA 软件

得到的数值结果，验证了该动力响应方程的正确性。根据俯仰激励下的稳态响应，详细地讨论了隔板参数和俯仰激励频率对储液罐动力响应的影响，得到以下结论。

（1）自由液面波高随隔板内半径的增大而增大；当上隔板从靠近下隔板的位置向自由液面移动时，自由液面波高单调减小；在下隔板从靠近罐底的位置上升到靠近上隔板的位置的过程中，自由液面波高先增大后减小。

（2）上隔板与自由液面之间的流体所产生的基底剪力和倾覆力矩与外部激励的相位差为 π，下隔板与罐底之间的流体所产生的基底剪力和倾覆力矩的相位与外部激励相同。

（3）当俯仰激励频率相对较大时，基底剪力和倾覆力矩的大小主要取决于角加速度和 Stokes-Joukowski 势。

参 考 文 献

[1]　黄文虎，曹登庆，韩增尧. 航天器动力学与控制的研究进展与展望[J]. 力学进展，2012，42（4）：367-394.

[2]　周利剑，吴育建，孙建刚，等. 大型立式储罐在地震作用下储液晃动问题计算[J]. 压力容器，2019，36（8）：23-32.

[3]　姜胜超.波浪作用下船舶运动与液舱内流体晃荡的耦合数值分析[D].大连：大连理工大学，2013.

[4]　岳宝增. 俯仰激励下三维液体大幅晃动问题研究[J]. 力学学报，2005，37（2）：199-203.

[5]　苟兴宇，王本利，马兴瑞，等. 液固纵向耦合系统的受迫响应[J]. 振动工程学报，1998，11（2）：158-164.

[6]　尹立中，刘敏，王本利，等. 矩形贮箱类液固耦合系统的平动响应研究[J]. 振动工程学报，2000，13（3）：433-437.

[7]　吴文军，岳宝增. 低重环境下俯仰运动圆柱贮箱内液体晃动[J]. 力学学报，2013，46（2）：284-289.

[8]　Ibrahim R A. Liquid Sloshing Dynamics[M]. Cambridge：Cambridge University Press，2005.

[9]　Faltinsen O M，Timokha A N. Sloshing[M]. Cambridge：Cambridge University Press，2009.

第 5 章　带弹性隔板或顶盖圆柱形储液罐的流-固耦合特性

5.1　工程背景及研究现状

在工程实际中，通常采用隔板来控制流体的晃动，其中环形隔板是最为典型的，在以往的理论研究中往往假设隔板为刚性，不考虑流体晃动与环形隔板的耦合效应[1, 2]。但实验和数值模拟的结果均表明：隔板的弹性对流体晃动的频率及模态均有影响，也就是说流体与弹性隔板的弹-液耦合效应是不可以忽略的[3, 4]。因此，研究带环形弹性隔板或顶盖的储液刚性圆柱罐中流体与弹性隔板的耦合振动特性具有重要意义。

在处理弹-液耦合的问题时，目前主要有两种研究思路：一种是不考虑流体的自由液面波动，将流体的影响转化到结构的质量矩阵中，也就是将流体看作附着于结构上的广义分布质量，即所谓的"附连水质量法"[5]；另一种则考虑流体自由液面波动，其模态则同时包含以固体变形为主的膨胀模态（bulging mode）和以液面晃动为主的晃动模态（sloshing mode），其主要方法是势函数分解法[6-8]。

Bauer[9]研究了部分充液的矩形储液系统中的弹性罐底与流体的相互作用。之后，Bauer[10]研究了圆柱形储液系统中流体与覆盖在流体表面的弹性薄板的耦合振动频率。Amabili 等[11, 12]利用 Ritz 变分法研究了部分充液圆柱形和环柱形储液系统的弹性罐底的膨胀模态。Cheung 等[13]分析了矩形储液箱中流体作用下的弹性箱底的振动特性。周叮等[14]则利用这种方法分别研究了柔性矩形储液箱的流-固耦合特性。Kim 等[15]研究了带环形弹性顶盖的圆柱形储液系统中流体的晃动模态和弹性顶盖的膨胀模态。

在假设流体为理想流体、自由液面做微幅晃动、储液罐为刚性、环形隔板为弹性的条件下，本章将带有环形隔板的圆柱形储液罐中的流体区域分成若干个子域，利用分离变量法和势函数分解法，分别求解每个子域内流体的速度势函数的一般解。用环形隔板的干模态振型函数将环形隔板的湿模态展开。对于各子域交界面条件，自由液面的波动方程及弹性隔板振动方程分别进行 Fourier 和 Bessel 展开，即可得到关于耦合频率和模态的广义特征值问题。

5.2　带单层环形弹性隔板圆柱形储液罐的流-固耦合特性

5.2.1　基本方程

　　考虑如图 5-1 所示的带单层环形弹性隔板的圆柱形刚性储液罐，在此假设罐壁、罐底均为刚体；而环形隔板为内边自由、外边固支的弹性薄板；流体为无黏、无旋、不可压的理想流体。储液罐内径 R_2，环形隔板内径 R_1，环形隔板被水平放置于 $z=z_1$ 的位置上，液体深度为 H。按照图 5-1 所示建立柱坐标系 $Or\theta z$，原点 O 位于储液罐底的中心，z 轴垂直于流体的静止液面。流体自由液面的晃动波高远小于罐体的尺寸，因此可以使用线性晃动理论来描述流体的运动。环形隔板为弹性薄板，其厚度 h 远小于隔板的内外半径，于是隔板厚度所带来的几何效应对流体晃动的影响可以忽略不计，因此按照 2.4 节中流体子域的划分方法将图 5-1 中的流体区域 Ω 分割成四个流体子域：$\Omega_i(i=1,2,3,4)$。流体子域和子域间人工界面的命名如图 2-6 所示。根据上述定义和假设，任意流体子域 Ω_i 对应的速度势函数 ϕ_i 满足柱坐标系拉普拉斯方程（2.11）。Ω_i 中任意点处的速度由式（2.12）确定。弹性隔板材料为各向同性的线弹性材料。弹性隔板材料为各向同性的线弹性材料。弹性模量为 E，密度为 ρ，泊松比为 ν，环形薄板的动挠度为 $w(r,\theta,t)$。由板壳振动理论，环形隔板的挠度 $w(r,\theta,t)$ 满足

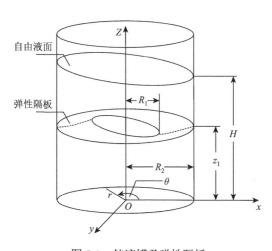

图 5-1　储液罐及弹性隔板

$$D\nabla^4 w + \rho h \frac{\partial^2 w}{\partial t^2} = P(r,\theta,t) \qquad (5.1)$$

式中，P 为液动压力；$D = \dfrac{Eh^3}{12(1-v^2)}$ 为弹性隔板的弯曲刚度。式（5.1）即为环形薄板与流体耦合振动微分方程。根据伯努利方程，可知作用在弹性隔板上下表面的液动压力分别为

$$P_{\text{Baffle}}^{\text{up}} = -\rho_1 \frac{\partial \phi_3}{\partial t}, \quad P_{\text{Baffle}}^{\text{down}} = -\rho_1 \frac{\partial \phi_1}{\partial t} \tag{5.2}$$

式中，ρ_1 为流体速度势函数。于是可将式（5.1）写成

$$D\nabla^4 w + \rho h \frac{\partial^2 w}{\partial t^2} = \rho_1 \frac{\partial \phi_3}{\partial t} - \rho_1 \frac{\partial \phi_1}{\partial t} \tag{5.3}$$

弹性隔板上任意点处的速度为

$$v_{\text{b}} = \frac{\partial w}{\partial t} \tag{5.4}$$

流体在弹性隔板处满足不透性条件，由式（2.11）和式（5.4）可得隔板与流体的界面条件为

$$\left.\frac{\partial \phi_1}{\partial z}\right|_{z=z_1} = \left.\frac{\partial \phi_3}{\partial z}\right|_{z=z_1} = \frac{\partial w}{\partial t} \tag{5.5}$$

在此考虑流体的微幅线性晃动，自由液面的波动方程为

$$\left.\frac{\partial \phi_3}{\partial z}\right|_{z=H} + \frac{1}{g}\frac{\partial^2 \phi_1}{\partial t^2} = 0, \quad \left.\frac{\partial \phi_2}{\partial z}\right|_{z=H} + \frac{1}{g}\frac{\partial^2 \phi_2}{\partial t^2} = 0 \tag{5.6}$$

罐壁、罐底处流体的边界条件为

$$\left.\frac{\partial \phi_1}{\partial r}\right|_{r=R_2} = 0, \quad \left.\frac{\partial \phi_3}{\partial r}\right|_{r=R_2} = 0 \tag{5.7}$$

$$\left.\frac{\partial \phi_1}{\partial z}\right|_{z=0} = 0, \quad \left.\frac{\partial \phi_2}{\partial z}\right|_{z=0} = 0 \tag{5.8}$$

在此假设，Ω_i 与 $\Omega_{i'}$（$i < i'$）为相互接触的两个流体子域，其接触界面为 $\Gamma_k(k=1,2,3)$，由三个下标组成的有序三元组 (i, i', k) 属于集合 {(1, 2, 1), (2, 4, 2), (3, 4, 3)}。显而易见，ϕ_i 和 $\phi_{i'}$ 在界面 Γ_k 处满足连续条件（2.16）和（2.17）。

5.2.2　环形隔板的湿模态

自由振动时，环形隔板上任意一点的运动均可看作是简谐振动，此时可将挠度函数设为

$$w(r,\theta,t) = \text{e}^{\text{j}\omega t} \sum_{m=0}^{\infty} W_m(r)\cos(m\theta) \tag{5.9}$$

式中，$\text{j} = \sqrt{-1}$；ω 为流-固耦合系统的频率；W_m 为板的湿模态。由薄板振动理论

可知真空中环形隔板的固有模态（即干模态）是一个正交完备的函数空间，因此可将其作为环形隔板湿模态的展开函数，于是有

$$W_m(r) = \sum_{n=1}^{\infty} A_{mn} W_{mn}(\kappa_{mn} r) \tag{5.10}$$

式中，A_{mn} $(n = 1, 2, \cdots)$ 为展开系数；$W_{mn}(\kappa_{mn} r)$ 为环形隔板干模态。由薄板自由振动微分方程可知

$$W_{mn}(\kappa_{mn} r) = a_{mn} J_m(\kappa_{mn} r) + b_{mn} I_m(\kappa_{mn} r) + c_{mn} N_m(\kappa_{mn} r) + d_{mn} K_m(\kappa_{mn} r) \tag{5.11}$$

式中，$J_m(\kappa_{mn} r)$ 为第一类贝塞尔函数；$N_m(\kappa_{mn} r)$ 为第二类贝塞尔函数；$I_m(\kappa_{mn} r)$ 为第一类修正贝塞尔函数；$K_m(\kappa_{mn} r)$ 为第二类修正贝塞尔函数；系数 a_{mn}、b_{mn}、c_{mn}、d_{mn}、κ_{mn} 则由环形薄板的边界条件确定。设 $w_{mn} = W_{mn}(\kappa_{mn} r) \cos(m\theta)$，由薄板自由振动微分方程可得 w_{mn} 满足

$$\nabla^4 w_{mn} - \kappa_{mn}^4 w_{mn} = 0 \tag{5.12}$$

将式（5.9）和式（5.10）代入式（5.3）即可将薄板与流体耦合振动微分方程化为

$$\mathrm{e}^{\mathrm{j}\omega t} \sum_{m=0}^{\infty} \sum_{n=1}^{\infty} A_{mn}(D\nabla^4 w_{mn} - \rho h \omega^2 w_{mn}) = \rho_l \frac{\partial \phi_3}{\partial t}\bigg|_{z=z_1} - \rho_l \frac{\partial \phi_1}{\partial t}\bigg|_{z=z_1} \tag{5.13}$$

5.2.3　速度势函数的求解

当流体自由晃动时，若自由液面做微幅晃动，进行线性化后，其液面上任一点的运动亦做简谐振动，可将速度势函数设为

$$\phi_i(r, \theta, z, t) = \mathrm{j}\omega \mathrm{e}^{\mathrm{j}\omega t} \Phi_i(r, \theta, z) \tag{5.14}$$

式中，ω 是流体晃动固有频率；j 是虚数单位；Φ_i $(i = 1, 2, 3, 4)$ 是对应于子域的 Ω_i 振型函数。将式（5.14）分别代入式（5.7）和式（5.8），得到

$$\frac{\partial \Phi_1}{\partial r}\bigg|_{r=R_2} = 0, \quad \frac{\partial \Phi_3}{\partial r}\bigg|_{r=R_2} = 0 \tag{5.15}$$

$$\frac{\partial \Phi_1}{\partial z}\bigg|_{z=0} = 0, \quad \frac{\partial \Phi_2}{\partial z}\bigg|_{z=0} = 0 \tag{5.16}$$

基于叠加原理求解各个子域对应的振型函数一般解，其一般解是由满足边界条件（5.15）和（5.16）的通解与待定系数组成的。为了求解满足边界条件（5.15）和（5.16）的通解，在此可将各子域的速度势函数依照其边界进行分解。根据图 2-6 中流体子域的划分，各个子域的边界条件可以分为两类：其一是已知的齐次边界条件；其二是未知的非齐次边界条件。假设流体子域 Ω_i 的非齐次边界条件个数为 K_i，于是可得

$$\Phi_i = \sum_{q=1}^{K_i} \Phi_i^q \tag{5.17}$$

式中，Φ_i^q 是 Φ_i 的第 q 个分量，Φ_i^q 可以通过分离变量法直接求出。根据图 2-6 中流体子域的划分，各子域的振型函数可以设为

$$\Phi_1 = \Phi_1^1 + \Phi_1^2 \tag{5.18}$$

$$\Phi_2 = \Phi_2^1 + \Phi_2^2 \tag{5.19}$$

$$\Phi_3 = \Phi_3^1 + \Phi_3^2 + \Phi_3^3 \tag{5.20}$$

$$\Phi_4 = \Phi_4^1 + \Phi_4^2 + \Phi_4^3 \tag{5.21}$$

式中，Φ_i^1 ($i = 1, 2, 3, 4$)对应于流体子域的侧边界为非齐边界条件，上下底面均为刚性边界条件；Φ_i^2 ($i = 1, 2, 3, 4$)对应于流体子域的侧边界为刚性边界条件，下底面为刚性边界条件，上底面为非齐次边界条件；Φ_i^3 ($i = 3, 4$)对应于流体子域的侧边界为刚性边界条件，上底面为零压力边界条件，下底面为非齐次边界条件。根据上述假设，由式（5.15）和式（5.16）可得 Φ_i^q 的边界条件。对于流体子域 Ω_i，Φ_i^q 满足

$$\left.\frac{\partial \Phi_1^1}{\partial z}\right|_{z=0} = 0, \quad \left.\frac{\partial \Phi_1^1}{\partial z}\right|_{z=z_1} = 0, \quad \left.\frac{\partial \Phi_1^1}{\partial r}\right|_{r=R_2} = 0$$

$$\left.\frac{\partial \Phi_1^2}{\partial r}\right|_{r=R_1} = 0, \quad \left.\frac{\partial \Phi_1^2}{\partial r}\right|_{r=R_2} = 0, \quad \left.\frac{\partial \Phi_1^2}{\partial z}\right|_{z=0} = 0 \tag{5.22}$$

对于流体子域 Ω_2，Φ_i^q 满足

$$\left.\frac{\partial \Phi_2^1}{\partial z}\right|_{z=0} = 0, \quad \left.\frac{\partial \Phi_2^1}{\partial z}\right|_{z=z_1} = 0, \quad \left.\Phi_2^1\right|_{r=0} = \text{有限值}$$

$$\left.\frac{\partial \Phi_2^2}{\partial r}\right|_{r=R_1} = 0, \quad \left.\Phi_2^2\right|_{r=0} = \text{有限值}, \quad \left.\frac{\partial \Phi_2^2}{\partial z}\right|_{z=0} = 0 \tag{5.23}$$

对于流体子域 Ω_3，Φ_i^q 满足

$$\left.\Phi_3^1\right|_{z=H} = 0, \quad \left.\frac{\partial \Phi_3^1}{\partial z}\right|_{z=z_1} = 0, \quad \left.\frac{\partial \Phi_3^1}{\partial r}\right|_{r=R_2} = 0$$

$$\left.\frac{\partial \Phi_3^2}{\partial r}\right|_{r=R_2} = 0, \quad \left.\frac{\partial \Phi_3^2}{\partial r}\right|_{r=R_1} = 0, \quad \left.\frac{\partial \Phi_3^2}{\partial z}\right|_{z=z_1} = 0$$

$$\left.\frac{\partial \Phi_3^3}{\partial r}\right|_{r=R_2} = 0, \quad \left.\frac{\partial \Phi_3^3}{\partial r}\right|_{r=R_1} = 0, \quad \left.\Phi_3^3\right|_{z=H} = 0 \tag{5.24}$$

对于流体子域 Ω_4，Φ_i^q 满足

$$\Phi_4^1\big|_{z=H}=0, \quad \frac{\partial \Phi_4^1}{\partial z}\bigg|_{z=z_1}=0, \quad \Phi_4^1\big|_{r=0}=\text{有限值}$$

$$\frac{\partial \Phi_4^2}{\partial r}\bigg|_{r=R_1}=0, \quad \Phi_4^2\big|_{r=0}=\text{有限值}, \quad \frac{\partial \Phi_4^2}{\partial z}\bigg|_{z=z_1}=0$$

$$\frac{\partial \Phi_4^3}{\partial r}\bigg|_{r=R_1}=0, \quad \Phi_4^3\big|_{r=0}=\text{有限值}, \quad \Phi_4^3\big|_{z=H}=0 \tag{5.25}$$

因各流体子域均为圆柱或圆环形柱，则 $\Phi_i^q(\theta)=\Phi_i^q(\theta+2\pi)$ 自然成立，由此可以得

$$\Phi=\sum_{m=0}^{\infty}\Phi_m\cos(m\theta), \quad \Phi_i=\sum_{m=0}^{\infty}\Phi_{im}\cos(m\theta), \quad i=1,2,3,4;q=1,2,3 \tag{5.26}$$

利用分离变量法即可求得各子域流体速度势的振型函数分量 Φ_{im}^q，取如下无量纲坐标和参数：

$$\xi=\frac{r}{R_2}, \quad \zeta=\frac{z}{R_2}, \quad \Lambda=\omega\sqrt{\frac{R_2}{g}}, \quad \alpha=\frac{R_1}{R_2}, \quad \eta_k=\frac{n_k}{R_2}, \quad \beta_1=\frac{z_1}{R_2}, \quad \beta=\frac{H}{R_2} \tag{5.27}$$

并引入符号：

$$\delta_m^1=\begin{cases}1, & m=0\\0, & m\neq0\end{cases}, \quad \delta_m^2=\begin{cases}1, & m\neq0\\0, & m=0\end{cases} \tag{5.28}$$

可得到流体速度势振型函数的分量解为

$$\Phi_{3m}^3=\sum_{n=1}^{\infty}A_{3mn}^3(\mathrm{e}^{\lambda_n^m\zeta}-\mathrm{e}^{\lambda_n^m(2\beta-\zeta)})(N_m'(\lambda_n^m\alpha)J_m(\lambda_n^m\xi)-J_m'(\lambda_n^m\alpha)N_m(\lambda_n^m\xi))$$
$$+A_{300}^3\delta_m^1(\zeta-\beta) \tag{5.29}$$

式中，λ_n^m 满足 $N_m'(\lambda_n^m\alpha)J_m'(\lambda_n^m\xi)-J_m'(\lambda_n^m\alpha)N_m'(\lambda_n^m\xi)=0$。

$$\Phi_{3m}^1=\sum_{n=1}^{\infty}A_{3mn}^1\cos\left(\frac{(2n-1)\pi}{2(\beta-\beta_1)}(\zeta-\beta_1)\right)\left(I_m\left(\frac{(2n-1)\pi\xi}{2(\beta-\beta_1)}\right)+k_3^1K_m\left(\frac{(2n-1)\pi\xi}{2(\beta-\beta_1)}\right)\right) \tag{5.30}$$

式中，k_3^1 满足 $I_m'\left(\dfrac{(2n-1)\pi}{2(\beta-\beta_1)}\right)+k_3^1K_m'\left(\dfrac{(2n-1)\pi}{2(\beta-\beta_1)}\right)=0$。

$$\Phi_{3m}^2=\sum_{n=1}^{\infty}A_{3mn}^2(\mathrm{e}^{\lambda_n^m\zeta}+\mathrm{e}^{\lambda_n^m(2\beta_1-\zeta)})(N_m'(\lambda_n^m\alpha)J_m(\lambda_n^m\xi)-J_m'(\lambda_n^m\alpha)N_m(\lambda_n^m\xi))+A_{300}^2\delta_m^1 \tag{5.31}$$

$$\Phi_{4m}^3=\sum_{n=1}^{\infty}A_{4mn}^3\left(\mathrm{e}^{\frac{\tilde{x}_n^{(m)}}{\alpha}\zeta}-\mathrm{e}^{\frac{\tilde{x}_n^{(m)}}{\alpha}(2\beta-\zeta)}\right)J_m\left(\frac{\tilde{x}_n^{(m)}}{\alpha}\xi\right)+A_{400}^3\delta_m^1(\zeta-\beta) \tag{5.32}$$

式中，$\tilde{x}_n^{(m)}$ 满足 $J_m'(\tilde{x}_n^{(m)}) = 0$。

$$\Phi_{4m}^1 = \sum_{n=1}^{\infty} A_{4mn}^1 \cos\left(\frac{(2n-1)\pi}{2(\beta-\beta_1)}(\zeta-\beta_1)\right) I_m\left(\frac{(2n-1)\pi\xi}{2(\beta-\beta_1)}\right) \tag{5.33}$$

$$\Phi_{4m}^2 = \sum_{n=1}^{\infty} A_{4mn}^2 \left(e^{\frac{\tilde{x}_n^{(m)}}{\alpha}\zeta} + e^{\frac{\tilde{x}_n^{(m)}}{\alpha}(2\beta_1-\zeta)}\right) J_m\left(\frac{\tilde{x}_n^{(m)}}{\alpha}\xi\right) + A_{400}^2 \delta_m^1 \tag{5.34}$$

$$\Phi_{1m}^2 = \sum_{n=1}^{\infty} A_{1mn}^2 (e^{\lambda_n^m \zeta} + e^{-\lambda_n^m \zeta})(N_m'(\lambda_n^m \alpha) J_m(\lambda_n^m \xi) - J_m'(\lambda_n^m \alpha) N_m(\lambda_n^m \xi)) + A_{100}^2 \delta_m^1$$

$$\tag{5.35}$$

$$\Phi_{1m}^1 = \sum_{n=1}^{\infty} A_{1mn}^1 \cos\left(\frac{n\pi}{\beta_1}\zeta\right)\left(I_m\left(\frac{n\pi}{\beta_1}\xi\right) + k_1^1 K_m\left(\frac{n\pi}{\beta_1}\xi\right)\right) + A_{1m0}^1 (\xi^m + \xi^{-m})\delta_m^2 + A_{100}^1 \delta_m^1$$

$$\tag{5.36}$$

式中，k_1^1 满足 $I_m'\left(\dfrac{n\pi}{\beta_1}\right) + k_1^1 K_m'\left(\dfrac{n\pi}{\beta_1}\right) = 0$。

$$\Phi_{2m}^2 = \sum_{n=1}^{\infty} A_{2mn}^2 \left(e^{\frac{\tilde{x}_n^{(m)}}{\alpha}\zeta} + e^{-\frac{\tilde{x}_n^{(m)}}{\alpha}\zeta}\right) J_m\left(\frac{\tilde{x}_n^{(m)}}{\alpha}\xi\right) + A_{200}^2 \delta_m^1 \tag{5.37}$$

$$\Phi_{2m}^1 = \sum_{n=1}^{\infty} A_{2mn}^1 \cos\left(\frac{n\pi}{\beta_2}\zeta\right) I_m\left(\frac{n\pi}{\beta_2}\xi\right) + A_{2m0}^1 \xi^m \delta_m^2 + A_{200}^1 \delta_m^1 \tag{5.38}$$

式（5.29）～式（5.38）中，A_{imn}^q（$q = 1, 2, 3; i = 1, 2, 3, 4; n = 1, 2, \cdots; m = 0, 1, 2, \cdots$）为待定系数。

5.2.4　特征方程

将式（5.29）～式（5.38）代入式（5.17）即可得到含有待定系数 A_{imn}^q 的各个子域的振型函数 Φ_{im}（$i = 1, 2, 3, 4$），再由式（5.14）和式（5.26）即可得到对应于各个子域的流体速度势 ϕ_i。将 ϕ_i 和 $w(r, \theta, t)$ 代入式（5.5），得到

$$\left.\frac{\partial \Phi_{1m}}{\partial \zeta}\right|_{\zeta=0} = \left.\frac{\partial \Phi_{3m}}{\partial \zeta}\right|_{\zeta=0} = R_2 W_m(\xi) \tag{5.39}$$

设 $\kappa_{mn} R_2 = \varsigma_{mn}$，将 ϕ_i 代入薄板与流体耦合振动微分方程（5.13），再利用无量纲空间坐标（5.27）进行无量纲化，利用湿模态的展开式（5.9）进行代换即得

$$\tau \sum_{n=1}^{\infty} A_{mn} \varsigma_{mn}^4 W_{mn}(\varsigma_{mn}\xi) - \Lambda^2 \sum_{n=1}^{\infty} A_{mn} W_{mn}(\varsigma_{mn}\xi) = \sigma \Lambda^2 (\Phi_{1m} - \Phi_{3m})\big|_{\zeta=\beta_1} \tag{5.40}$$

式中，$\tau = \dfrac{D}{\rho g h R_2^3}$；$\sigma = \dfrac{\rho}{\rho h}$。将流体速度势（5.14）、振型函数展开式（5.26）以

及无量纲空间坐标（5.27）代入连续方程（5.16）和（5.17），即可得 Φ_{im}^q 和 $\Phi_{i'm}^q$ 在 Γ_k 上满足

$$\sum_{q=1}^{Q_i} \Phi_{im}^q = \sum_{q=1}^{Q_i} \Phi_{i'm}^q, \quad \sum_{q=1}^{Q_i} \frac{\partial \Phi_{im}^q}{\partial \eta_k} = \sum_{q=1}^{Q_i} \frac{\partial \Phi_{i'm}^q}{\partial \eta_k} \tag{5.41}$$

式中，由下标组成的有序三元组 (i, i', k) 属于集合 $\{(1, 2, 1), (2, 4, 2), (3, 4, 3)\}$。将流体速度势（5.14）、振型函数展开式（5.26）以及无量纲空间坐标（5.27）代入自由液面条件（5.6）中，即可得 Φ_{im}^q 在自由液面处满足

$$\sum_{q=1}^{Q_i} \frac{\partial \Phi_{3m}^q}{\partial \zeta}\bigg|_{\zeta=\beta} - \Lambda^2 \Phi_{3m}^2\big|_{\zeta=\beta} = 0, \quad \sum_{q=1}^{Q_i} \frac{\partial \Phi_{4m}^q}{\partial \zeta}\bigg|_{\zeta=\beta} - \Lambda^2 \Phi_{4m}^2\big|_{\zeta=\beta} = 0 \tag{5.42}$$

由子域间界面条件（5.41）、自由液面条件（5.42）以及流-固耦合条件（5.39）和（5.40）可以得到 11 个含有待定系数的级数方程。对这 11 个方程分别进行 Fourier 展开（对 ζ）或者 Bessel 展开（对 ξ）。对 ζ 进行 Fourier 展开和对 ξ 进行 Bessel 展开的具体形式（式中 $\bar{n} = 1, 2, \cdots, \infty$）如下。

Fourier 展开（$m = 0, 1, \cdots, \infty$）：

$$\int_0^{\beta_1} \frac{\partial \Phi_{1m}}{\partial \xi}\bigg|_{\xi=\alpha} \mathrm{d}\zeta = \int_0^{\beta_1} \frac{\partial \Phi_{2m}}{\partial \xi}\bigg|_{\xi=\alpha} \mathrm{d}\zeta \tag{5.43}$$

$$\int_0^{\beta_1} \frac{\partial \Phi_{1m}}{\partial \xi}\bigg|_{\xi=\alpha} \cos\left(\frac{\bar{n}\pi}{\beta_1}\zeta\right)\mathrm{d}\zeta = \int_0^{\beta_1} \frac{\partial \Phi_{2m}}{\partial \xi}\bigg|_{\xi=\alpha} \cos\left(\frac{\bar{n}\pi}{\beta_1}\zeta\right)\mathrm{d}\zeta \tag{5.44}$$

$$\int_0^{\beta_1} \Phi_{1m}\big|_{\xi=\alpha} \mathrm{d}\zeta = \int_0^{\beta_1} \Phi_{2m}\big|_{\xi=\alpha} \mathrm{d}\zeta \tag{5.45}$$

$$\int_0^{\beta_1} \Phi_{1m}\big|_{\xi=\alpha} \cos\left(\frac{\bar{n}\pi}{\beta_1}\zeta\right)\mathrm{d}\zeta = \int_0^{\beta_1} \Phi_{2m}\big|_{\xi=\alpha} \cos\left(\frac{\bar{n}\pi}{\beta_1}\zeta\right)\mathrm{d}\zeta \tag{5.46}$$

$$\int_0^{\beta_1} \frac{\partial \Phi_{3m}}{\partial \xi}\bigg|_{\xi=\alpha} \cos\left(\frac{(2\bar{n}-1)\pi}{2(\beta-\beta_1)}(\zeta-\beta_1)\right)\mathrm{d}\zeta$$
$$= \int_0^{\beta_1} \frac{\partial \Phi_{4m}}{\partial \xi}\bigg|_{\xi=\alpha} \cos\left(\frac{(2\bar{n}-1)\pi}{2(\beta-\beta_1)}(\zeta-\beta_1)\right)\mathrm{d}\zeta \tag{5.47}$$

$$\int_{\beta_1}^{\beta} \Phi_{3m}\big|_{\xi=\alpha} \cos\left(\frac{(2\bar{n}-1)\pi}{2(\beta-\beta_1)}(\zeta-\beta_1)\right)\mathrm{d}\zeta$$
$$= \int_{\beta_1}^{\beta} \Phi_{4m}\big|_{\xi=\alpha} \cos\left(\frac{(2\bar{n}-1)\pi}{2(\beta-\beta_1)}(\zeta-\beta_1)\right)\mathrm{d}\zeta \tag{5.48}$$

Bessel 展开，当 $m = 0$ 时：

$$\int_0^{\alpha} \frac{\partial \Phi_{20}}{\partial \zeta}\bigg|_{\zeta=\beta_1} \xi\mathrm{d}\xi = \int_0^{\alpha} \frac{\partial \Phi_{40}}{\partial \zeta}\bigg|_{\zeta=\beta_1} \xi\mathrm{d}\xi \tag{5.49}$$

$$\int_0^\alpha \left.\frac{\partial \Phi_{20}}{\partial \zeta}\right|_{\zeta=\beta_1} \xi J_0\left(\frac{\tilde{x}_{\bar{n}}^{(0)}}{\alpha}\xi\right)\mathrm{d}\xi = \int_0^\alpha \left.\frac{\partial \Phi_{40}}{\partial \zeta}\right|_{\zeta=\beta_1} \xi J_0\left(\frac{\tilde{x}_{\bar{n}}^{(0)}}{\alpha}\xi\right)\mathrm{d}\xi \qquad (5.50)$$

$$\int_\alpha^1 \left.\frac{\partial \Phi_{10}^a}{\partial \zeta}\right|_{\zeta=\beta_1} \xi\mathrm{d}\xi = \int_\alpha^1 R_2 W_0(\xi)\xi\mathrm{d}\xi \qquad (5.51)$$

$$\int_\alpha^1 \left.\frac{\partial \Phi_{10}^a}{\partial \zeta}\right|_{\zeta=\beta_1} (N_0'(\lambda_{\bar{n}}^0\alpha)J_0(\lambda_{\bar{n}}^0\xi) - J_0'(\lambda_{\bar{n}}^0\alpha_1)N_0(\lambda_{\bar{n}}^0\xi))\xi\mathrm{d}\xi$$
$$= \int_\alpha^1 R_2 W_0(\xi)(N_0'(\lambda_{\bar{n}}^0\alpha)J_0(\lambda_{\bar{n}}^0\xi) - J_0'(\lambda_{\bar{n}}^0\alpha_1)N_0(\lambda_{\bar{n}}^0\xi))\xi\mathrm{d}\xi \qquad (5.52)$$

$$\int_0^\alpha \left.\Phi_{20}\right|_{\zeta=\beta_1} \xi\mathrm{d}\xi = \int_0^\alpha \left.\Phi_{40}\right|_{\zeta=\beta_1} \xi\mathrm{d}\xi \qquad (5.53)$$

$$\int_0^\alpha \left.\Phi_{20}\right|_{\zeta=\beta_1} \xi J_0\left(\frac{\tilde{x}_{\bar{n}}^{(0)}}{\alpha}\xi\right)\mathrm{d}\xi = \int_0^\alpha \left.\Phi_{40}\right|_{\zeta=\beta_1} \xi J_0\left(\frac{\tilde{x}_{\bar{n}}^{(0)}}{\alpha}\xi\right)\mathrm{d}\xi \qquad (5.54)$$

$$\int_\alpha^1 \left(\tau\sum_{n=1}^\infty A_{0n}^p \varsigma_{0n}^4 W_{0n}(\varsigma_{0n}\xi) - \Lambda^2\sum_{n=1}^\infty A_{0n}^p W_{0n}(\varsigma_{0n}\xi)\right)\xi\mathrm{d}\xi$$
$$= \int_\alpha^1 \left(\sigma\Lambda^2 (\Phi_{10} - \Phi_{30})\big|_{\zeta=\beta_1}\right)\xi\mathrm{d}\xi \qquad (5.55)$$

$$\int_\alpha^1 \left(\tau\sum_{n=1}^\infty A_{0n}^p \varsigma_{0n}^4 W_{0n}(\varsigma_{0n}\xi) - \Lambda^2\sum_{n=1}^\infty A_{0n}^p W_{0n}(\varsigma_{0n}\xi)\right)$$
$$\times (N_0'(\lambda_{\bar{n}}^0\alpha)J_0(\lambda_{\bar{n}}^0\xi) - J_0'(\lambda_{\bar{n}}^0\alpha_1)N_0(\lambda_{\bar{n}}^0\xi))\xi\mathrm{d}\xi$$
$$= \int_\alpha^1 \left(\sigma\Lambda^2 (\Phi_{10} - \Phi_{30})\big|_{\zeta=\beta_1}\right)$$
$$\times (N_0'(\lambda_{\bar{n}}^0\alpha)J_0(\lambda_{\bar{n}}^0\xi) - J_0'(\lambda_{\bar{n}}^0\alpha_1)N_0(\lambda_{\bar{n}}^0\xi))\xi\mathrm{d}\xi \qquad (5.56)$$

$$\int_\alpha^1 \left(\frac{\partial \Phi_{30}}{\partial \zeta} + \Lambda^2\Phi_{30}\right)\bigg|_{\zeta=\beta} \xi\mathrm{d}\xi = 0 \qquad (5.57)$$

$$\int_\alpha^1 \left(\frac{\partial \Phi_{30}}{\partial \zeta} + \Lambda^2\Phi_{30}\right)\bigg|_{\zeta=\beta} \xi$$
$$\times (N_0'(\lambda_{\bar{n}}^0\alpha)J_0(\lambda_{\bar{n}}^0\xi) - J_0'(\lambda_{\bar{n}}^0\alpha_1)N_0(\lambda_{\bar{n}}^0\xi))\mathrm{d}\xi = 0 \qquad (5.58)$$

$$\int_0^\alpha \left(\frac{\partial \Phi_{40}}{\partial \zeta} + \Lambda^2\Phi_{40}\right)\bigg|_{\zeta=\beta} \xi\mathrm{d}\xi = 0 \qquad (5.59)$$

$$\int_0^\alpha \left(\frac{\partial \Phi_{40}}{\partial \zeta} + \Lambda^2\Phi_{40}\right)\bigg|_{\zeta=\beta} \xi J_0\left(\frac{\tilde{x}_{\bar{n}}^{(0)}}{\alpha}\xi\right)\mathrm{d}\xi = 0 \qquad (5.60)$$

当 $m \neq 0$ 时：

$$\int_0^\alpha \left.\frac{\partial \Phi_{2m}}{\partial \zeta}\right|_{\zeta=\beta_1} \xi J_m\left(\frac{\tilde{x}_{\bar{n}}^{(m)}}{\alpha}\xi\right)\mathrm{d}\xi = \int_0^\alpha \left.\frac{\partial \Phi_{4m}}{\partial \zeta}\right|_{\zeta=\beta_1} \xi J_m\left(\frac{\tilde{x}_{\bar{n}}^{(m)}}{\alpha}\xi\right)\mathrm{d}\xi \qquad (5.61)$$

$$\int_0^\alpha \Phi_{2m}\big|_{\zeta=\beta_1} \xi J_m\left(\frac{\tilde{x}_{\bar{n}}^{(m)}}{\alpha}\xi\right)\mathrm{d}\xi = \int_0^\alpha \Phi_{4m}\big|_{\zeta=\beta_1} \xi J_m\left(\frac{\tilde{x}_{\bar{n}}^{(m)}}{\alpha}\xi\right)\mathrm{d}\xi \tag{5.62}$$

$$\int_\alpha^1 \frac{\partial \Phi_{1m}^a}{\partial \zeta}\bigg|_{\zeta=\beta_1} (N_m'(\lambda_{\bar{n}}^m \alpha)J_m(\lambda_{\bar{n}}^m \xi) - J_m'(\lambda_{\bar{n}}^m \alpha_1)N_m(\lambda_{\bar{n}}^m \xi))\xi \mathrm{d}\xi$$
$$= \int_\alpha^1 R_2 W_m(\xi)(N_m'(\lambda_{\bar{n}}^m \alpha)J_m(\lambda_{\bar{n}}^m \xi) - J_m'(\lambda_{\bar{n}}^m \alpha_1)N_m(\lambda_{\bar{n}}^m \xi))\xi \mathrm{d}\xi \tag{5.63}$$

$$\int_\alpha^1 \left(\tau \sum_{n=1}^\infty A_{mn}^p \varsigma_{mn}^4 W_{mn}(\varsigma_{mn}\xi) - \Lambda^2 \sum_{n=1}^\infty A_{mn}^p W_{mn}(\varsigma_{mn}\xi)\right)$$
$$\times (N_m'(\lambda_{\bar{n}}^m \alpha)J_m(\lambda_{\bar{n}}^m \xi) - J_m'(\lambda_{\bar{n}}^m \alpha_1)N_m(\lambda_{\bar{n}}^m \xi))\xi \mathrm{d}\xi$$
$$= \int_\alpha^1 \left(\sigma \Lambda^2 (\Phi_{1m} - \Phi_{3m})\big|_{\zeta=\beta_1}\right)$$
$$\times (N_m'(\lambda_{\bar{n}}^m \alpha)J_m(\lambda_{\bar{n}}^m \xi) - J_m'(\lambda_{\bar{n}}^m \alpha_1)N_m(\lambda_{\bar{n}}^m \xi))\xi \mathrm{d}\xi \tag{5.64}$$

$$\int_\alpha^1 \left(\frac{\partial \Phi_{3m}}{\partial \zeta} + \Lambda^2 \Phi_{3m}\right)\bigg|_{\zeta=\beta} \xi$$
$$\times (N_m'(\lambda_{\bar{n}}^m \alpha)J_m(\lambda_{\bar{n}}^m \xi) - J_m'(\lambda_{\bar{n}}^m \alpha_1)N_m(\lambda_{\bar{n}}^m \xi))\mathrm{d}\xi = 0 \tag{5.65}$$

$$\int_0^\alpha \left(\frac{\partial \Phi_{4m}}{\partial \zeta} + \Lambda^2 \Phi_{4m}\right)\bigg|_{\zeta=\beta} \xi J_m\left(\frac{\tilde{x}_{\bar{n}}^{(m)}}{\alpha}\xi\right)\mathrm{d}\xi = 0 \tag{5.66}$$

将所有的级数均截断至 N 阶，这样就可以得到关于待定系数 $A_{im}^q = [A_{im1}^q, \cdots, A_{imN}^q]^\mathrm{T}$ 与 $A_m = [A_{m1}, \cdots, A_{mN}]^\mathrm{T}$ 的方程：

$$\begin{bmatrix}
a_1^1 & a_2^1 & 0 & 0 & 0 & 0 & 0 & 0 & 0 & 0 & 0 \\
a_1^2 & a_2^2 & 0 & 0 & b_2^2 & 0 & b_1^2 & 0 & 0 & 0 & 0 \\
0 & 0 & a_3^3 & a_4^3 & 0 & 0 & 0 & 0 & 0 & 0 & 0 \\
0 & 0 & a_3^4 & a_4^4 & 0 & b_4^4 & 0 & b_3^4 & c_4^4 & c_3^4 & 0 \\
0 & 0 & 0 & 0 & b_2^5 & 0 & 0 & 0 & c_4^5 & 0 & 0 \\
a_1^6 & 0 & 0 & a_4^6 & b_2^6 & b_4^6 & 0 & 0 & c_4^6 & 0 & 0 \\
0 & 0 & 0 & 0 & 0 & 0 & b_1^7 & 0 & 0 & c_3^7 & 0 \\
0 & a_2^8 & a_3^8 & 0 & 0 & 0 & b_1^8 & b_3^8 & 0 & c_3^8 & p^8 \\
0 & 0 & 0 & a_4^9 & 0 & b_4^9 & 0 & 0 & c_4^9 & 0 & 0 \\
0 & 0 & a_3^{10} & 0 & 0 & 0 & 0 & b_1^{10} & 0 & c_3^{10} & 0 \\
0 & 0 & 0 & 0 & 0 & 0 & b_1^{11} & 0 & 0 & 0 & p^{11}
\end{bmatrix}
\begin{bmatrix}
A_{2m}^1 \\
A_{1m}^1 \\
A_{3m}^1 \\
A_{4m}^1 \\
A_{2m}^2 \\
A_{4m}^2 \\
A_{1m}^2 \\
A_{3m}^2 \\
A_{4m}^3 \\
A_{3m}^3 \\
A_m
\end{bmatrix} = 0 \tag{5.67}$$

设式（5.67）中的系数矩阵为 A，系数矩阵中各元素均由高斯数值积分给出。式（5.67）是系数矩阵中含有耦合频率 Λ^2 的代数方程组。要使该方程组有非零解，

其系数行列式必为零，即 $|A|=0$。由此可得一个关于 Λ^2 的非线性方程，对于每个 m，求此方程均可得到一簇根 $\Lambda_{mn}^2 (n=1,2,\cdots)$，$\Lambda_{mn}^2$ 即为环向波数为 m 的第 n 阶流-固耦合系统模态所对应的无量纲耦合频率。可将 Λ_{mn}^2 分成两个序列：晃动模态（以流体晃动为主的模态）的耦合频率 Λ_{smn}^2 和膨胀模态（以环形隔板弹性位移为主的模态）的耦合频率 Λ_{bmn}^2。将各 Λ_{mn}^2 代入式（5.67），可解得对应的 A_{im}^q 和 A_{im}^p，将其代入式（5.29）～式（5.38）可得耦合模态。

5.2.5　算例分析

在下面的算例中，均取 $R_2=1\text{m}$，$H=1\text{m}$，$h=2\text{mm}$，$E=2.1\times10^{11}\text{Pa}$，$\rho=7850\text{kg/m}^3$，$\rho_1=1000\text{kg/m}^3$，$\nu=0.3$。首先进行收敛性分析，隔板内径取为 $\alpha=0.5$，分别取 $\beta_1=0.6,0.8$，考察三个不同的截断级数项 $N=15,16,17$，分别计算 $m=0$ 和 $m=1$ 时的前两阶晃动模态的耦合频率 $\Lambda_{smn}^2 (n=1,2)$ 和前两阶膨胀模态的耦合频率 $\Lambda_{bmn}^2 (n=1,2)$，如表 5-1 所示。从表 5-1 中可以看到，当 $N=15$ 时，半解析方法可保证 Λ_{sm1}^2 有四位有效数字，当 $N=16$ 时，半解析方法可保证 Λ_{bm1}^2 有三位有效数字。在此取 $N=17$，$\alpha=0.5$，$\beta_1=0.6$，分别计算其耦合模态，与 $\Lambda_{smn}^2 (m=0,1;n=1,2)$ 对应的耦合模态如图 5-2 所示；与 $\Lambda_{bmn}^2 (m=0,1;n=1,2)$ 对应的耦合模态如图 5-3 所示。为验证半解析方法的正确性，使用流-固耦合专用软件 ADINA 对此问题进行了分析，以供比较。下面的对比算例中，设 $\alpha=0.5$，$\beta_1=0.7$。ADINA 在求解频率时无法自动将其按环向波节数分类，为了比较晃动模态和膨胀模态两种模态的频率，用 ADINA 求出了系统的前 22 阶频率，将其代入式（5.27）即可求出对应的无量纲的耦合频率，与半解析解对比如表 5-2 所示。从表 5-2 中看到，半解析解与 ADINA 解的最大差异为 1.07%，平均差异仅为 0.27%，该结果验证了半解析法的正确性并具有较高精度。

表 5-1　Λ_{smn}^2 与 $\Lambda_{bmn}^2 (n=1,2)$ 的收敛性

m	N	Λ_{sm1}^2		Λ_{sm2}^2		Λ_{bm1}^2		Λ_{bm2}^2	
		$\beta_1=0.6$	$\beta_1=0.8$	$\beta_1=0.6$	$\beta_1=0.8$	$\beta_1=0.6$	$\beta_1=0.8$	$\beta_1=0.6$	$\beta_1=0.8$
	15	3.396	2.379	6.972	6.491	7.548	8.539	496.6	525.6
0	16	3.397	2.381	6.974	6.493	7.553	8.545	497.5	526.2
	17	3.397	2.381	6.974	6.493	7.554	8.548	497.8	526.4
	15	1.305	0.8719	5.268	4.881	18.44	21.41	600.8	640.5
1	16	1.306	0.8723	5.269	4.884	18.52	21.45	601.1	641.1
	17	1.306	0.8723	5.269	4.884	18.54	21.49	601.4	641.4

表 5-2　半解析法解与 ADINA 解的比较

半解析解 (Λ_{mn}^2)	$m=1$ $n=1$	$m=2$ $n=1$	$m=0$ $n=1$	$m=3$ $n=1$	$m=4$ $n=1$	$m=1$ $n=2$	$m=5$ $n=1$	$m=2$ $n=2$	$m=0$ $n=2$	$m=6$ $n=1$	$m=3$ $n=2$
	1.126^s	2.283^s	3.185^s	3.595^s	4.901^s	5.167^s	6.148^s	6.601^s	6.873^s	7.336^s	7.939^s
ADINA (Λ_n^2)	$n=1$	$n=2$	$n=3$	$n=4$	$n=5$	$n=6$	$n=7$	$n=8$	$n=9$	$n=10$	$n=11$
	1.114^s	2.269^s	3.171^s	3.563^s	4.882^s	5.144^s	6.131^s	6.579^s	6.855^s	7.326^s	7.921^s
相对误差	1.07%	0.61%	0.44%	0.89%	0.39%	0.45%	0.28%	0.33%	0.26%	0.14%	0.23%
半解析解 (Λ_{mn}^2)	$m=1$ $n=3$	$m=7$ $n=1$	$m=4$ $n=2$	$m=8$ $n=1$	$m=2$ $n=3$	$m=0$ $n=3$	$m=5$ $n=2$	$m=9$ $n=1$	$m=3$ $n=3$	$m=1$ $n=4$	$m=6$ $n=2$
	8.465^s	8.478^s	9.231^s	9.588^s	9.932^s	10.130^s	10.487^s	10.677^s	11.325^s	11.692^s	11.715^s
ADINA (Λ_n^2)	$n=12$	$n=13$	$n=14$	$n=15$	$n=16$	$n=17$	$n=18$	$n=19$	$n=20$	$n=21$	$n=22$
	8.441^s	8.453^s	9.221^s	9.579^s	9.921^s	10.121^s	10.459^s	10.657^s	11.309^s	11.678^s	11.709^s
相对误差	0.28%	0.29%	0.11%	0.09%	0.11%	0.09%	0.27%	0.19%	0.14%	0.12%	0.05%
半解析解 (Λ_{mn}^2)	$m=10$ $n=1$	$m=4$ $n=3$	$m=11$ $n=1$	$m=7$ $n=2$	$m=2$ $n=4$	$m=0$ $n=4$	$m=12$ $n=1$	$m=5$ $n=3$	$m=8$ $n=2$	$m=3$ $n=4$	$m=1$ $n=5$
	11.751^s	12.671^s	12.822^s	12.920^s	13.166^s	13.318^s	13.872^s	13.982^s	14.108^s	14.577^s	14.846^s
ADINA (Λ_n^2)	$n=23$	$n=24$	$n=25$	$n=26$	$n=27$	$n=28$	$n=29$	$n=30$	$n=31$	$n=32$	$n=33$
	11.721^s	12.621^s	12.789^s	12.787^s	13.112^s	13.289^s	13.858^s	13.950^s	14.079^s	14.545^s	14.813^s
相对误差	0.26%	0.39%	0.26%	1.03%	0.41%	0.22%	0.10%	0.23%	0.21%	0.22%	0.22%
半解析解 (Λ_{mn}^2)	$m=6$ $n=3$	$m=9$ $n=2$	$m=4$ $n=4$	$m=2$ $n=5$	$m=10$ $n=2$	$m=0$ $n=5$	$m=7$ $n=3$	$m=5$ $n=4$	$m=11$ $n=2$	$m=0$ $n=6$	$m=8$ $n=3$
	15.266^s	15.282^s	15.945^s	16.323^s	16.445^s	16.447^s	16.528^s	17.287^s	17.598^s	17.615^b	17.771^s
ADINA (Λ_n^2)	$n=34$	$n=35$	$n=36$	$n=37$	$n=38$	$n=39$	$n=40$	$n=41$	$n=42$	$n=43$	$n=44$
	15.254^s	15.275^s	15.898^s	16.301^s	16.428^s	16.435^s	16.504^s	17.241^s	17.569^s	17.591^b	17.739^s
相对误差	0.08%	0.05%	0.29%	0.13%	0.10%	0.07%	0.15%	0.27%	0.16%	0.14%	0.18%

注：上标 s 表示晃动模态；上标 b 表示膨胀模态。

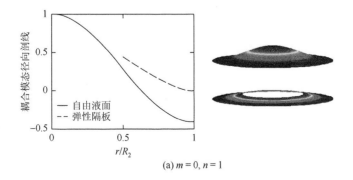

(a) $m=0,\ n=1$

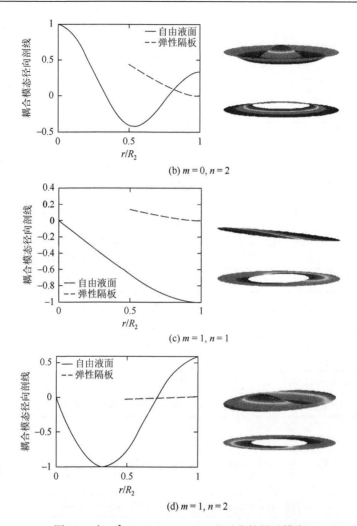

图 5-2　与 Λ_{smn}^2 $(m = 0, 1;\ n = 1, 2)$对应的晃动模态

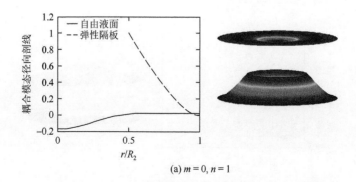

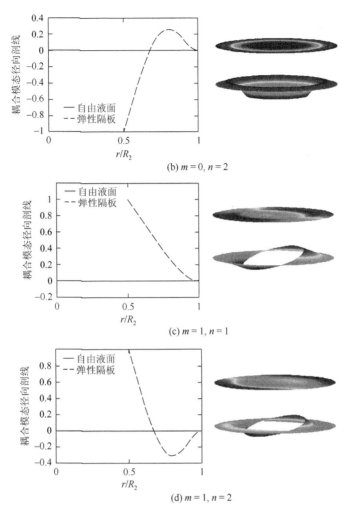

图 5-3　与 $\Lambda_{\text{b}mn}^2\ (m=0,1;\ n=1,2)$ 对应的膨胀模态

5.2.6　参数研究

若忽略式（5.17）中的 $\Phi_i^2\,(i=3,4)$，按照同样的方法即可求出忽略表面波时的耦合频率 $\Lambda_{\text{B}mn}^2$，显然 $\Lambda_{\text{B}mn}^2$ 对应的模态应全为膨胀模态，因此 $\Lambda_{\text{b}mn}^2$ 与 $\Lambda_{\text{B}mn}^2$ 的差异即视为流体晃动对环形隔板膨胀模态的影响。环形隔板的位置和环形隔板的内半径是影响该流-固耦合系统频率的重要因素，下面分别研究考虑表面波时的耦合频率 Λ_{mn}^2 与不考虑表面波时的耦合频率 $\Lambda_{\text{B}mn}^2$ 随 α 和 β_1 的变化规律。考虑 β_1 取为 0.7，当环向波数 $m=0$ 时，考虑表面波时的耦合频率 $\Lambda_{0n}^2\,(n=1,2,\cdots,8)$ 与不考虑表面波时的耦合频率 $\Lambda_{\text{B}01}^2$ 随 α 的变化规律如图 5-4 所示；当环向波数 $m=1$ 时，考虑表面

波时的耦合频率 $\Lambda_{1n}^2 (n=1,2,\cdots,8)$ 与不考虑表面波时的耦合频率 Λ_{B11}^2 随 α 的变化规律如图 5-5 所示。再考虑 $\alpha=0.5$，当环向波数 $m=0$ 时，考虑表面波时的耦合频率 $\Lambda_{0n}^2 (n=1,2,\cdots,5)$ 与不考虑表面波时的耦合频率 Λ_{B01}^2 随 β_1 的变化规律如图 5-6 所示；当环向波数 $m=1$ 时，考虑表面波时的耦合频率 $\Lambda_{1n}^2 (n=1,2,\cdots,7)$ 与不考虑表面波时的耦合频率 Λ_{B11}^2 随 β_1 的变化规律如图 5-7 所示。由图 5-4 和图 5-5 可以看出，图中每一条 Λ_{mn}^2（考虑表面波时的耦合频率）的曲线随隔板内半径变化时都有一个明显的上升段，这个上升段与相应的 Λ_{Bmn}^2（不考虑表面波时的耦合频率）随隔板内半径变化曲线具有相当的一致性，由此可知这个上升段即为 Λ_{mn}^2 中的 Λ_{bmn}^2 部分，若干个 Λ_{mn}^2 的上升段构成了 Λ_{bmn}^2 随隔板内半径的变化规律，显而易见，随着隔板内半径的增加，膨胀模态所对应的频率随之增加。膨胀模态对应的频率靠近低阶晃动模态对应的频率时，流体和弹性隔板之间将产生较强的耦合效应。

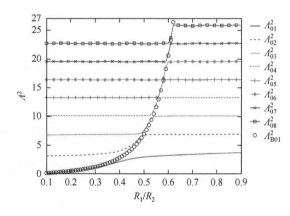

图 5-4　环向波数为 0 时耦合频率随环形隔板内半径变化曲线

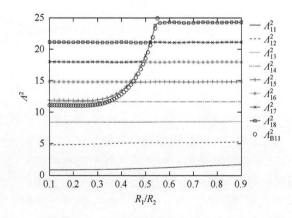

图 5-5　环向波数为 1 时耦合频率随环形隔板内半径变化曲线

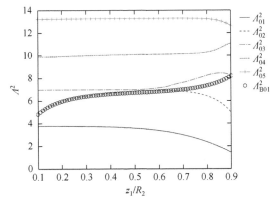

图 5-6 环向波数为 0 时耦合频率随环形隔板位置变化曲线

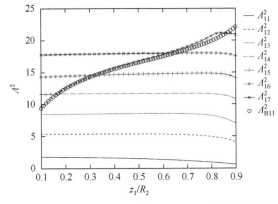

图 5-7 环向波数为 1 时耦合频率随环形隔板位置变化曲线

由图 5-6 和图 5-7 可以看出，图中一部分 Λ_{mn}^2（考虑表面波时的耦合频率）的曲线随环形隔板位置变化时有一个明显的上升段，这个上升段与相应的 Λ_{Bmn}^2（不考虑表面波时的耦合频率）随环形隔板位置变化的变化曲线具有相当的一致性，由此可知这个上升段即为 Λ_{mn}^2 中的 Λ_{bmn}^2 部分。图 5-6 和图 5-7 中部分曲线的上升段位于曲线的开始端，而 Λ_{mn}^2 中的 Λ_{smn}^2 部分在曲线的开始端应该呈现下降的趋势，因此在曲线端部会出现变化相异的情况。若干个 Λ_{mn}^2 的上升段构成了 Λ_{bmn}^2 随隔板位置的变化规律，显而易见，环形薄板离液面越近，流体晃动对膨胀模态的影响越大，且膨胀模态所对应的频率越大。

5.3 带多层环形弹性隔板圆柱形储液罐的流-固耦合特性

5.3.1 基本方程

考虑如图 5-8 所示竖向放置的带多层弹性环形隔板的圆柱形储液罐，罐壁、罐底均为刚体；环形隔板均为内边自由、外边固支且内径相同的弹性薄板；假设罐中流体为无黏、无旋、不可压缩的理想流体；流体密度为 ρ_1。储液罐内径为 R_2，环形隔板内径为 R_1，液面高度为 H，用以罐底中心为原点的柱坐标系来描述流体的晃动和隔板的振动。设隔板的数量为 M，第 p 层环形隔板的位置为 $z_p = z_p$ （$p = 1, 2, \cdots, M, z_1 < z_2 < \cdots < z_M$），挠度为 $w_p(r, \theta, t)$，密度为 ρ_p，弹性模量为 E_p，泊松比为 ν_p，厚度为 h_p。

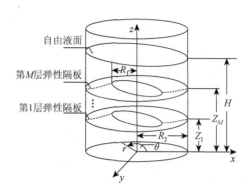

图 5-8　部分充液的带多层环形弹性隔板圆柱形刚性储液罐

由于隔板厚度 h_p 远小于其他尺寸，因此可按照图 2-14 所示将流体区域分割成 $2M + 2$ 个子域：$\Omega_i (i = 1, 2, \cdots, 2M + 2)$。子域 Ω_i 内的流体速度势为 $\phi_i(r, \theta, z, t)$，显然可得 $\phi_i(r, \theta, z, t)$ 满足拉普拉斯方程（2.11）。在人工界面 Γ_k 上满足速度和压力连续条件（2.79）。由板壳振动理论，第 p 层环形隔板的挠度 $w_p(r, \theta, t)$ 满足

$$D_p \nabla^4 w_p + \rho_p h_p \frac{\partial^2 w_p}{\partial t^2} = F_p(r, \theta, t) \tag{5.68}$$

式中，F_p 为液动压力；$D_p = \dfrac{E_p h_p^3}{12(1 - \nu_p^2)}$ 为板的弯曲刚度。式（5.68）即为环形薄板与流体耦合振动微分方程。第 p 层隔板上任意点处的速度为

$$v_p = \frac{\partial w_p}{\partial t} \tag{5.69}$$

由式（2.12）和式（5.69）可得隔板与流体的速度界面条件为

$$\left. \frac{\partial \phi_{2p-1}}{\partial z} \right|_{z = z_p} = \left. \frac{\partial \phi_{2p+1}}{\partial z} \right|_{z = z_p} = \frac{\partial w_p}{\partial t} \tag{5.70}$$

流体小幅晃动时，自由液面的波动方程为

$$\left(\frac{\partial \phi_{2M+1}}{\partial z} + \frac{1}{g} \frac{\partial^2 \phi_{2M+1}}{\partial t^2} \right) \bigg|_{z = H} = 0, \quad \left(\frac{\partial \phi_{2M+2}}{\partial z} + \frac{1}{g} \frac{\partial^2 \phi_{2M+2}}{\partial t^2} \right) \bigg|_{z = H} = 0 \tag{5.71}$$

罐壁、罐底处流体的边界条件为

$$\left.\frac{\partial \phi_i}{\partial r}\right|_{r=R_2} = 0, \quad i = 2a-1; a = 1, 2, \cdots, M \tag{5.72}$$

$$\left.\frac{\partial \phi_i}{\partial z}\right|_{z=z_i^b} = 0, \quad i = 1, 2 \tag{5.73}$$

式中，z_i^b 是子域 Ω_i 的下底面的位置。子域 Ω_i 的上底面的位置定义为 z_i^t。由流体动力学中线性化的伯努利方程，可知作用于环形隔板上的液动压力 F_p 为

$$F_p(r, \theta, t) = \rho_1 \left.\frac{\partial \phi_{2p+1}}{\partial t}\right|_{z=z_p} - \rho_1 \left.\frac{\partial \phi_{2p-1}}{\partial t}\right|_{z=z_p} \tag{5.74}$$

5.3.2 环形隔板的湿模态

自由振动时，第 p 层环形隔板上任意一点的运动均可看作简谐振动，此时可将其挠度函数设为

$$w_p(r, \theta, t) = \mathrm{e}^{\mathrm{j}\omega t} \sum_{m=0}^{\infty} W_{pm}(r)\cos(m\theta) \tag{5.75}$$

式中，$\mathrm{j} = \sqrt{-1}$；ω 为流-固耦合系统的频率；W_{pm} 为板的湿模态。由薄板振动理论可知，真空中环形隔板的固有模态（即干模态）是一个正交完备的函数空间，因此可将其作为环形隔板湿模态的展开函数，于是有

$$W_{pm}(r) = \sum_{n=1}^{\infty} A_{pmn} W_{pmn}(\kappa_{pmn} r) \tag{5.76}$$

式中，A_{pmn} ($n = 1, 2, \cdots$) 为展开系数；$W_{pmn}(\kappa_{pmn} r)$ 为环形隔板干模态。由薄板自由振动微分方程可知

$$W_{pmn}(\kappa_{pmn} r) = a_{pmn} J_m(\kappa_{pmn} r) + b_{pmn} I_m(\kappa_{pmn} r) + c_{pmn} N_m(\kappa_{pmn} r) + d_{pmn} K_m(\kappa_{pmn} r) \tag{5.77}$$

式中，$J_m(\kappa_{pmn} r)$ 为第一类贝塞尔函数；$N_m(\kappa_{pmn} r)$ 为第二类贝塞尔函数；$I_m(\kappa_{pmn} r)$ 为第一类修正贝塞尔函数；$K_m(\kappa_{pmn} r)$ 为第二类修正贝塞尔函数；系数 a_{pmn}、b_{pmn}、c_{pmn}、d_{pmn}、κ_{pmn} 则由环形薄板的边界条件确定。根据式（5.75），可设

$$w_{pmn} = W_{pmn}(\kappa_{pmn} r)\cos(m\theta) \tag{5.78}$$

由薄板自由振动微分方程可得 w_{pmn} 满足

$$\nabla^4 w_{pmn} - \kappa_{pmn}^4 w_{pmn} = 0 \tag{5.79}$$

将式（5.74）、式（5.75）以及式（5.79）代入式（5.68）得到

$$\mathrm{e}^{\mathrm{j}\omega t} \sum_{m=0}^{\infty} \sum_{n=1}^{\infty} A_{pmn}^{b}\left(D_p \nabla^4 w_{pmn} - \rho_p h_p \omega^2 w_{pmn}\right) = \rho_1 \left.\frac{\partial \phi_{2p+1}}{\partial t}\right|_{z=z_p} - \rho_1 \left.\frac{\partial \phi_{2p-1}}{\partial t}\right|_{z=z_p} \tag{5.80}$$

5.3.3　速度势函数的求解

当流体自由晃动时，若自由液面做微幅晃动，进行线性化后，其液面上任一点的运动亦做简谐振动，可将速度势函数设为

$$\phi(r,\theta,z,t) = \mathrm{j}\omega \mathrm{e}^{\mathrm{j}\omega t} \Phi(r,\theta,z) \tag{5.81}$$

式中，$\mathrm{j}=\sqrt{-1}$；ω 为流-固耦合系统的频率；Φ 为流体速度势的振型函数。根据第 3 章的内容，Φ_i 显然满足

$$\frac{1}{r}\frac{\partial}{\partial r}\left(r\frac{\partial \Phi_i}{\partial r}\right) + \frac{1}{r^2}\frac{\partial^2 \Phi_i}{\partial \theta^2} + \frac{\partial^2 \Phi_i}{\partial z^2} = 0 \tag{5.82}$$

$$\left.\frac{\partial \Phi_{2M+1}}{\partial z}\right|_{z=H} - \left.\frac{\omega^2}{g}\Phi_{2M+1}\right|_{z=H} = 0$$

$$\left.\frac{\partial \Phi_{2M+2}}{\partial z}\right|_{z=H} - \left.\frac{\omega^2}{g}\Phi_{2M+2}\right|_{z=H} = 0 \tag{5.83}$$

$$\left.\frac{\partial \Phi_i}{\partial r}\right|_{r=R_2} = 0, \quad i = 2a-1; a = 1,2,\cdots,M \tag{5.84}$$

$$\left.\frac{\partial \Phi_i}{\partial z}\right|_{z=z_i^b} = 0, \quad i = 1,2 \tag{5.85}$$

由式（5.82）～式（5.85）可以看出 Φ_i 的控制方程为二阶线性偏微分方程，其边界条件均为线性边界条件。显而易见，可以利用叠加原理来求解 Φ_i，子域 Ω_i 的边界条件可以分为两类：齐次边界条件和非齐次边界条件。设子域 Ω_i 的非齐次边界条件的个数为 Q_i，则可将 Φ_i 设为

$$\Phi_i = \sum_{q=1}^{Q_i} \Phi_i^q \tag{5.86}$$

进一步考察图 2-14，根据式（5.82）～式（5.85）可得

$$\Phi_i = \Phi_i^1 + \Phi_i^2, \quad i = 1,2 \tag{5.87}$$

$$\Phi_i = \Phi_i^1 + \Phi_i^2 + \Phi_i^3, \quad i = 3,4,\cdots,2M+2 \tag{5.88}$$

根据叠加原理即可得到 Φ_i^q 满足如下边界条件。

（1）对于子域 $\Omega_i (i=1)$，Φ_i^q 满足

$$\left.\frac{\partial \Phi_i^1}{\partial z}\right|_{z=z_i^t} = 0, \quad \left.\frac{\partial \Phi_i^1}{\partial z}\right|_{z=z_i^b} = 0, \quad \left.\frac{\partial \Phi_i^1}{\partial r}\right|_{r=R_2} = 0$$

$$\left.\frac{\partial \Phi_i^2}{\partial r}\right|_{r=R_2} = 0, \quad \left.\frac{\partial \Phi_i^2}{\partial r}\right|_{r=R_1} = 0, \quad \left.\frac{\partial \Phi_i^2}{\partial z}\right|_{z=z_i^b} = 0 \tag{5.89}$$

（2）对于子域 $\Omega_i (i = 2a + 1; \ a = 1, \cdots, M-1)$，$\Phi_i^q$ 满足

$$\left.\frac{\partial \Phi_i^1}{\partial z}\right|_{z=z_i^t} = 0, \quad \left.\frac{\partial \Phi_i^1}{\partial z}\right|_{z=z_i^b} = 0, \quad \left.\frac{\partial \Phi_i^1}{\partial r}\right|_{r=R_2} = 0$$

$$\left.\frac{\partial \Phi_i^2}{\partial r}\right|_{r=R_2} = 0, \quad \left.\frac{\partial \Phi_i^2}{\partial r}\right|_{r=R_1} = 0, \quad \left.\frac{\partial \Phi_i^2}{\partial z}\right|_{z=z_i^b} = 0$$

$$\left.\frac{\partial \Phi_i^3}{\partial r}\right|_{r=R_2} = 0, \quad \left.\frac{\partial \Phi_i^3}{\partial r}\right|_{r=R_1} = 0, \quad \left.\frac{\partial \Phi_i^3}{\partial z}\right|_{z=z_i^t} = 0 \tag{5.90}$$

（3）对于子域 $\Omega_i (i = 2M + 1)$，Φ_i^q 满足

$$\left.\Phi_i^1\right|_{z=z_i^t} = 0, \quad \left.\frac{\partial \Phi_i^1}{\partial z}\right|_{z=z_i^b} = 0, \quad \left.\frac{\partial \Phi_i^1}{\partial r}\right|_{r=R_2} = 0$$

$$\left.\frac{\partial \Phi_i^2}{\partial r}\right|_{r=R_2} = 0, \quad \left.\frac{\partial \Phi_i^2}{\partial r}\right|_{r=R_1} = 0, \quad \left.\frac{\partial \Phi_i^2}{\partial z}\right|_{z=z_i^b} = 0$$

$$\left.\frac{\partial \Phi_i^3}{\partial r}\right|_{r=R_2} = 0, \quad \left.\frac{\partial \Phi_i^3}{\partial r}\right|_{r=R_1} = 0, \quad \left.\Phi_i^3\right|_{z=z_i^t} = 0 \tag{5.91}$$

（4）对于子域 $\Omega_i (i = 2)$，Φ_i^q 满足

$$\left.\frac{\partial \Phi_i^1}{\partial z}\right|_{z=z_i^t} = 0, \quad \left.\frac{\partial \Phi_i^1}{\partial z}\right|_{z=z_i^b} = 0, \quad \left.\Phi_i^1\right|_{r=0} = \text{有限值}$$

$$\left.\frac{\partial \Phi_i^2}{\partial r}\right|_{r=R_1} = 0, \quad \left.\Phi_i^2\right|_{r=0} = \text{有限值}, \quad \left.\frac{\partial \Phi_i^2}{\partial z}\right|_{z=z_i^b} = 0 \tag{5.92}$$

（5）对于子域 $\Omega_i (i = 2a + 2; \ a = 1, 2, \cdots, M-1)$，$\Phi_i^q$ 满足

$$\left.\frac{\partial \Phi_i^1}{\partial z}\right|_{z=z_i^t} = 0, \quad \left.\frac{\partial \Phi_i^1}{\partial z}\right|_{z=z_i^b} = 0, \quad \left.\Phi_i^1\right|_{r=0} = \text{有限值}$$

$$\left.\frac{\partial \Phi_i^2}{\partial r}\right|_{r=R_1} = 0, \quad \left.\Phi_i^2\right|_{r=0} = \text{有限值}, \quad \left.\frac{\partial \Phi_i^2}{\partial z}\right|_{z=z_i^b} = 0$$

$$\left.\frac{\partial \Phi_i^3}{\partial r}\right|_{r=R_1} = 0, \quad \left.\Phi_i^3\right|_{r=0} = \text{有限值}, \quad \left.\frac{\partial \Phi_i^3}{\partial z}\right|_{z=z_i^t} = 0 \tag{5.93}$$

（6）对于子域 $\Omega_i (i = 2M + 2)$，Φ_i^q 满足

$$\left.\Phi_i^1\right|_{z=z_i^t} = 0, \quad \left.\frac{\partial \Phi_i^1}{\partial z}\right|_{z=z_i^b} = 0, \quad \left.\Phi_i^1\right|_{r=0} = \text{有限值}$$

$$\left.\frac{\partial \Phi_i^2}{\partial r}\right|_{r=R_1}=0, \quad \left.\Phi_i^2\right|_{r=0}=\text{有限值}, \quad \left.\frac{\partial \Phi_i^2}{\partial z}\right|_{z=z_i^b}=0$$

$$\left.\frac{\partial \Phi_i^3}{\partial r}\right|_{r=R_1}=0, \quad \left.\Phi_i^3\right|_{r=0}=\text{有限值}, \quad \left.\Phi_i^3\right|_{z=z_i^t}=0 \tag{5.94}$$

根据自然边界条件（2.14）可知，Φ、Φ_i、Φ_i^q 均为周期函数且周期为 2π，由此可设

$$\Phi=\sum_{m=0}^{\infty}\Phi_m\cos(m\theta), \quad \Phi_i=\sum_{m=0}^{\infty}\Phi_{im}\cos(m\theta), \quad \Phi_i^q=\sum_{m=0}^{\infty}\Phi_{im}^q\cos(m\theta) \tag{5.95}$$

利用分离变量法即可求得各子域流体速度势的振型函数分量 Φ_{im}^q，取如下无量纲坐标和参数：

$$\xi=\frac{r}{R_2}, \quad \zeta=\frac{z}{R_2}, \quad \Lambda=\omega\sqrt{\frac{R_2}{g}}, \quad \eta_k=\frac{n_k}{R_2}, \quad \alpha=\frac{R_1}{R_2}$$

$$\beta=\frac{H}{R_2}, \quad \zeta_i^b=\frac{z_i^b}{R_2}, \quad \zeta_i^t=\frac{z_i^t}{R_2}, \quad \beta_p=\frac{z_p}{R_2} \tag{5.96}$$

即可得到如下流体速度势振型函数的分量解。

（1）对于环柱形子域 Ω_i ($i=2a-1$; $a=1,2,\cdots,M+1$)：

$$\Phi_{im}^1=\sum_{n=1}^{\infty}A_{imn}^1\cos(\lambda_{imn}^1(\zeta-\zeta_i^b))(I_m(\lambda_{imn}^1\xi)+\kappa_{imn}^1 K_m(\lambda_{imn}^1\xi))$$
$$+A_{im0}^1(\xi^m+\xi^{-m})\delta_m^2\delta_i^3+A_{i00}^1\delta_m^1 \tag{5.97}$$

$$\Phi_{im}^2=\sum_{n=1}^{\infty}A_{imn}^2 e^{\lambda_{imn}^2\zeta}(1+e^{2\lambda_{imn}^2(\zeta_i^b-\zeta)})$$
$$\times(N_m'(\lambda_{imn}^2\alpha)J_m(\lambda_{imn}^2\xi)-J_m'(\lambda_{imn}^2\alpha)N_m(\lambda_{imn}^2\xi)) \tag{5.98}$$

$$\Phi_{im}^3=\delta_i^4\sum_{n=1}^{\infty}A_{imn}^3 e^{\lambda_{imn}^2\zeta}(1+\delta_i^5 e^{2\lambda_{imn}^2(\zeta_i^t-\zeta)})$$
$$\times(N_m'(\lambda_{imn}^2\alpha)J_m(\lambda_{imn}^2\xi)-J_m'(\lambda_{imn}^2\alpha)N_m(\lambda_{imn}^2\xi)) \tag{5.99}$$

式中，δ_m^1、δ_m^2、δ_i^3、δ_i^4、δ_i^5、λ_{imn}^1、λ_{imn}^2、κ_{imn}^1 分别满足

$$\delta_m^1=\begin{cases}1, & m=0\\0, & m\neq 0\end{cases}, \quad \delta_m^2=\begin{cases}0, & m=0\\1, & m\neq 0\end{cases} \tag{5.100}$$

$$\delta_i^3=\begin{cases}0, & i=2M+1\\1, & i\neq 2M+1\end{cases}, \quad \delta_i^4=\begin{cases}0, & i=1\\1, & i\neq 1\end{cases}$$

$$\delta_i^5=\begin{cases}-1, & i=2M+1\\1, & i\neq 2M+1\end{cases} \tag{5.101}$$

$$\lambda_{imn}^1 = \begin{cases} \dfrac{(2n-1)\pi}{2(\zeta_i^t - \zeta_i^b)}, & i = 2M+1, 2M+2 \\[3mm] \dfrac{n\pi}{(\zeta_i^t - \zeta_i^b)}, & i \neq 2M+1, 2M+2 \end{cases} \tag{5.102}$$

$$N_m'(\lambda_{imn}^2 \alpha) J_m'(\lambda_{imn}^2) = J_m'(\lambda_{imn}^2 \alpha) N_m'(\lambda_{imn}^2), \quad i = 2M+1 \tag{5.103}$$

$$J_m'(\lambda_{imn}^2) = 0, \quad i = 2a; \quad a = 1, 2, \cdots, M+1 \tag{5.104}$$

$$I_m'(\lambda_{imn}^1) + \kappa_{imn}^1 K_m'(\lambda_{imn}^1) = 0 \tag{5.105}$$

（2）对于环柱形子域 Ω_i（$i = 2a$；$a = 1, 2, \cdots, M+1$）：

$$\Phi_{im}^1 = \sum_{n=1}^{\infty} A_{imn}^1 \cos(\lambda_{imn}^1 (\zeta - \zeta_i^b)) I_m(\lambda_{imn}^1 \xi) \\ + A_{im0}^1 \xi^m \delta_m^2 \delta_i^6 + A_{i00}^1 \delta_m^1 \tag{5.106}$$

$$\Phi_{im}^2 = \sum_{n=1}^{\infty} A_{imn}^2 \mathrm{e}^{\frac{\zeta \lambda_{imn}^2}{\alpha}} \left(1 + \mathrm{e}^{\frac{2\lambda_{imn}^2 (\zeta_i^b - \zeta)}{\alpha}} \right) J_m\left(\frac{\lambda_{imn}^2}{\alpha} \xi \right) \tag{5.107}$$

$$\Phi_{im}^3 = \delta_i^7 \sum_{n=1}^{\infty} A_{imn}^3 \mathrm{e}^{\frac{\zeta \lambda_{imn}^2}{\alpha}} \left(1 + \delta_i^8 \mathrm{e}^{\frac{2\lambda_{imn}^2 (\zeta_i^t - \zeta)}{\alpha}} \right) J_m\left(\frac{\lambda_{imn}^2}{\alpha} \xi \right) \tag{5.108}$$

式中，δ_i^6、δ_i^7、δ_i^8 满足

$$\delta_i^6 = \begin{cases} 0, & i = 2M+2 \\ 1, & i \neq 2M+2 \end{cases}, \quad \delta_i^7 = \begin{cases} 0, & i = 2 \\ 1, & i \neq 2 \end{cases}$$

$$\delta_i^8 = \begin{cases} -1, & i = 2M+2 \\ 1, & i \neq 2M+2 \end{cases} \tag{5.109}$$

式（5.97）～式（5.99）和式（5.106）～式（5.108）中 A_{imn}^q 即为流体速度势的待定系数，其中二元有序对 (i, q) 满足

$$(i, q) \in \{(a, 1) \mid a = 1, 2, \cdots, 2M+2\} \bigcup \{(a, 2) \mid a = 1, 2, \cdots, 2M+2\} \\ \bigcup \{(a, 3) \mid a = 3, 4, \cdots, 2M+2\} \tag{5.110}$$

5.3.4　特征方程

式（5.97）～式（5.99）和式（5.106）～式（5.108）给出了各个流体子域所对应的振型函数的分量 Φ_{im}^q，针对任意子域 Ω_i，利用叠加公式（5.86）将对应的各个分量进行叠加即可得到对应于该子域的振型函数 Φ_{im}。将振型函数 Φ_{im} 代入速度势函数的表达式（5.81）即可得到对应于子域 Ω_i 的速度势函数的形式解，将该形式解与弹性隔板的动挠度展开式 $w_p(r, \theta, t)$ 代入流-固耦合界面上的速度条件（5.69）得

$$\left.\frac{\partial \Phi_{2p-1m}}{\partial \zeta}\right|_{\zeta=\beta_p} = \left.\frac{\partial \Phi_{2p+1m}}{\partial \zeta}\right|_{\zeta=\beta_p} = R_2 W_{pm}(\xi R_2) \tag{5.111}$$

设 $\kappa_{pmn} R_2 = \varsigma_{pmn}$，由式（5.78）～式（5.80）、式（5.95）、式（5.96）可得

$$\tau_p \sum_{n=1}^{\infty} A_{pmn}^b \varsigma_{pmn}^4 W_{pmn}(\varsigma_{pmn}\xi) - \Lambda^2 \sum_{n=1}^{\infty} A_{pmn}^b W_{pmn}(\varsigma_{pmn}\xi) = \sigma_p \Lambda^2 \left.(\Phi_{2p+1m} - \Phi_{2p-1m})\right|_{\zeta=\beta_p}$$

$$\tag{5.112}$$

式中，$\tau_p = \dfrac{D_p}{\rho_p g h_p R_2^3}$；$\sigma_p = \dfrac{\rho_1}{\rho_p h_p}$。将式（5.81）、式（5.96）以及式（5.110）代入连续条件（2.79），得到

$$\left.\sum_{q=1}^{Q_i} \Phi_{im}^q\right|_{\Gamma_k} = \left.\sum_{q=1}^{Q_{i'}} \Phi_{i'm}^q\right|_{\Gamma_k}, \quad \left.\sum_{q=1}^{Q_i} \frac{\partial \Phi_{im}^q}{\partial \eta_k}\right|_{\Gamma_k} = \left.\sum_{q=1}^{Q_{i'}} \frac{\partial \Phi_{i'm}^q}{\partial \eta_k}\right|_{\Gamma_k} \tag{5.113}$$

将式（5.81）和式（5.96）代入式（5.83），再由式（5.95）即可得

$$\left.\sum_{q=1}^{Q_i} \frac{\partial \Phi_{im}^q}{\partial \zeta}\right|_{\zeta=\beta} - \Lambda^2 \left.\Phi_{im}^2\right|_{\zeta=\beta} = 0, \quad i = 2M+1, 2M+2 \tag{5.114}$$

将式（5.111）～式（5.114）沿液体深度方向进行 Fourier 展开或沿径向进行 Bessel 展开。将所有的级数均截断至 N 阶，这样就可以得到关于待定系数 A_m 的方程：

$$(D_m - \Lambda_m^2 \bar{D}_m) \times A_m = 0 \tag{5.115}$$

式中

$$D_m = \begin{bmatrix} D_m^{11} & D_m^{12} & D_m^{13} & 0 \\ 0 & D_m^{22} & 0 & D_m^{24} \\ D_m^{31} & D_m^{32} & 0 & D_m^{34} \\ D_m^{41} & D_m^{42} & D_m^{43} & 0 \end{bmatrix} \tag{5.116}$$

$$\bar{D}_m = \begin{bmatrix} 0 & 0 & 0 & 0 \\ 0 & 0 & 0 & 0 \\ 0 & 0 & 0 & \bar{D}_m^{34} \\ 0 & 0 & \bar{D}_m^{43} & 0 \end{bmatrix} \tag{5.117}$$

$$A_m = \left[A_{1m}^1, A_{2m}^1, \cdots, A_{2M+2m}^1, A_{1m}^2, A_{2m}^2, \right.$$

$$A_{3mn}^3, A_{3mn}^2, A_{5mn}^3, A_{5mn}^2, \cdots, A_{2M+1mn}^3, A_{2M+1mn}^2,$$

$$\left. A_{4m}^3, A_{4m}^2, A_{6m}^3, A_{6m}^2, \cdots, A_{2M+2m}^3, A_{2M+2m}^2 \right]^{\mathrm{T}} \tag{5.118}$$

式（5.116）和式（5.117）中的非零元素即为 Fourier 展开或 Bessel 展开的系数，可通过高斯积分求得。对于任意环向波数 m，求解特征值问题（5.115）均可

得到一簇根 $\Lambda_{ml}^2 (l=1,2,\cdots)$，$\Lambda_{ml}^2$ 即为环向波数为 m，径向波数为 l 的流-固耦合系统模态所对应的耦合频率。可将 Λ_{ml}^2 分成两个序列：晃动模态（以流体晃动为主的模态）的耦合频率 Λ_{sml}^2 和膨胀模态（以环形隔板弹性位移为主的模态）的耦合频率 Λ_{bml}^2。

5.3.5　算例分析

在下面的算例中，均取 $R_2=1\mathrm{m}$，$H=1\mathrm{m}$，$h_p=2\mathrm{mm}$，$E_p=2.1\times10^{11}\mathrm{Pa}$，$\rho_p=7850\mathrm{kg/m}^3$，$\nu_p=0.3$，$p=1,2,\cdots,M$，$\rho_1=1000\mathrm{kg/m}^3$。首先进行收敛性分析，设储液罐中有两层内半径相同的弹性隔板，其位置分别为 $\beta_1=0.4$，$\beta_2=0.7$，隔板内半径分别取为 $\alpha=0.5$，0.7。考察四个不同的截断级数项 $N=16$，18，20，22，分别计算 $m=0$ 和 $m=1$ 时前两阶晃动模态的耦合频率 $\Lambda_{smn}^2 (n=1,2)$ 和第一阶膨胀模态的耦合频率 $\Lambda_{bmn}^2 (n=1,2)$，如表 5-3 所示。从表 5-3 中可以看到，当 $N>16$ 时，半解析法即可保证 Λ_{smn}^2 有 4 位有效数字和 Λ_{bmn}^2 有 3 位有效数字。在此取 $N=17$，$\alpha=0.5$，$\beta_1=0.4$，$\beta_2=0.7$，分别计算其耦合模态，与 $\Lambda_{smn}^2 (m=0,1;n=1,2)$ 对应的耦合模态如图 5-9 所示；与 $\Lambda_{bmn}^2 (m=0,1;n=1,2)$ 对应的耦合模态如图 5-10 所示。为验证半解析法的正确性，使用流-固耦合有限元软件 ADINA 对该问题进行分析。在下面的比较算例中，隔板的数量 $M=2$，两层隔板的位置分别取为 $\beta_1=0.6$，$\beta_2=0.8$，其内半径取为 0.4。为了比较晃动模态和膨胀模态的频率，用 ADINA 分别求出两种模态所对应的前 10 阶频率，将其代入式（5.96）即可求出对应的晃动频率，与半解析解的对比如表 5-4 所示。从表 5-4 中可以看到，用半解析法求出的晃动模态与 ADINA 解的最大误差为 1.7%，用半解析法求出的膨胀模态与 ADINA 解的最大误差为 7.8%。该结果验证了半解析法的正确性。

表 5-3　Λ_{smn}^2 与 $\Lambda_{bmn}^2 (n=1,2)$ 的收敛性

m	N	Λ_{sm1}^2		Λ_{sm2}^2		Λ_{bm1}^2		Λ_{bm2}^2	
		$\alpha=0.5$	$\alpha=0.7$	$\alpha=0.5$	$\alpha=0.7$	$\alpha=0.5$	$\alpha=0.7$	$\alpha=0.5$	$\alpha=0.7$
0	16	3.023	3.481	6.899	6.941	6.197	79.44	9.071	102.9
	18	3.025	3.483	6.902	6.942	6.203	79.55	9.073	103.5
	20	3.025	3.483	6.902	6.942	6.207	79.57	9.077	103.6
	22	3.025	3.483	6.902	6.942	6.209	79.58	9.079	103.9
1	16	1.116	1.418	5.151	5.179	11.84	93.26	23.88	140.1
	18	1.117	1.421	5.153	5.184	11.91	93.31	23.92	140.3
	20	1.117	1.421	5.153	5.184	11.91	93.34	23.93	140.4
	22	1.117	1.421	5.153	5.184	11.93	93.34	23.93	140.4

表 5-4   半解析解与 ADINA 解

晃动模态				膨胀模态			
(m, n)	半解析解	ADINA	相对误差	(m, n)	半解析解	ADINA	相对误差
(1, 1)	0.751	0.762	1.4%	(0, 1)	5.242	4.836	7.8%
(2, 1)	1.684	1.697	0.8%	(1, 1)	20.824	20.419	1.9%
(0, 1)	2.282	2.292	0.5%	(2, 1)	23.885	23.632	1.1%
(3, 1)	2.877	2.893	0.5%	(2, 2)	60.455	60.196	0.4%
(4, 1)	4.178	4.195	0.4%	(3, 1)	71.427	71.231	0.3%
(1, 2)	4.679	4.703	0.5%	(3, 2)	145.491	143.137	1.6%
(1, 3)	5.496	5.503	0.1%	(4, 1)	180.869	175.483	3.0%
(2, 2)	6.078	6.095	0.3%	(1, 2)	228.895	224.401	2.0%
(0, 2)	6.087	6.114	0.4%	(4, 2)	307.876	303.513	1.4%
(5, 1)	6.601	6.711	1.7%	(0, 2)	337.603	324.938	3.8%

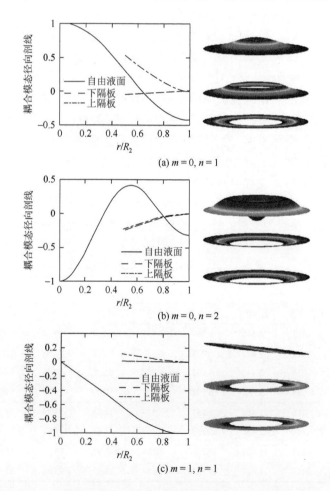

(a) $m = 0, n = 1$

(b) $m = 0, n = 2$

(c) $m = 1, n = 1$

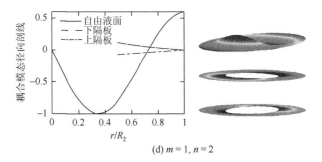

(d) $m = 1, n = 2$

图 5-9　$A_{smn}^2 (m = 0, 1;\ n = 1, 2)$对应的晃动模态

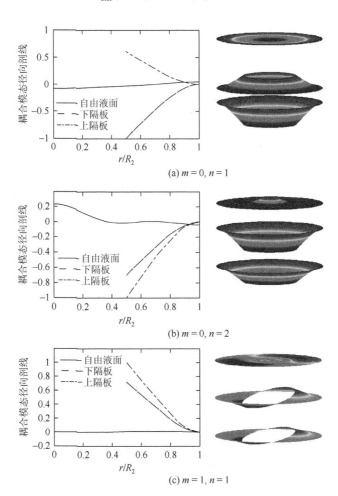

(a) $m = 0, n = 1$

(b) $m = 0, n = 2$

(c) $m = 1, n = 1$

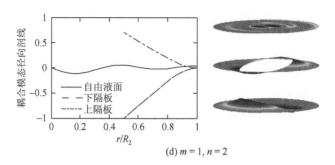

(d) $m = 1, n = 2$

图 5-10　$\Lambda_{b mn}^2$ ($m = 0, 1$；$n = 1, 2$)对应的膨胀模态

5.3.6　参数研究

若不考虑自由液面的波动方程，将自由液面设为零势边界 $\phi|_{z=H} = 0$，用半解析法即可求出忽略表面波的耦合频率 $\Lambda_{B mn}^2$，显然 $\Lambda_{B mn}^2$ 属于膨胀模态，在此可将 $\Lambda_{b mn}^2$ 与 $\Lambda_{B mn}^2$ 的差异视为流体晃动对环形隔板膨胀模态的影响。环形隔板的位置和环形隔板的内半径是影响该流-固耦合系统频率的重要因素。考虑隔板数量 $M = 2$，分别研究考虑表面波时的耦合频率 Λ_{mn}^2 与不考虑表面波时的耦合频率 $\Lambda_{B mn}^2$ 随隔板内半径和隔板位置的变化。在下面的算例中，均取 $R_2 = 1\text{m}$，$H = 1\text{m}$，$h_p = 2\text{mm}$，$E_p = 2.1 \times 10^{11}\text{Pa}$，$\rho_p = 7850\text{kg/m}^3$，$\nu_p = 0.3$，$p = 1, 2$，$\rho_1 = 1000\text{kg/m}^3$。

1. 耦合频率随隔板内半径的变化

首先研究耦合频率随隔板内半径的变化，两层隔板的位置分别固定在 $\beta_1 = 0.6$，$\beta_2 = 0.8$。对于环向波数 $m = 0$ 的模态，考虑表面波时的耦合频率 $\Lambda_{0n}^2 (n = 1, 2, \cdots, 7)$ 与不考虑表面波时的耦合频率 $\Lambda_{B0n}^2 (n = 1, 2)$ 随环形隔板内半径的变化如图 5-11 所示；对于环向波数 $m = 1$ 的模态，考虑表面波时的耦合频率 $\Lambda_{1n}^2 (n = 1, 2, \cdots, 9)$ 与不考虑表面波时的耦合频率 $\Lambda_{B1n}^2 (n = 1, 2)$ 随环形隔板内半径的变化如图 5-12 所示。由图 5-11 和图 5-12 可以看出，其中一些 Λ_{mn}^2 的曲线随内半径变化有一到两个较为明显的上升段，这些上升段与相应的 $\Lambda_{B mn}^2$ 随内径变化曲线具有相当的一致性，由此可知这个上升段即为 $\Lambda_{b mn}^2$ 中的 $\Lambda_{B mn}^2$ 部分，若干个 Λ_{mn}^2 的上升段构成了 $\Lambda_{b mn}^2$ 随内半径的变化规律，显而易见，膨胀模态所对应的频率随着环形薄板内半径的增加而增加。除此之外，流体晃动对于第二阶膨胀模态的影响大于对于第一阶膨胀模态的影响。从图 5-11 和图 5-12 可以看出第一阶膨胀模态对应于下隔板位移占优的模态，第二阶膨胀模态对应于上隔板位移占优的模态，因此流体晃动对于上隔板的影响远大于对于下隔板的影响。

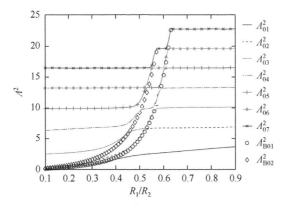

图 5-11　环向波数为 0 时耦合频率随环形隔板内半径变化曲线

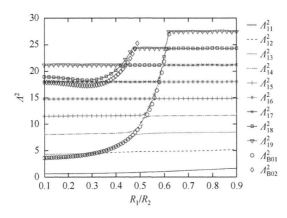

图 5-12　环向波数为 1 时耦合频率随环形隔板内半径变化曲线

2. 耦合频率随上隔板位置的变化

将下隔板位置固定在 $\beta_1 = 0.4$，研究耦合频率随上隔板位置的变化规律，在此将两层隔板的内半径取为 $\alpha = 0.5$。对于环向波数 $m = 0$ 的模态，考虑表面波时的耦合频率 $\Lambda_{0n}^2 (n = 1, 2, \cdots, 6)$ 与不考虑表面波时的耦合频率 $\Lambda_{B0n}^2 (n = 1, 2)$ 随上隔板位置 β_2 的变化如图 5-13 所示；对于环向波数 $m = 1$ 的模态，考虑表面波时的耦合频率 $\Lambda_{1n}^2 (n = 1, 2, \cdots, 10)$ 与不考虑表面波时的耦合频率 $\Lambda_{B1n}^2 (n = 1, 2)$ 随上隔板位置 β_2 的变化如图 5-14 所示。

由图 5-13 和图 5-14 可以看出，其中一些 Λ_{mn}^2 的曲线随上隔板位置变化出现明显的上升段、下降段和抛物线段，这些上升段、下降段以及抛物线段与相应的 Λ_{Bmn}^2 随环形隔板位置变化的变化曲线具有相当的一致性，由此可知这些上升段、下降段和抛物线段即为 Λ_{mn}^2 中的 Λ_{bmn}^2 部分。第二阶膨胀模态对应于上隔板位移占优的模态，其受表面波的影响较大。随着上隔板靠近液面，第二阶膨胀模态的频率先

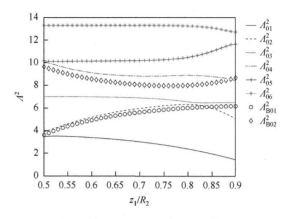

图 5-13　环向波数为 0 时耦合频率随上隔板位置变化曲线

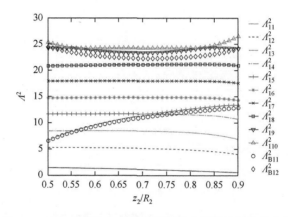

图 5-14　环向波数为 1 时耦合频率随上隔板位置变化曲线

减小后增加,第一阶膨胀模态的频率则单调增加。随着上隔板上升到靠近自由液面,流体晃动对于弹性隔板的影响随之增加。

3. 耦合频率随下隔板位置的变化

将上隔板位置固定在 $\beta_2 = 0.8$,研究耦合频率随下隔板位置的变化规律,在此将两层隔板的内半径取为 $\alpha = 0.5$。对于环向波数 $m = 0$ 的模态,考虑表面波时的耦合频率 $\Lambda_{0n}^2 (n = 1, 2, \cdots, 7)$ 与不考虑表面波时的耦合频率 $\Lambda_{B0n}^2 (n = 1, 2)$ 随下隔板位置的变化如图 5-15 所示;对于环向波数 $m = 1$ 的模态,考虑表面波时的耦合频率 $\Lambda_n^2 (n = 1, 2, \cdots, 10)$ 与不考虑表面波时的耦合频率 $\Lambda_{B1n}^2 (n = 1, 2)$ 随下隔板位置的变化如图 5-16 所示。由图 5-15 和图 5-16 可以看出,其中一些 Λ_{mn}^2 的曲线随下隔板位置变化出现明显的上升段、下降段和抛物线段,这些上升段、下降段以及抛物线段与相应的 Λ_{Bmn}^2 随下隔板位置变化的变化曲线具有相当的一致性,由此可知这些上升段、下降段以及抛物线段即为 $\varLambda_{mn}^2$ 中的 $\varLambda_{bmn}^2$ 部分。从图 5-15 和图 5-16 中可以看出，除了膨胀模态对应的频率，其他曲线基本上保持直线，这意味着下隔板位置的变化对于流体晃动的影响很小。随着下隔板位置的上升，第一阶膨胀模态对应的频率先增加后减小，第二阶膨胀模态对应的频率则单调增加。

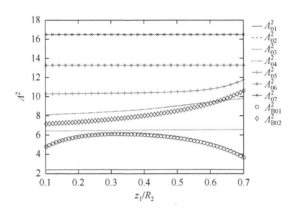

图 5-15　环向波数为 0 时耦合频率随下隔板位置变化曲线

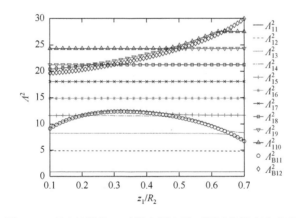

图 5-16　环向波数为 1 时耦合频率随下隔板位置变化曲线

5.4　带环形弹性顶盖圆柱形储液罐的流-固耦合特性

5.4.1　控制方程和边界条件

研究如图 5-17 所示的带有环形弹性顶盖的圆柱形储液罐，储液罐充满流体，其罐壁和罐底为刚性，环形顶盖为内边缘自由、外边缘固支的弹性薄板。圆柱形储液罐的内半径为 R_2，高度为 H，罐中充满理想流体，其密度为 ρ_1。弹性顶盖的外半径与储液罐的内半径相同，内半径为 R_1，密度为 ρ，弹性模量为 E，泊松比为 ν，厚度为 τ。如图 5-17 所示，建立极坐标系 $Or\theta z$，坐标系中任意一点的坐标为 (r,θ,z)。由于环顶盖厚度 τ 远小于其他尺寸，因此可按照图 5-18 所示将流体区域分割成 2 个子域：$\Omega_i(i=1,2)$。

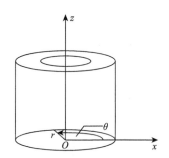

图 5-17　储液罐及其弹性顶盖

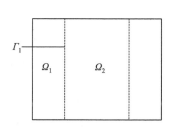

图 5-18　流体子域及界面

　　根据流体动力学理论，子域内流体速度势函数 ϕ_i 应满足拉普拉斯方程（2.11）。流体速度可由式（2.12）确定。由板壳振动理论，弹性顶盖的挠度 ω 满足

$$D\nabla^4 w + \rho h \frac{\partial^2 w}{\partial t^2} = F \tag{5.119}$$

式中，F 为液动压力；$D = Eh^3 / (12(1-v^2))$ 为板的弯曲刚度；t 为时间。式（5.119）即为环形弹性薄板与流体耦合振动的微分方程。顶盖上任意点处的速度 v 为

$$v = \frac{\partial w}{\partial t} \tag{5.120}$$

由式（2.12）和式（5.120）可知顶盖与流体在流-固耦合界面上满足速度边界条件：

$$\left.\frac{\partial \phi_1}{\partial z}\right|_{z=H} = \frac{\partial w}{\partial t} \tag{5.121}$$

流体小幅晃动时，自由液面的波动方程为

$$\left(\frac{\partial \phi_2}{\partial z} + \frac{1}{g}\frac{\partial^2 \phi_2}{\partial t^2}\right)\Bigg|_{z=H} = 0 \tag{5.122}$$

式中，g 重力加速度。罐壁、罐底处流体的边界条件为

$$\left.\frac{\partial \phi_1}{\partial z}\right|_{z=0} = 0, \quad \left.\frac{\partial \phi_1}{\partial r}\right|_{r=R_2} = 0, \quad \left.\frac{\partial \phi_2}{\partial z}\right|_{z=0} = 0 \tag{5.123}$$

显而易见，流体速度势应满足以下自然边界条件：

$$\phi(\theta + 2\pi) = \phi(\theta), \quad \phi_i(\theta + 2\pi) = \phi_i(\theta) \tag{5.124}$$

　　由流体动力学中线性化的伯努利方程，可知作用于环形顶盖上的液动压力 F 为

$$F = \rho_1 \frac{\partial \phi_1}{\partial t}\bigg|_{z=H} \tag{5.125}$$

Ω_1 和 Ω_2 为相互接触的流体子域，其接触界面为 Γ_1。设 n 为流体子域界面的法向量，由此可得 Ω_1 和 Ω_2 在界面 Γ_1 处的连续条件为

$$\frac{\partial \phi_1}{\partial t}\bigg|_{\Gamma_1} = \frac{\partial \phi_2}{\partial t}\bigg|_{\Gamma_1} \tag{5.126}$$

$$\frac{\partial \phi_1}{\partial n}\bigg|_{\Gamma_1} = \frac{\partial \phi_2}{\partial n}\bigg|_{\Gamma_1} \tag{5.127}$$

5.4.2　弹性环形顶盖的湿模态

自由振动时，环形弹性顶盖上任意一点的运动均可看作简谐振动，于是可将其挠度函数设为

$$w = \mathrm{e}^{\mathrm{j}\omega t}\sum_{m=0}^{\infty} W_m \cos(m\theta), \quad m = 0,1,2,\cdots,\infty \tag{5.128}$$

式中，e 为自然指数；j 为单位虚数；ω 为流-固耦合系统的频率；W_m 为板的湿模态。由薄板振动理论可知，真空中环形顶盖的固有模态（即干模态）是一个正交完备的函数空间，因此可将其作为环形顶盖湿模态的展开函数，于是有

$$W_m = \sum_{n=1}^{\infty} A_{mn} W_{mn} \tag{5.129}$$

式中，A_{mn}（$m = 0,1,2,\cdots,\infty$；$n = 1,2,\cdots,\infty$）为展开系数；W_{mn} 为环形顶盖干模态。由薄板自由振动微分方程可知

$$W_{mn}(\kappa_{mn}r) = a_{mn}J_m(\kappa_{mn}r) + b_{mn}I_m(\kappa_{mn}r) + c_{mn}N_m(\kappa_{mn}r) + d_{mn}K_m(\kappa_{mn}r) \tag{5.130}$$

式中，$J_m(\kappa_{mn}r)$ 为第一类贝塞尔函数；$N_m(\kappa_{mn}r)$ 为第二类贝塞尔函数；$I_m(\kappa_{mn}r)$ 为第一类修正贝塞尔函数；$K_m(\kappa_{mn}r)$ 为第二类修正贝塞尔函数；系数 a_{mn}、b_{mn}、c_{mn}、d_{mn}、κ_{mn} 则由环形薄板的边界条件确定。设 $w_{mn} = W_{mn}\cos(m\theta)$，由薄板自由振动微分方程可得 w_{mn} 满足

$$\nabla^4 w_{mn} - \kappa_{mn}^4 w_{mn} = 0 \tag{5.131}$$

将式（5.125）、式（5.128）及式（5.129）分别代入式（5.119）得到

$$\mathrm{e}^{\mathrm{j}\omega t}\sum_{m=0}^{\infty}\sum_{n=1}^{\infty} A_{mn}^b (D\nabla^4 w_{mn} - \rho t \omega^2 w_{mn}) = -\rho_1 \frac{\partial \phi_1}{\partial t}\bigg|_{z=H} \tag{5.132}$$

5.4.3　速度势函数的一般解

当流体自由晃动时，若自由液面做微幅晃动，进行线性化后，其液面上任一

点的运动亦做简谐振动，可将速度势函数设为

$$\phi_i = \mathrm{j}\omega \mathrm{e}^{\mathrm{j}\omega t} \Phi_i \qquad (5.133)$$

式中，Φ_i 为流体速度势的振型函数，显然 Φ_i 满足柱坐标下的拉普拉斯方程，在子域边界上满足如下边界条件：

$$\left.\frac{\partial \Phi_2}{\partial z}\right|_{z=H} - \frac{\omega^2}{g} \Phi_2\Big|_{z=H} = 0 \qquad (5.134)$$

$$\left.\frac{\partial \Phi_1}{\partial z}\right|_{z=0} = 0, \quad \left.\frac{\partial \Phi_1}{\partial r}\right|_{r=R_2} = 0, \quad \left.\frac{\partial \Phi_2}{\partial z}\right|_{z=0} = 0 \qquad (5.135)$$

利用叠加原理求解 Φ_i，子域 Ω_i 的边界条件可以分为 2 类：刚性边界条件和非刚性边界条件。设子域 Ω_i 的非刚性边界条件的个数为 Q_i，则可将 Φ_i 设为

$$\Phi_i = \sum_{q=1}^{Q_i} \Phi_i^q \qquad (5.136)$$

进一步考察图 5-18，根据式（5.134）和式（5.135）可得

$$\Phi_i = \Phi_i^1 + \Phi_i^2, \quad i = 1, 2 \qquad (5.137)$$

根据叠加原理，$\Phi_i^q (q = 1, 2)$ 需满足如下边界条件。

（1）对子域 Ω_1，Φ_1^q 满足

$$\Phi_1^1\Big|_{z=H} = 0, \quad \left.\frac{\partial \Phi_1^1}{\partial z}\right|_{z=0} = 0, \quad \left.\frac{\partial \Phi_1^1}{\partial r}\right|_{r=R_2} = 0$$

$$\left.\frac{\partial \Phi_1^2}{\partial r}\right|_{r=R_2} = 0, \quad \left.\frac{\partial \Phi_1^2}{\partial r}\right|_{r=R_1} = 0, \quad \left.\frac{\partial \Phi_1^2}{\partial z}\right|_{z=0} = 0 \qquad (5.138)$$

（2）对子域 Ω_2，Φ_2^q 满足

$$\Phi_2^1\Big|_{z=H} = 0, \quad \left.\frac{\partial \Phi_2^1}{\partial z}\right|_{z=0} = 0, \quad \Phi_2^1\Big|_{r=0} = 有限值$$

$$\left.\frac{\partial \Phi_2^2}{\partial r}\right|_{r=R_1} = 0, \quad \Phi_2^2\Big|_{r=0} = 有限值, \quad \left.\frac{\partial \Phi_2^2}{\partial z}\right|_{z=0} = 0 \qquad (5.139)$$

由式（5.124）和式（5.133）可知，Φ、Φ_i、Φ_i^q 均为周期函数且周期为 2π，由此可设

$$\Phi = \sum_{m=0}^{\infty} \Phi_m \cos(m\theta), \quad \Phi_i = \sum_{m=0}^{\infty} \Phi_{im} \cos(m\theta), \quad \Phi_i^q = \sum_{m=0}^{\infty} \Phi_{im}^q \cos(m\theta) \qquad (5.140)$$

利用分离变量法即可求得各子域流体速度势的分量 Φ_{im}^q。为简化推导结果，定义下列无量纲坐标 (ξ, ζ) 和参数 $(\Lambda, \eta, \alpha, \beta)$：

$$\xi = \frac{r}{R_2}, \quad \zeta = \frac{z}{R_2}, \quad \Lambda = \omega\sqrt{\frac{R_2}{g}}, \quad \eta = \frac{n}{R_2}, \quad \alpha = \frac{R_1}{R_2}, \quad \beta = \frac{H}{R_2} \qquad (5.141)$$

可得到如下流体速度势振型函数的分量。

（1）对圆环柱形子域 Ω_1：

$$\Phi_{1m}^1 = \sum_{n=1}^{\infty} A_{1mn}^1 \cos(\lambda_{1mn}^1(\zeta-\beta))(I_m(\lambda_{1mn}^1\xi) + \kappa_{1mn}^1 K_m(\lambda_{1mn}^1\xi)) \tag{5.142}$$

$$\Phi_{1m}^2 = \sum_{n=1}^{\infty} A_{1mn}^2 e^{\lambda_{1mn}^2\zeta}(1 + e^{2\lambda_{1mn}^2(\beta-\zeta)})$$

$$\times (N_m'(\lambda_{1mn}^2\alpha)J_m(\lambda_{1mn}^2\xi) - J_m'(\lambda_{1mn}^2\alpha)N_m(\lambda_{1mn}^2\xi)) + A_{100}^2\delta_m^1 \tag{5.143}$$

式中，δ_m^1、λ_{1mn}^1、λ_{1mn}^2、κ_{1mn}^1 分别满足

$$\delta_m^1 = \begin{cases} 1, & m=0 \\ 0, & m \neq 0 \end{cases}, \quad \lambda_{1mn}^1 = \frac{(2n-1)\pi}{2\beta} \tag{5.144}$$

$$N_m'(\lambda_{1mn}^2\alpha)J_m'(\lambda_{1mn}^2) = J_m'(\lambda_{1mn}^2\alpha)N_m'(\lambda_{1mn}^2), \quad J_m'(\lambda_{2mn}^2) = 0 \tag{5.145}$$

$$I_m'(\lambda_{1mn}^1) + \kappa_{1mn}^1 K_m'(\lambda_{1mn}^1) = 0 \tag{5.146}$$

（2）对圆柱形子域 Ω_2：

$$\Phi_{2m}^1 = \sum_{n=1}^{\infty} A_{2mn}^1 \cos(\lambda_{2mn}^1(\zeta-\beta))I_m(\lambda_{2mn}^1\xi) \tag{5.147}$$

$$\Phi_{im}^2 = \sum_{n=1}^{\infty} A_{2mn}^2 e^{\frac{\zeta\lambda_{2mn}^2}{\alpha}} \left(1 + e^{\frac{2\lambda_{2mn}^2(\beta-\zeta)}{\alpha}}\right) J_m\left(\frac{\lambda_{2mn}^2}{\alpha}\xi\right) + A_{200}^2\delta_m^1 \tag{5.148}$$

式（5.142）、式（5.143）以及式（5.147）、式（5.148）中 A_{imn}^q 即为流体速度势的待定系数。

5.4.4　流-固耦合频率的求解

将式（5.142）、式（5.143）以及式（5.147）、式（5.148）代入式（5.137）即可得到含有待定系数 A_{imn}^q 的 $\Phi_{im}(i=1,2)$。将 ϕ_i 和 w 代入式（5.121）得

$$\left.\frac{\partial \Phi_1}{\partial \zeta}\right|_{\zeta=\beta} = R_2 W_m \tag{5.149}$$

设 $\varsigma_{mn} = \kappa_{mn}R_2$，将 ϕ_i 代入式（5.132），再利用式（5.131）进行代换得到

$$\gamma \sum_{n=1}^{\infty} A_{mn}^b \varsigma_{mn}^4 W_{mn} - \Lambda^2 \sum_{n=1}^{\infty} A_{mn}^b W_{mn} = \sigma\Lambda^2 \Phi_{1m}\big|_{\zeta=\beta} \tag{5.150}$$

式中，$\gamma = \dfrac{D}{\rho g h R_2^3}$；$\sigma = \dfrac{\rho_1}{\rho h}$。将式（5.133）、式（5.137）、式（5.141）分别代入式（5.126）、式（5.127），得到

$$\sum_{q=1}^{2} \Phi_{1m}^q\big|_{\Gamma_1} = \sum_{q=1}^{2} \Phi_{2m}^q\big|_{\Gamma_1} \tag{5.151}$$

$$\sum_{q=1}^{2} \frac{\partial \Phi_{1m}^{q}}{\partial \eta_1}\bigg|_{\Gamma_1} = \sum_{q=1}^{2} \frac{\partial \Phi_{2m}^{q}}{\partial \eta_1}\bigg|_{\Gamma_1} \tag{5.152}$$

将式（5.133）与式（5.140）代入式（5.134），得到

$$\sum_{q=1}^{2} \frac{\partial \Phi_{1m}^{q}}{\partial \zeta}\bigg|_{\zeta=\beta} - \Lambda^2 \Phi_{1m}^2\big|_{\zeta=\beta} = 0 \tag{5.153}$$

对式（5.150）～式（5.153）沿液体深度方向进行 Fourier 展开或沿径向进行 Bessel 展开。将所有的级数均截断至 N 阶，这样就可以得到关于待定系数 A_m 的方程：

$$D_m \times A_m = 0 \tag{5.154}$$

式中，系数矩阵 D_m 中的非零元素即为 Fourier 展开或 Bessel 展开的系数，在流固耦合频率已知的情况下可通过高斯积分求得。显然 0 向量是满足式（5.154）的解，但是它表示体系处于静止状态的情形，从讨论振动特性的角度来讲，这个解毫无意义。式（5.154）有非零根的充要条件是其系数行列式为零，即

$$|D_m| = 0 \tag{5.155}$$

行列式方程（5.155）是关于耦合频率的非线性方程，在此可以通过搜根法对式（5.155）进行求解。对任意整数 m，通过搜根法求解非线性方程（5.155）均可得到耦合频率 Λ_{mn}^2。显而易见，Λ_{mn}^2 为环向波数为 m，径向波数为 n 的耦合模态所对应的耦合频率。可将 Λ_{mn}^2 分成两个序列：晃动模态（以流体晃动为主的模态）的耦合频率 Λ_{smn}^2 和膨胀模态（以环形顶盖弹性位移为主的模态）的耦合频率 Λ_{bmn}^2。

5.4.5　算例分析

在下面的算例中设环形顶盖的材料为铝合金，其厚度为 $\tau = 4\text{mm}$，弹性模量为 $E = 7.2 \times 10^{10}\text{Pa}$，密度为 $\rho = 2870\text{kg/m}^3$，泊松比为 $\nu = 0.3$；储液罐中流体为水，其密度为 $\rho_1 = 1000\text{kg/m}^3$，储液罐的内半径为 $R_2 = 1\text{m}$。考察 4 个不同的截断级数项 $N = 15$，20，25，30，分别计算 $m = 0$ 和 $m = 1$（m 对应模态的环向波数）时第一阶晃动模态的耦合频率和第一阶膨胀模态的耦合频率，如表 5-5 所示。从表 5-5 中看到，当 $N > 25$ 时，半解析解可保证耦合频率有 3 位有效数字。Kim 等[15]使用有限元法研究了带有弹性环形顶盖的圆柱形储液罐中流体与弹性顶盖间的耦合振动特性。为了验证本半解析法的正确性，在此取与 Kim 等完全相同的模型尺寸和材料参数，即弹性顶盖的内半径为 $R_1 = 0.7\text{m}$，储液罐高度为 $H = 0.2\text{m}$。与 Kim 等使用有限元获得的结果相对应，在此使用半解析法分别得到膨胀模态的前十个耦合频率和晃动模态的前十个耦合频率，结果对比如表 5-6 所示。从表 5-6 可以

看到，用半解析法求出的晃动模态频率与 Kim 等解的最大误差为 1.68%，用半解析法求出的膨胀模态与 Kim 等解的最大误差为 3.2%。该结果验证了半解析法的正确性。

表 5-5　晃动模态及膨胀模态所对应的耦合频率的收敛性

m	N	晃动模态对应的耦合频率		膨胀模态对应的耦合频率	
		$R_1 = 0.4m$	$R_1 = 0.7m$	$R_1 = 0.4m$	$R_1 = 0.7m$
0	15	9.34	5.76	20.2	443
	20	9.35	5.79	21.6	447
	25	9.36	5.81	22.1	449
	30	9.36	5.81	22.1	450
1	15	6.33	3.32	58.6	571
	20	6.44	3.35	59.7	577
	25	6.46	3.37	60.2	579
	30	6.46	3.37	60.3	579

表 5-6　半解析解与 Kim 等解

晃动模态对应的耦合频率				膨胀模态对应的耦合频率			
(m, n)	半解析解	Kim 等	相对误差/%	(m, n)	半解析解	Kim 等	相对误差/%
(1, 1)	1.58	1.59	0.83	(0, 1)	478	489	2.2
(2, 1)	3.96	3.98	0.42	(1, 1)	529	534	1.0
(0, 1)	4.47	4.49	0.38	(2, 1)	776	789	1.6
(3, 1)	6.32	6.36	0.66	(3, 1)	1264	1301	2.8
(1, 2)	6.95	6.88	0.98	(4, 1)	2098	2133	1.6
(4, 1)	8.48	8.51	0.36	(5, 1)	3425	3520	2.7
(2, 2)	9.36	9.30	0.62	(6, 1)	5446	5585	2.5
(0, 3)	10.05	9.98	0.69	(7, 1)	8419	8697	3.2
(5, 1)	10.41	10.48	0.71	(8, 1)	12981	13220	1.8
(3, 2)	11.35	11.54	1.68	(9, 1)	18978	19517	2.8

5.5　本章小结

拓展流体子域法到弹-液耦合领域，利用该方法研究带弹性隔板圆柱形储液系统中流体与弹性隔板的耦合频率和模态。通过收敛性研究和比较研究检验流体子域法求解弹-液耦合问题的稳定性和精确性。详细地探讨了隔板参数对于耦合频率和模态的影响，得到以下几个结论。

（1）耦合频率随隔板内半径和隔板位置的变化曲线总是会出现一些突然的上升段或者下降段。这些上升段或者下降段对应于膨胀模态的频率。

（2）隔板位置是影响弹性隔板与流体晃动耦合效应的最主要因素，当隔板位置靠近罐底时，隔板对流体晃动固有频率的影响很小，当隔板靠近自由液面时，耦合效应使得流体的固有频率产生偏离。

（3）弹性隔板与轴对称第一阶晃动模态的耦合效应大于与其他晃动模态的耦合效应；耦合效应使得隔板的存在不再只是降低流体晃动的固有频率，在隔板刚度比较小的情况下完全可以增加流体的晃动频率，从而拓展了隔板对流体晃动频率控制带宽。

参 考 文 献

[1]　万水，朱德懋，张福祥. 液体防晃研究进展[J]. 弹道学报，1996，8（3）：90-94.

[2]　夏益霖，许婉丽. 火箭液体推进剂防晃实验研究[J]. 强度与环境，1988，15（6）：24-30.

[3]　梁波，周科健. 贮箱内刚性和柔性防晃板的实验研究[J]. 宇航学报，1993，14（3）：83-89.

[4]　杨蔓，李俊峰，王天舒，等. 带环形隔板的圆柱储箱内液体晃动阻尼分析[J]. 力学学报，2006，38（5）：660-667.

[5]　童予靖，刘正兴. 流-固耦合问题中的附连水质量研究[J]. 上海力学，1997，18（4）：311-320.

[6]　Amabili M. Vibrations of partially filled cylindrical tanks with ring-stiffeners and flexible bottom[J]. Journal of Sound and Vibration，1998，213（2）：259-299.

[7]　Zhou D，Liu W Q. Bending-torsion vibration of a partially submerged cylinder with an arbitrary cross-section[J]. Applied Mathematical Modeling，2007，31（10）：2249-2265.

[8]　Amabili M. Vibrations of circular plates resting on a sloshing liquid：Solution of the fully coupled problem[J]. Journal of Sound and Vibration，2001，245（2）：261-283.

[9]　Bauer H F. Hydroelastic vibrations in a rectangular container[J]. International Journal of Solids and Structures，1981，17：639-652.

[10]　Bauer H F. Coupled frequencies of a liquid in a circular cylindrical container with elastic liquid surface cover[J]. Journal of Sound and Vibration，1995，180：689-704.

[11]　Amabili M. Bulging modes of circular bottom plates in rigid cylindrical containers filled with a liquid[J]. Shock and Vibration，1997，4：51-68.

[12]　Amabili M，Dalpiaz G. Vibrations of base plates in annular cylindrical containers：Theory and experiments[J]. Journal of Sound and Vibration，1998，210：329-350.

[13]　Cheung Y K，Zhou D. Coupled vibratory characteristics of a rectangular container bottom plate[J]. Journal of Fluids and Structures，2000，14：339-357.

[14]　Zhou D，Liu W Q. Hydro-elastic vibrations of flexible rectangular tanks partially filled with liquid[J]. International Journal For Numerical Methods In Engineering，2007，71：149-174.

　　　Kim Y W，Lee Y S. Coupled vibration analysis of liquid-filled rigid cylindrical storage tank with an annular plate cover[J]. Journal of Sound and Vibration，2005，279：217-235.

第 6 章 水平激励下带弹性隔板圆柱形储液罐的耦合动力响应

6.1 工程背景及研究现状

战略石油储备已成为国家能源安全体系中最重要的一个环节。大型立式储罐是战略能源储备的重要设施之一,2010 年建成的一期储备基地基本上采用的是 10 万立方米以上的储罐,大型立式储罐的特点是容积大、罐壁薄。当地震发生时,储罐中流体的晃动与结构的耦合作用是不可以忽略的[1]。对于流体与弹性结构的耦合作用的研究,目前已经取得了不少的成果,其主要方法可以分为三种。第一种是解析法[2],即直接从耦合方程出发,求得流-固耦合系统控制方程的精确解,此法适用于分析那些简单的流-固耦合问题,例如,一维的均匀截面柱体与流体的线性耦合振动及刚性充液腔体的刚-液耦合问题。第二种是数值法[3, 4],即对固体和流体分别离散化,建立各自的近似分析模型进行耦合数值求解,如有限元法,此法适用于分析那些复杂的流-固耦合问题。第三种是半解析法[5],即对耦合系统的某些部分采用解析法,其余部分采用数值法,通常是对流体采用解析法,而对固体采用数值法,此法适用于分析那些复杂度适中的流-固耦合问题。

Kwak 等[6]研究了置于流体表面的弹性圆板的轴对称振动,着重研究了流体对圆板的影响,研究中他们没有考虑自由液面波动。Meylan[7]使用格林函数法研究了浮于无穷大液体表面的弹性薄板的受迫振动。在考虑自由液面波动的情况下,Amabili 等[8]使用摄动法研究了置于自由液面的圆板的耦合振动问题。Zhou 等[9]进一步研究了竖向放置的矩形弹性薄板与其一侧流体的耦合振动。杨宏康等[10]基于经典势流理论建立压力-位移格式有限元模型,研究大型钢制储油罐的动力失稳概率。张雄等[11]提出了一种新型流-固耦合不可压物质点法,解决了完全不可压物质点法无法处理不规则边界和移动边界的问题。Zhang 等[12]实现了 MPS 粒子法与有限元法的耦合,研究了弹性隔板对二维矩形储箱中流体晃动的影响。

本章采用第 2 章中的子域划分方法,将非"凸"的流体域划分成若干个"凸"的流体子域。流体的速度势在任意子域中均满足 C^1 类的连续条件,在子域的边界上具备连续的边界条件。将流体速度势函数分解成两部分:刚体速度势函数和摄动速度势函数。刚体速度势函数可由外部激励直接得到,摄动速度势函数则利用第 4 章中得到的耦合模态进行展开。代入自由液面方程和弹性隔板的耦合振动方程则可以建立关于广义坐标的动力响应方程。本章利用哈密顿变分原理证明了耦合模态的正交性。利用耦合模态的正交性对动力响应方程进行解耦，再利用杜阿梅尔积分对其进行求解即可得流体与弹性隔板的耦合动力响应。本章对水平激励下的自由液面波高、隔板的动挠度、液动压力、储液罐基底剪力以及储液罐的倾覆力矩进行了详细的探讨。

6.2　水平激励下带单层弹性隔板储液罐的耦合动力响应

6.2.1　物理模型

如图 6-1 所示，考虑带单层弹性环形隔板的圆柱形刚性储液罐，罐中流体为无旋、无黏、不可压的理想流体。储液罐连接在刚性地基上，受到沿 x 方向的水平激励，在此考虑流体的自由液面波动。弹性隔板被水平放置在 $z = z_1$ 的位置上，$z = z_2$ 表示储液罐流体的深度，$z = z_0 (z_0 = 0)$ 表示储液罐底的位置。储液罐内半径和环形隔板外半径均为 R_2，环形隔板内半径为 R_1。隔板与流体的密度分别为 ρ 和 ρ_1。隔板材料为各向同性的均匀线弹性材料，其泊松比为 ν，弹性模量为 E，弹性隔板厚度为 h，其中 h 远小于弹性隔板的内外半径，由隔板厚度带来的几何因素可以忽略不计。根据两步划分法，图 6-1 中的流体区域可以通过三个人工界面划分成 4 个流体子域，其中包括两个柱形子域和两个环柱形子域，划分后的子域及人工界面详见图 2-6。$\phi_i(r,\theta,z,t) (i = 1, 2, 3, 4)$ 为对应于流体子域 Ω_i 的流体速度势函数，$w(r,\theta,t)$ 为环形隔板的动挠度。根据上述定义和假设，$\phi_i(r,\theta,z,t)$ 和 $w(r,\theta,t)$ 满足式（5.1）~式（5.6），除此之外 $\phi_i(r,\theta,z,t)$ 满足拉普拉斯方程（2.11），

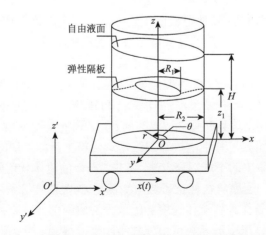

图 6-1　水平激励下的带环形弹性隔板圆柱形刚性储液罐

流体域内任意点速度可由式（2.12）确定。流体子域在子域间界面上满足连续条件（2.16）和（2.17）。

6.2.2　边界条件和初始条件

在不考虑渗透的流–固耦合理论中，通常认为流体速度在流固界面法向上的分量等于固体速度在这个方向上的分量，于是可得下列的边界条件：

$$\left.\frac{\partial \phi_i}{\partial r}\right|_{r=R_2} = \dot{x}(t)\cos\theta, \quad i=1,3 \tag{6.1}$$

$$\left.\frac{\partial \phi_1}{\partial z}\right|_{z=0} = 0, \quad \left.\frac{\partial \phi_2}{\partial z}\right|_{z=0} = 0 \tag{6.2}$$

$$\left.\frac{\partial \phi_1}{\partial z}\right|_{z=z_1} = \left.\frac{\partial \phi_3}{\partial z}\right|_{z=z_1} = \frac{\partial w}{\partial t} \tag{6.3}$$

流体晃动和隔板振动的初始条件为

$$\phi|_{t=0} = \phi_0, \quad \dot{\phi}|_{t=0} = \dot{\phi}_0, \quad w|_{t=0} = w_0, \quad \dot{w}|_{t=0} = \dot{w}_0 \tag{6.4}$$

在此考虑自由液面波动，于是可得

$$\left.\frac{\partial \phi_i}{\partial t}\right|_{z=z_2} + g f_i = 0, \quad i=3,4 \tag{6.5}$$

式中，f_i 对应于流体子域 Ω_i 的自由液面波高方程。f_i 满足积分方程：

$$f_i = \int_0^t \left.\frac{\partial \phi_i}{\partial z}\right|_{z=z_2} \mathrm{d}t, \quad i=3,4 \tag{6.6}$$

类似于第 2 章的方法，在此将流体子域 Ω_i 速度势函数 ϕ_i 分解成两部分：其一是流体的刚体速度势 $\phi_{iA}(r,\theta,z,t)$；其二是流体的摄动速度势 $\phi_{iB}(r,\theta,z,t)$。根据上述定义可以得

$$\phi_i = \phi_{iA}(r,\theta,z,t) + \phi_{iB}(r,\theta,z,t), \quad i=1,2,3,4 \tag{6.7}$$

式中，$\phi_{iA}(r,\theta,z,t)$ 和 $\phi_{iB}(r,\theta,z,t)$ 在子域间人工界面上应该分别满足相应的速度连续条件和压力连续条件（3.15）～（3.18）。根据式（6.1）～式（6.7），ϕ_{iA} 和 ϕ_{iB} 应满足如下控制方程和边界条件：

$$\nabla^2 \phi_{iA} = 0, \quad \nabla^2 \phi_{iB} = 0, \quad i=1,2,3,4 \tag{6.8}$$

$$\left.\frac{\partial \phi_{iA}}{\partial r}\right|_{r=R_2} = \dot{x}(t)\cos\theta, \quad \left.\frac{\partial \phi_{iB}}{\partial r}\right|_{r=R_2} = 0, \quad i=1,3 \tag{6.9}$$

$$\left.\frac{\partial \phi_{2A}}{\partial z}\right|_{z=0} = 0, \quad \left.\frac{\partial \phi_{2B}}{\partial z}\right|_{z=0} = 0, \quad \left.\frac{\partial \phi_{1A}}{\partial z}\right|_{z=0} = 0, \quad \left.\frac{\partial \phi_{1B}}{\partial z}\right|_{z=0} = 0 \tag{6.10}$$

$$\frac{\partial \phi_{1A}}{\partial z}\bigg|_{z=z_1} = \frac{\partial \phi_{3A}}{\partial z}\bigg|_{z=z_1} = 0 \tag{6.11}$$

$$\frac{\partial \phi_{1B}}{\partial z}\bigg|_{z=z_1} = \frac{\partial \phi_{3B}}{\partial z}\bigg|_{z=z_1} = \frac{\partial w}{\partial t} \tag{6.12}$$

$$\frac{\partial \phi_{iB}}{\partial t}\bigg|_{z=z_2} + gf_{iB} = -\frac{\partial \phi_{iA}}{\partial t}\bigg|_{z=z_2} - gf_{iA}, \quad i=3,4 \tag{6.13}$$

$$(\phi_{iA} + \phi_{iB})\big|_{t=0} = \phi_{i0}, \quad (\dot{\phi}_{iA} + \dot{\phi}_{iB})\big|_{t=0} = \dot{\phi}_{i0}, \quad i=1,2,3,4 \tag{6.14}$$

$$f_{iA} = \int_0^t \frac{\partial \phi_{iA}}{\partial z}\bigg|_{z=z_2}\, \mathrm{d}t, \quad f_{iB} = \int_0^t \frac{\partial \phi_{iB}}{\partial z}\bigg|_{z=z_2}\, \mathrm{d}t, \quad i=3,4 \tag{6.15}$$

根据式（6.8）～式（6.15），流体的刚体速度势可以取为

$$\phi_{iA} = \dot{x}(t) r\cos\theta, \quad i=1,2,3,4 \tag{6.16}$$

将式（6.15）和式（6.16）代入式（6.13）得到

$$\frac{\partial \phi_{iB}}{\partial t}\bigg|_{z=z_2} + gf_{iB} = -\ddot{x}(t) r\cos\theta, \quad i=3,4 \tag{6.17}$$

将式（6.7）和式（6.16）代入式（5.3）可得

$$D\nabla^4 w + \rho h \frac{\partial^2 w}{\partial t^2} = \rho_1 \frac{\partial \phi_{3B}}{\partial t}\bigg|_{z=z_1} - \rho_1 \frac{\partial \phi_{1B}}{\partial t}\bigg|_{z=z_1} \tag{6.18}$$

在此引入广义坐标 $q_n(t)$ $(n=1,2,\cdots)$，根据流体的摄动速度势函数满足的边界条件，可将流体的摄动速度势函数展开成

$$\phi_{iB} = \cos\theta \sum_{n=1}^{\infty} \dot{q}_n(t)\varPhi_{1n}^i(r,z), \quad i=1,2,3,4 \tag{6.19}$$

式中，$\varPhi_{1n}^i(r,z)$ 为对应于流体子域 $\varOmega_i$ 的耦合模态，其环向波数显然为 1。弹性隔板的动挠度可以设为

$$w(r,\theta,t) = \cos\theta \sum_{n=1}^{\infty} q_n(t)W_{1n}(r) \tag{6.20}$$

式中，$W_{1n}(r)$ 为对应于弹性隔板的湿模态，其环向波数为 1。

6.2.3　流-固耦合模态正交性证明

$\varPhi_{1n}^i(r,z)$ 和 $W_{1n}(r)$ 满足方程

$$\nabla^2 \varPhi_{1n}^i = 0, \quad i=1,2,3,4 \tag{6.21}$$

$$\frac{D}{\rho h}\nabla^4 W_{1n}(r) - \omega_{1n}^2 W_{1n}(r) = \omega_{1n}^2 \frac{\rho_l}{\rho h}(\varPhi_{1n}^1(r,z_1) - \varPhi_{1n}^3(r,z_1)) \tag{6.22}$$

式中，ω_{1n} 为第 n 阶耦合频率。$\varPhi_{1n}^i(r,z)$ 和 $W_{1n}(r)$ 在罐壁、罐底以及弹性隔板处满足

$$\frac{\partial \Phi_{1n}^1}{\partial r}\bigg|_{r=R_2} = \frac{\partial \Phi_{1n}^3}{\partial r}\bigg|_{r=R_2} = 0, \quad p=1,2,\cdots,M+1 \tag{6.23}$$

$$\frac{\partial \Phi_{1n}^1}{\partial z}\bigg|_{z=0} = 0, \quad \frac{\partial \Phi_{1n}^2}{\partial z}\bigg|_{z=0} = 0 \tag{6.24}$$

$$\frac{\partial \Phi_{1n}^1}{\partial z}\bigg|_{z=z_1} = \frac{\partial \Phi_{1n}^3}{\partial z}\bigg|_{z=z_1} = W_{1n}^p(r) \tag{6.25}$$

根据自由液面波动条件，$\Phi_{1n}^i(r,z)$ 在自由液面处满足方程

$$\frac{\partial \Phi_{1n}^i}{\partial z}\bigg|_{z=z_2} - \frac{\omega_{1n}^2}{g}\Phi_{1n}^i\bigg|_{z=z_2} = 0, \quad i=3,4 \tag{6.26}$$

$\Phi_{1n}^i(r,z)$ 在人工界面 Γ_k 上满足连续条件

$$\Phi_{1n}^i = \Phi_{1n}^{i'}, \quad \frac{\partial \Phi_{1n}^i}{\partial n_k} = \frac{\partial \Phi_{1n}^{i'}}{\partial n_k} \tag{6.27}$$

哈密顿变分原理是一种被广泛应用于力学和经典物理学的极小化原理。在此对整个系统应用哈密顿变分原理即可得

$$\delta \int_{t_1}^{t_2}(T-U)\mathrm{d}t + \int_{t_1}^{t_2}\left(\iint_{\Gamma_{\mathrm{baffle}}} F\delta w r\mathrm{d}r\mathrm{d}\theta\right)\mathrm{d}t = 0 \tag{6.28}$$

式中，Γ_{baffle} 表示隔板区域。应变能 U 和动能 T 可以分别表示为

$$U = \frac{D}{2}\iint_{\Gamma_{\mathrm{baffle}}}\left(\left(\frac{\partial^2 w}{\partial r^2}+\frac{\partial w}{r\partial r}+\frac{\partial^2 w}{r^2\partial\theta^2}\right)^2 \right. \\ \left. -2(1-\nu)\left(\frac{\partial^2 w}{\partial r^2}\left(\frac{\partial w}{r\partial r}+\frac{\partial^2 w}{r^2\partial\theta^2}\right)-\left(\frac{\partial^2 w}{r^2\partial\theta^2}-\frac{\partial^2 w}{r^2\partial\theta^2}\right)^2\right)\right)r\mathrm{d}r\mathrm{d}\theta \tag{6.29}$$

$$T = \frac{\rho h}{2}\iint_{\Gamma_{\mathrm{baffle}}}\left(\frac{\partial w}{\partial t}\right)^2 r\mathrm{d}r\mathrm{d}\theta \tag{6.30}$$

取 U 的变分，得到

$$\delta U = D\iint_{\Gamma_{\mathrm{baffle}}}\left(\left(\frac{\partial^2 w}{\partial r^2}+\frac{\partial w}{r\partial r}+\frac{\partial^2 w}{r^2\partial\theta^2}\right)\left(\frac{\partial^2\delta w}{\partial r^2}+\frac{\partial\delta w}{r\partial r}+\frac{\partial^2\delta w}{r^2\partial\theta^2}\right) \right. \\ -(1-\nu)\left(\frac{\partial^2\delta w}{\partial r^2}\left(\frac{\partial w}{r\partial r}+\frac{\partial^2 w}{r^2\partial\theta^2}\right)+\frac{\partial^2 w}{\partial r^2}\left(\frac{\partial\delta w}{r\partial r}+\frac{\partial^2\delta w}{r^2\partial\theta^2}\right)\right. \\ \left.\left. -2\left(\frac{\partial^2 w}{r^2\partial\theta^2}-\frac{\partial^2 w}{r^2\partial\theta^2}\right)\left(\frac{\partial^2\delta w}{r^2\partial\theta^2}-\frac{\partial^2\delta w}{r^2\partial\theta^2}\right)\right)\right)r\mathrm{d}r\mathrm{d}\theta \tag{6.31}$$

取 T 的变分，得到

$$\delta T = \rho h \iint_{\varGamma_{\text{baffle}}} \left(\frac{\partial w}{\partial t} \right) \left(\frac{\partial \delta w}{\partial t} \right) r \mathrm{d}r \mathrm{d}\theta$$

$$= \rho h \iint_{\varGamma_{\text{baffle}}} \left(\frac{\partial \left(\frac{\partial w}{\partial t} \delta w \right)}{\partial t} - \frac{\partial^2 w}{\partial t^2} \delta w \right) r \mathrm{d}r \mathrm{d}\theta \qquad (6.32)$$

将式（6.31）和式（6.32）代入变分方程（6.28），然后应用高斯公式即可得到如下积分方程：

$$\int_{t_1}^{t_2} \left(\iint_{\varGamma_{\text{baffle}}} \nabla^4 w \delta w r \mathrm{d}r \mathrm{d}\theta \right) \mathrm{d}t - \rho h \int_{t_1}^{t_2} \left(\iint_{\varGamma_{\text{baffle}}} \frac{\partial^2 w}{\partial t^2} \delta w r \mathrm{d}r \mathrm{d}\theta \right) \mathrm{d}t$$

$$= \int_{t_1}^{t_2} \left(\iint_{\varGamma_{\text{baffle}}} F \delta w r \mathrm{d}r \mathrm{d}\theta \right) \mathrm{d}t \qquad (6.33)$$

设 $W_{1p}(r)$ 为弹性隔板的第 p 阶模态，则隔板的动挠度可以设为

$$w(r,\theta,t) = \mathrm{e}^{\mathrm{j}\omega_p t} \cos\theta W_{1p}(r) \qquad (6.34)$$

因为弹性隔板的虚挠度 δw 必须满足边界条件，因此我们可以选用第 q 阶 $(p \neq q)$ 模态来代替 δw，因此可设

$$\delta w(r,\theta,t) = \mathrm{e}^{\mathrm{j}\omega_q t} \cos\theta W_{1q}(r) \qquad (6.35)$$

将式（6.34）和式（6.35）代入式（6.33）可得

$$D \int_{R_1}^{R_2} W_{1q} \nabla^4 W_{1p} r \mathrm{d}r$$

$$= \omega_{1p}^2 \int_{R_1}^{R_2} (\rho h W_{1q} W_{1p} + \rho_1 W_{1q} (\varPhi_{1p}^1(r,z_1) - \varPhi_{1p}^3(r,z_1))) r \mathrm{d}r \qquad (6.36)$$

重复上述过程，我们可以得到类似的另外一个积分方程：

$$D \int_{R_1}^{R_2} W_{1p} \nabla^4 W_{1q} r \mathrm{d}r$$

$$= \omega_{1p}^2 \int_{R_1}^{R_2} (\rho h W_{1p} W_{1q} + \rho_1 W_{1p} (\varPhi_{1q}^1(r,z_1) - \varPhi_{1q}^3(r,z_1))) r \mathrm{d}r \qquad (6.37)$$

根据动能的变分表达式（6.31），得到

$$\int_{R_1}^{R_2} W_{1q} \nabla^4 W_{1p} r \mathrm{d}r = \int_{R_1}^{R_2} W_{1p} \nabla^4 W_{1q} r \mathrm{d}r \qquad (6.38)$$

将式（6.38）代入式（6.36）和式（6.37）可得

$$\omega_{1p}^2 \int_{R_1}^{R_2} (\rho h W_{1q} W_{1p} + \rho_1 W_{1q} (\varPhi_{1p}^1(r,z_1) - \varPhi_{1p}^3(r,z_1))) r \mathrm{d}r$$

$$= \omega_{1p}^2 \int_{R_1}^{R_2} (\rho h W_{1p} W_{1q} + \rho_1 W_{1p} (\varPhi_{1q}^1(r,z_1) - \varPhi_{1q}^3(r,z_1))) r \mathrm{d}r \qquad (6.39)$$

在式（6.39）的两边同时加上 $\dfrac{\rho_1}{g}\displaystyle\int_0^{R_2}\omega_{1p}^2\omega_{1q}^2\Phi_{1p}\Phi_{1q}r\mathrm{d}r$，再由 $\omega_{1p}^2\neq\omega_{1q}^2$ 即可得到耦合模态的正交性：

$$\int_{R_1}^{R_2}\frac{\partial\Phi_{1q}^1}{\partial z}\bigg|_{z=z_1}\left(\frac{\rho h}{\rho_1}W_{1p}+(\Phi_{1p}^1(r,z_1)-\Phi_{1p}^3(r,z_1))\right)r\mathrm{d}r$$

$$+\int_0^{R_2}\frac{\partial\Phi_{1q}}{\partial z}\bigg|_{z=z_2}\Phi_{1p}(r,z_2)r\mathrm{d}r=0 \tag{6.40}$$

6.2.4　耦合动力响应方程的建立

将式（6.19）和式（6.15）代入式（6.17），得到

$$\sum_{n=1}^{\infty}\ddot{q}_n(t)\Phi_{1n}(r,z_2)+g\sum_{n=1}^{\infty}q_n(t)\omega_{1n}^2\Phi_{1n}(r,z_2)=-\ddot{x}(t)r \tag{6.41}$$

将式（6.19）和式（6.20）代入式（6.18），得到

$$\frac{D}{\rho h}\nabla^4\sum_{n=1}^{\infty}q_n(t)W_{1n}(r)+\sum_{n=1}^{\infty}\ddot{q}_n(t)W_{1n}(r)$$

$$=\frac{\rho_1}{\rho h}\sum_{n=1}^{\infty}\ddot{q}_n(t)(\Phi_{1n}^1(r,z_1)-\Phi_{1n}^3(r,z_1)) \tag{6.42}$$

由 5.2 节中干模态的条件，可以得到

$$\frac{D}{\rho h}\sum_{n=1}^{\infty}\sum_{n'=1}^{\infty}q_n(t)A_{1n'}^n\varsigma_{1n'}^4\overline{W}_{1n'}(r)+\sum_{n=1}^{\infty}\ddot{q}_n(t)W_{1n}(r)$$

$$=\frac{\rho_1}{\rho h}\sum_{n=1}^{\infty}\ddot{q}_n(t)(\Phi_{1n}^1(r,z_1)-\Phi_{1n}^3(r,z_1)) \tag{6.43}$$

再由 5.2 节中的弹性隔板耦合振动条件，可得

$$\frac{D}{\rho h}\sum_{n'=1}^{\infty}A_{1n'}^n\varsigma_{1n'}^4\overline{W}_{1n'}(r)=\omega_{1n}^2\sum_{n'=1}^{\infty}A_{1n'}^n\overline{W}_{1n'}(r)$$

$$+\frac{\omega_{1n}^2\rho_1}{\rho h}(\Phi_{1n}^1(r,z_1)-\Phi_{1n}^3(r,z_1)) \tag{6.44}$$

将式（6.44）代入式（6.43），得到

$$g\sum_{n=1}^{\infty}q_n(t)\omega_{1n}^2\left(\frac{\rho h}{\rho_1}W_{1n}+(\Phi_{1n}^1(r,z_1)-\Phi_{1n}^3(r,z_1))\right)$$

$$+\sum_{n=1}^{\infty}\ddot{q}_n(t)\left(\frac{\rho h}{\rho_1}W_{1n}+(\Phi_{1n}^1(r,z_1)-\Phi_{1n}^3(r,z_1))\right)=0 \tag{6.45}$$

式（6.41）和式（6.45）构成了弹-液耦合动力响应方程。将式（6.41）的两

边同时乘以 $\left.\dfrac{\partial \Phi_{1q}}{\partial z}\right|_{z=z_2}$，再对其两边同时对 r 从 0 到 R_2 进行积分，式（6.41）中的

空间坐标 r 即可被消除；将式（6.45）两边同时乘以 $\left.\dfrac{\partial \Phi_{1q}}{\partial z}\right|_{z=z_1}$，再对其两边同时对

r 从 R_1 到 R_2 进行积分，式（6.45）中的空间坐标 r 即可被消除。将积分后的式（6.41）和式（6.45）相加，利用耦合模态的正交性（6.40）即可得到解耦的动力响应方程：

$$M_{1n}\ddot{q}_n(t) + K_{1n}q_n(t) = -\ddot{x}(t) \tag{6.46}$$

式中

$$M_{1n} = \int_0^{R_2} \left.\frac{\partial \Phi_{1q}}{\partial z}\right|_{z=z_2} \Phi_{1q}(r,z_2)r\mathrm{d}r \left/ \int_0^{R_2} \left.\frac{\partial \Phi_{1q}}{\partial z}\right|_{z=z_2} r^2\mathrm{d}r \right.$$

$$+ \int_{R_1}^{R_2} \left.\frac{\partial \Phi_{1q}^1}{\partial z}\right|_{z=z_1} \left(\frac{\rho h}{\rho_1}W_{1q} + (\Phi_{1q}^1(r,z_1) - \Phi_{1q}^3(r,z_1)) \right) r\mathrm{d}r \left/ \int_0^{R_2} \left.\frac{\partial \Phi_{1q}}{\partial z}\right|_{z=z_2} r^2\mathrm{d}r \right.$$

$$\tag{6.47}$$

$$K_{1n} = \omega_{1n}^2 M_{1n} \tag{6.48}$$

任意激励下的线性单自由度动力响应方程可以用杜阿梅尔积分进行求解，对于式（6.44），其一般形式的解为

$$q_n(t) = q_n(0)\cos\omega_{1n}t + \frac{\dot{q}_n(0)}{\omega_{1n}}\sin\omega_{1n}t + \frac{1}{M_{1n}\omega_{1n}}\int_0^t \ddot{x}(\tau)\sin(\omega_{1n}(t-\tau))\mathrm{d}\tau \tag{6.49}$$

式中，$q_n(0)$ 是广义坐标 $q_n(t)$ 的初始值；$\dot{q}_n(0)$ 是广义坐标 $q_n(t)$ 对时间导数的初始值。将广义坐标 $q_n(t)$ 代入式（6.19）即可得到流体的摄动速度势函数 ϕ_{iB}。将广义坐标 $q_n(t)$ 代入式（6.20）即可得到弹性隔板关于时间 t 的动挠度：

$$w = \cos\theta \sum_{n=1}^{\infty} q_n(t)W_{1n}(r) \tag{6.50}$$

6.2.5　比较研究

为验证半解析模型的正确性，在此将半解析模型的结果与商业有限元软件 ADINA 的结果进行比较。储液罐内半径取为 $R_2 = 1\mathrm{m}$，罐中液体深度固定在 $z_2 = 1\mathrm{m}$。流体密度取为 $1000\mathrm{kg/m^3}$，弹性隔板的弹性模量为 $2.1 \times 10^{11}\mathrm{Pa}$，其密度为 $\rho = 2780\mathrm{kg/m^3}$，泊松比为 $\nu = 0.3$，隔板分别取三个不同的厚度 $h = 2\mathrm{mm}$，$2.5\mathrm{mm}$，$3\mathrm{mm}$。作用在储液罐上的激励为 $x(t) = X_0\sin\overline{\omega}t$，其中储液罐位移幅值为 $X_0 = 0.001\mathrm{m}$，激励频率取为 $\overline{\omega} = 5\mathrm{rad/s}$，在此研究前 10s 的时程响应。弹性隔板内半径取为

$R_1/R_2 = 0.5$，隔板被放置于 $z_1/R_2 = 0.5$ 的位置上。在 ADINA 的有限元模型中，对流体采用有 27 个节点的三维势流体单元进行建模，对于弹性隔板，采用有 27 个节点的三维固体单元进行建模。对于有限元模型的边界，使用了两种不同的势流界面进行模拟：自由液面边界和刚性边界。对有限元模型进行网格划分，得到 8320 个三维势流单元和 480 个三维固体单元。图 6-2（a）、图 6-3（a）以及图 6-4（a）分别给出了储液罐壁处（$\theta = 0$）的液面波高的比较；图 6-2（b）、图 6-3（b）以及图 6-4（b）分别给出了环形隔板内边缘处（$\theta = 0$）的动挠度的比较。由图 6-2～图 6-4 可得，基于半解析模型的解与 ADINA 的仿真结果具有较好的一致性。

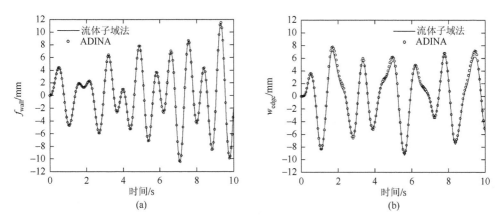

图 6-2　弹性隔板厚度为 $h = 2\text{mm}$ 时，储液罐壁处（$\theta = 0$）的液面波高 f_{wall} 的时程曲线（a）和环形隔板内边缘处（$\theta = 0$）的动挠度 w_{edge} 的时程曲线（b）

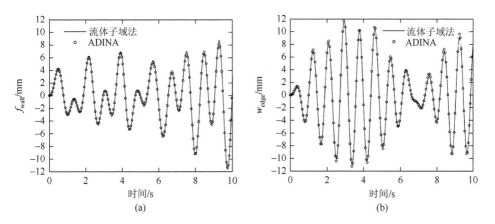

图 6-3　弹性隔板厚度为 $h = 2.5\text{mm}$ 时，储液罐壁处（$\theta = 0$）的液面波高 f_{wall} 的时程曲线（a）和环形隔板内边缘处（$\theta = 0$）的动挠度 w_{edge} 的时程曲线（b）

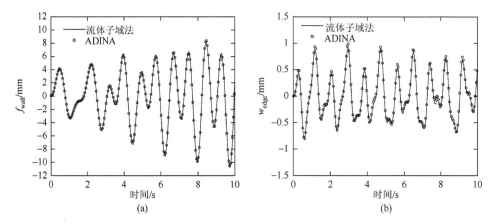

图 6-4　弹性隔板厚度为 $h = 3\mathrm{mm}$ 时，储液罐壁处（$\theta = 0$）的液面波高 f_{wall} 的时程曲线（a）和环形隔板内边缘处（$\theta = 0$）的动挠度 w_{edge} 的时程曲线（b）

6.2.6　稳态响应参数分析

当系统受到水平方向上的简谐激励 $x(t) = X_0 \sin \bar{\omega} t$ 时，式（6.46）的稳态解为

$$q_n(t) = \frac{X_0 \bar{\omega}^2 \omega_{1n}^2}{K_{1n}(\omega_{1n}^2 - \bar{\omega}^2)} \sin \bar{\omega} t \qquad (6.51)$$

值得注意的是，当激励频率接近任意耦合频率 ω_{1n} 时，在不考虑阻尼的情况下，$q_n(t)$ 趋于无穷大，也就是通常所说的共振现象。因此当激励频率接近耦合频率 ω_{1n} 时，本章的方法将不再适合进行定量的分析。在下面的分析中，对自由液面波高、隔板动挠度、基底剪力以及倾覆力矩进行详尽的参数分析研究。在此取储液罐内半径为 $R_2 = 1\mathrm{m}$，储液罐中液体深度为 $z_2 = 1\mathrm{m}$，激励频率取为 $\bar{\omega} = 5\mathrm{rad/s}$，储液罐的位移幅值为 $X_0 = 0.001\mathrm{m}$。隔板弹性模量取为 $E = 2.1 \times 10^{11}\mathrm{Pa}$，密度取为 $\rho = 7850\mathrm{kg/m^3}$，泊松比取为 $\nu = 0.3$。

1. 自由液面波高

将环形弹性隔板固定在 $z_1/R_2 = 0.8$ 的位置上，考虑三个不同的隔板厚度 $h = 2\mathrm{mm}$，$2.5\mathrm{mm}$，$3\mathrm{mm}$。$f_{\max}$ 是罐壁处（$\theta = 0$，$r/R_2 = 1$）自由液面的波高幅值，图 6-5 是 $f_{\max}$ 随隔板内半径的变化曲线。如图 6-5 所示，$f_{\max}$ 首先随隔板内半径的增加而减小到零，对于三个不同的厚度，$f_{\max} = 0$ 对应的隔板内半径分别为 $R_1/R_2 = 0.47$，0.4，0.33。零点之后，$f_{\max}$ 随隔板内半径的继续增加而增加。也就是说，对于一个固定的隔板厚度，经过隔板内半径和隔板位置的优化可以使得在某一频率激励下的 $f_{\max}$ 减小到零。取隔板位置为 $z_1/R_2 = 0.8$，考虑三个不同的隔板内半径 $R_1/R_2 = 0.47$，0.4，0.33。表 6-1 给出了自由液面波高幅值 $f_{\max}$ 随隔板厚度的变化趋势。由表 6-1 可得，

$h = 2$mm，2.5mm，3mm 分别对应于三个不同隔板内半径的临界厚度。显而易见，隔板的临界厚度随着隔板内半径增加而减小。除此之外，通过图 6-5 还可以看出，隔板厚度对自由液面波高的影响随着隔板内半径的增加而减小，当隔板内外半径比大于 0.8 时，对应于三个不同厚度的曲线基本上重合到了一起。

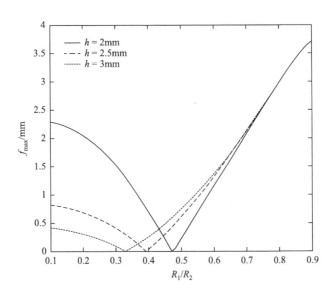

图 6-5　当 $z_1/R_2 = 0.8$，$h = 2$mm，2.5mm，3mm 时，自由液面波高幅值随
隔板内外半径比的变化

表 6-1　当 $z_1/R_2 = 0.8$，$R_1/R_2 = 0.47$，0.4，0.33 时，自由液面波高幅值随隔板厚度的变化

	自由液面波高幅值/mm						
$R_1/R_2 = 0.47$	$h = 1.4$mm	$h = 1.6$mm	$h = 1.8$mm	$h = 2.0$mm	$h = 2.2$mm	$h = 2.4$mm	$h = 2.6$mm
	9.02	1.79	0.54	0	0.22	0.38	0.48
$R_1/R_2 = 0.4$	$h = 1.9$mm	$h = 2.1$mm	$h = 2.3$mm	$h = 2.5$mm	$h = 2.7$mm	$h = 2.9$mm	$h = 3.1$mm
	1.06	0.46	0.15	0	0.15	0.23	0.29
$R_1/R_2 = 0.33$	$h = 2.4$mm	$h = 2.6$mm	$h = 2.8$mm	$h = 3.0$mm	$h = 3.2$mm	$h = 3.4$mm	$h = 3.6$mm
	0.40	0.21	0.09	0	0.06	0.11	0.14

隔板内半径取为 $R_1/R_2 = 0.6$，考虑三个不同的隔板厚度 $h = 2$mm，2.5mm，3mm。图 6-6 是 f_{max} 随隔板位置的变化曲线。由图 6-6 可以看出，在隔板从靠近储液罐底位置上升到靠近自由液面位置的过程中，f_{max} 单调减小。隔板厚度对于 f_{max} 的影响则随着 z_1/R_2 的增加而减小。除此之外，f_{max} 随着隔板厚度的增加而增加。这意味着当隔板内半径为 0.6 时，其临界厚度必然小于 2mm。

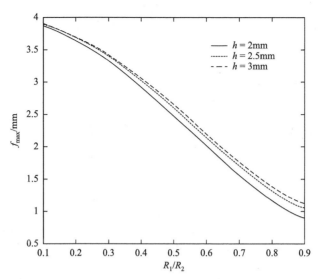

图 6-6　当 $R_1/R_2 = 0.6$，$h = 2\mathrm{mm}$，$2.5\mathrm{mm}$，$3\mathrm{mm}$ 时，自由液面波高幅值随隔板位置的变化

2. 弹性隔板的动挠度

取隔板位置为 $z_1/R_2 = 0.8$，考虑三个不同的隔板厚度 $h = 2\mathrm{mm}$，$2.5\mathrm{mm}$，$3\mathrm{mm}$。w_{max} 为环形弹性隔板内边缘处（$\theta = 0$）的动挠度的幅值。图 6-7 是 w_{max} 随环形隔板内半径的变化规律。从图 6-7 中可以看出，w_{max} 随着隔板内半径增加先增加后减小，对应三个不同的厚度，w_{max} 达到最大值所对应的隔板内半径分别是

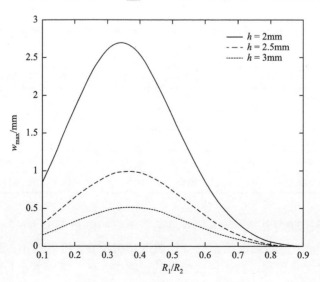

图 6-7　当 $z_1/R_2 = 0.8$，$h = 2\mathrm{mm}$，$2.5\mathrm{mm}$，$3\mathrm{mm}$ 时，弹性隔板动挠度幅值随隔板
内半径的变化

0.33m，0.35m，0.37m。进一步比较三条曲线，显而易见 w_{max} 随隔板厚度增加而减小，除此之外曲线间距离也随着隔板内半径的增加先增加后减小，这意味着随着隔板内半径的增加隔板厚度对于弹性隔板动挠度的影响会越来越小。

取隔板内半径为 $R_1/R_2 = 0.6$，考虑三个不同的隔板厚度 $h = 2mm$，$2.5mm$，$3mm$。图 6-8 给出了 w_{max} 随隔板位置的变化规律。从图 6-8 中可以看出，w_{max} 随着隔板位置的上升平稳地增加到最大值，对应三个不同的厚度，达到最大的隔板位置依次为 $z_1/R_2 = 0.71$，0.72，0.73。达到最大值之后，随着隔板的继续上升，w_{max} 开始缓慢地下降。

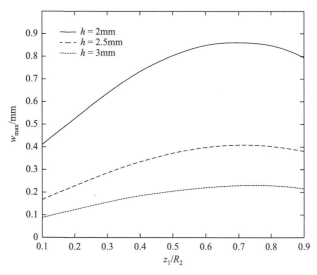

图 6-8　当 $R_1/R_2 = 0.6$，$h = 2mm$，$2.5mm$，$3mm$ 时，弹性隔板动挠度幅值随隔板位置的变化

3. 基底剪力

F_{max} 为基底剪力幅值，图 6-9 是 F_{max} 随隔板内半径 R_1/R_2 的变化曲线。在此取隔板位置为 $z_1/R_2 = 0.8$，考虑三个不同的隔板厚度 $h = 2mm$，$2.5mm$，$3mm$。由图 6-9 可以看出，随着 R_1/R_2 的增加基底剪力幅值首先缓慢地减小到零。对于三个不同的隔板厚度，与 $F_{max} = 0$ 对应的隔板内外半径比都是 0.84。零点之后，F_{max} 则随着 R_1/R_2 的继续增加而增加。比较对应于不同隔板厚度的三条曲线，可以发现在到达零点之前，F_{max} 随着隔板厚度的增加而减小。图 6-10 为 $F_{max} = 0$ 时作用于储液罐侧壁上的液动压力分布（$\theta = 0$，$\bar{\omega}t = \pi/2$）。如图 6-10 所示，弹性隔板上流体具有较强的晃动特性，弹性隔板下流体具有较强的刚体特性，隔板上下流体对储液罐侧壁的液动压力方向相反，最后这两部分液动压力的合力为 0，也就是 $F_{max} = 0$。当隔板内半径大于 0.84 时，对应于三个不同厚度的液动压力的曲线完全重合，这意味着此种情况下隔板的厚度对于流体压力的影响可以忽略不计。

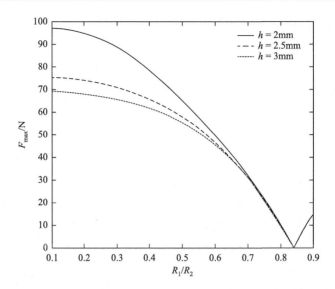

图 6-9 当 $z_1/R_2 = 0.8$，$h = 2\text{mm}$，2.5mm，3mm 时，基底剪力幅值随隔板内半径的变化

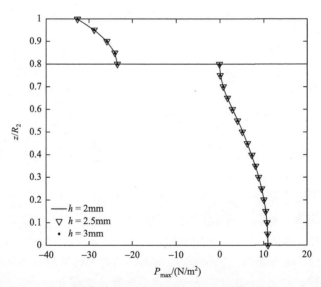

图 6-10 当 $\bar{\omega}t = \pi/2$，$z_1/R_2 = 0.8$，$R_1/R_2 = 0.84$ 时，三个不同隔板厚度 $h = 2\text{mm}$，2.5mm，3mm 所对应的罐壁处（$\theta = 0$）的液动压力分布

　　取隔板内半径为 $R_1/R_2 = 0.6$，考虑三个不同的隔板厚度 $h = 2\text{mm}$，2.5mm，3mm。图 6-11 是 $F_{\max}$ 随隔板位置的变化曲线。如图 6-11 所示，随着隔板从靠近罐底的位置上升，$F_{\max}$ 先减小到 0，之后则随着隔板继续上升而增加。对应于三个不同的隔板后，$F_{\max}$ 分别在三个位置等于 0，这三个位置是 $z_1/R_2 = 0.42$，0.44，0.45。取隔板为 $z_1/R_2 = 0.42$，隔板内半径为 $R_1/R_2 = 0.6$，图 6-12 给出三个不同隔板厚度所对应

的液动压力分布。隔板上下流体产生的液动压力有 180°的相位差，这是基底剪力出现零点的主要原因，比较图 6-12 中的不同曲线可以发现隔板厚度对隔板上流体产生的液动压力的影响很小，而隔板下流体产生的液动压力则随隔板厚度的增加而减小。

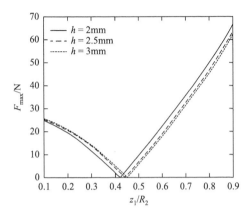 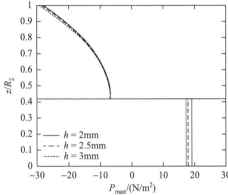

图 6-11　当 $R_1/R_2 = 0.6$，$h = 2\text{mm}$，2.5mm，　　图 6-12　当 $\bar{\omega}t = \pi/2$，$z_1/R_2 = 0.42$，$R_1/R_2 = 0.6$
　3mm 时，基底剪力幅值随隔板位置的变化　　　　时，三个不同隔板厚度 $h = 2\text{mm}$，2.5mm，3mm
　　　　　　　　　　　　　　　　　　　　　　　所对应的罐壁处（$\theta = 0$）的液动压力分布

4. 倾覆力矩

M_{max} 是倾覆力矩的幅值。图 6-13 是 M_{max} 随隔板内半径 R_1/R_2 的变化曲线。由图 6-13 可知，M_{max} 随着隔板内半径的增加先减小到 0，之后随着隔板内半径的继续增加而增加。对于三个不同的隔板厚度，与 $M_{max} = 0$ 对应的隔板内半径均为 $R_1/R_2 = 0.72$。当 $t = \pi/(2\bar{\omega})$ 时，隔板上流体所产生的倾覆力矩为 M_u，隔板下流体所产生的倾覆力矩为 M_d。表 6-2 给出了 M_u 和 M_d 随隔板内半径的变化，显而易见 M_u 与 M_d 具有 180°的相位差。

表 6-2　当 $z_1/R_2 = 0.8$ 时，M_u 和 M_d 随隔板内半径的变化

h	倾覆力矩	隔板内半径						
		$R_1/R_2 = 0.2$	$R_1/R_2 = 0.3$	$R_1/R_2 = 0.4$	$R_1/R_2 = 0.5$	$R_1/R_2 = 0.6$	$R_1/R_2 = 0.7$	$R_1/R_2 = 0.8$
2mm	$M_u/(\text{N·m})$	−7.35	−11.10	−17.19	−24.17	−30.39	−34.90	−36.07
	$M_d/(\text{N·m})$	46.45	46.20	45.66	44.53	42.21	37.35	27.66
2.5mm	$M_u/(\text{N·m})$	−18.34	−20.27	−23.34	−27.31	−31.55	−35.16	−36.09
	$M_d/(\text{N·m})$	45.35	45.18	44.77	43.85	41.77	37.16	27.62
3mm	$M_u/(\text{N·m})$	−21.34	−22.89	−25.29	−28.44	−32.02	−35.28	−36.10
	$M_d/(\text{N·m})$	45.04	44.88	44.49	43.60	41.60	37.08	27.60

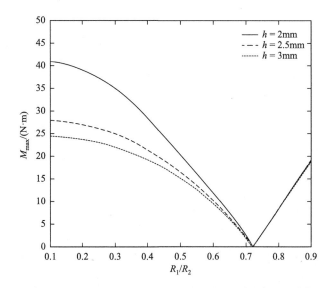

图 6-13 当 $z_1/R_2 = 0.8$，$h = 2\text{mm}$，2.5mm，3mm 时，倾覆力矩随隔板内半径的变化

图 6-14 是 M_{max} 随隔板位置的变化曲线。如图 6-14 所示，当隔板从靠近罐底的位置上升时，M_{max} 先逐渐减小到 0，之后 M_{max} 随着隔板的继续上升而增加。对应三个不同的隔板厚度，M_{max} 依次在 $z_1/R_2 = 0.69$，0.71，0.715 的位置上等于 0。表 6-3 给出了 M_u 和 M_d 随隔板位置的变化，显然 M_u 随着 z_1/R_2 的增加而减小，M_d 随着 z_1/R_2 的增加而增加。

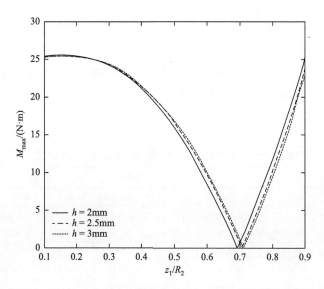

图 6-14 当 $R_1/R_2 = 0.6$，$h = 2\text{mm}$，2.5mm，3mm 时，倾覆力矩随隔板位置的变化

表 6-3　当 $R_1/R_2 = 0.6$ 时，M_u 和 M_d 随隔板位置的变化

h	倾覆力矩	隔板位置						
		0.2	0.3	0.4	0.5	0.6	0.7	0.8
2mm	$M_u/(\text{N·m})$	−44.17	−44.80	−44.37	−42.58	−39.42	−35.21	−30.39
	$M_d/(\text{N·m})$	18.69	20.58	23.21	26.63	30.85	35.96	42.21
2.5mm	$M_u/(\text{N·m})$	−44.02	−44.81	−44.63	−43.14	−40.28	−36.29	−31.55
	$M_d/(\text{N·m})$	18.60	20.48	23.09	26.46	30.61	35.63	41.77
3mm	$M_u/(\text{N·m})$	−43.97	−44.81	−44.72	−43.35	−40.62	−36.71	−32.02
	$M_d/(\text{N·m})$	18.57	20.45	23.05	26.39	30.52	35.50	41.60

6.3　水平激励下带多层弹性隔板圆柱形储液罐的耦合动力响应

6.3.1　物理模型

考虑如图 6-15 所示的带多层弹性环形隔板的圆柱储液罐，罐中装有无旋、无黏、不可压的理想流体，其密度为 ρ_1。储液罐连接在刚性地基上，受到水平方向上的激励 $x(t)$，在此基于线性理论考虑流体的自由液面的波动。设环形弹性隔板的数量为 M，这 M 个隔板从下到上依次放置在 $z = z_1, z_2, \cdots, z_M$ 的位置上。$z = z_{M+1} = H$ 表示静止液面的位置，$z = z_0$ 表示储液罐底的位置。所有环形隔板具有相同的内外半径，其外半径等于储液罐内半径 R_2，隔板内半径为 R_1。弹性隔板的材料为各向同性的线弹性材料，从下往上数第 $p(p = 1, 2, \cdots, M)$ 层隔板的密度记为 ρ_p，泊松比为 ν_p，弹性模量为 E_p，厚度为 h_p。隔板厚度远小于隔板的内外半径，因此可以使用薄板振动的线弹性理论来研究弹性隔板的振动，同时根据 2.4 节中流体子域的划分，图 6-15 中的流体区域可以通过 $2M+1$ 个人工界面划分成 $2M+2$ 个流体子域 $\Omega_i(i = 1, 2, \cdots, 2M+2)$，其中包括 $M+1$ 个柱形子域和 $M+1$ 个环柱形子域，划分后的子域及人工界面详见图 2-14。$\phi_i(r, \theta, z, t)$ 为对应于流体子域 Ω_i 的流体速度势函数，$w_p(r, \theta, t)$ 为第 p 个环形隔板的动挠度。根据上述定义和假设，$\phi_i(r, \theta, z, t)$ 和 $w_p(r, \theta, t)$ 满足式（5.68）～式（5.71）。

6.3.2　边界方程和初始条件

流体在罐壁、罐底以及弹性隔板处满足不透性条件，于是可以得到如下边界条件：

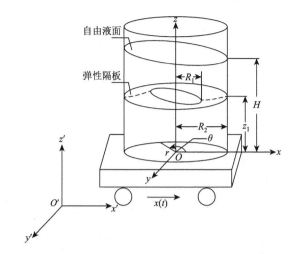

图 6-15　水平激励下的带多层环形弹性隔板圆柱形刚性储液罐

$$\left.\frac{\partial \phi_{2p-1}}{\partial r}\right|_{r=R_2} = \dot{x}(t)\cos\theta, \quad p=1,2,\cdots,M+1 \qquad (6.52)$$

$$\left.\frac{\partial \phi_1}{\partial z}\right|_{z=0} = 0, \quad \left.\frac{\partial \phi_2}{\partial z}\right|_{z=0} = 0 \qquad (6.53)$$

$$\left.\frac{\partial w_p}{\partial t}\right|_{z=z_p} = \left.\frac{\partial \phi_{2p+1}}{\partial z}\right|_{z=z_p} = \left.\frac{\partial \phi_{2p-1}}{\partial z}\right|_{z=z_p}, \quad p=1,2,\cdots,M \qquad (6.54)$$

流体晃动和隔板振动的初始条件为

$$\phi|_{t=0}=\phi_0, \quad \dot{\phi}|_{t=0}=\dot{\phi}_0, \quad w|_{t=0}=w_0, \quad \dot{w}|_{t=0}=\dot{w}_0 \qquad (6.55)$$

在此考虑自由液面的微幅晃动，流体的速度势函数 ϕ_i 在自由液面处满足

$$\left.\frac{\partial \phi_i}{\partial t}\right|_{z=z_{M+1}} + gf_i = 0, \quad i=2M+1,2M+2 \qquad (6.56)$$

式中，f_i 为流体子域 Ω_i 的自由液面的波高方程。f_i 满足如下积分方程：

$$f_i = \int_0^t \left.\frac{\partial \phi_i}{\partial z}\right|_{z=z_{M+1}} \mathrm{d}t, \quad i=2M+1,2M+2 \qquad (6.57)$$

类似于第 5 章中的方法，在此将流体子域 Ω_i 速度势函数 ϕ_i 分解成两部分：流体的刚体速度势 $\phi_{iA}(r,\theta,z,t)$ 和流体的摄动速度势 $\phi_{iB}(r,\theta,z,t)$。根据上述假设，可得

$$\phi_i = \phi_{iA}(r,\theta,z,t) + \phi_{iB}(r,\theta,z,t) \qquad (6.58)$$

$\phi_{iA}(r,\theta,z,t)$ 和 $\phi_{iB}(r,\theta,z,t)$ 在子域间人工界面上满足响应的速度连续条件和压力连

续条件，$\phi_{iA}(r,\theta,z,t)$ 和 $\phi_{iB}(r,\theta,z,t)$ 显然满足式（3.74）～式（3.77）。根据式（6.52）～式（6.58），$\phi_{iA}(r,\theta,z,t)$ 和 $\phi_{iB}(r,\theta,z,t)$ 满足如下控制方程和边界条件：

$$\nabla^2\phi_{iA}=0,\quad \nabla^2\phi_{iB}=0,\quad i=1,2,\cdots,2M+2 \tag{6.59}$$

$$\left.\frac{\partial\phi_{iA}}{\partial r}\right|_{r=R_2}=\dot{x}(t)\cos\theta,\quad \left.\frac{\partial\phi_{iB}}{\partial r}\right|_{r=R_2}=0,\quad i=2p-1;p=1,2,\cdots,M+1 \tag{6.60}$$

$$\left.\frac{\partial\phi_{2A}}{\partial z}\right|_{z=0}=0,\quad \left.\frac{\partial\phi_{2B}}{\partial z}\right|_{z=0}=0,\quad \left.\frac{\partial\phi_{1A}}{\partial z}\right|_{z=0}=0,\quad \left.\frac{\partial\phi_{1B}}{\partial z}\right|_{z=0}=0 \tag{6.61}$$

$$\left.\frac{\partial\phi_{2p-1A}}{\partial z}\right|_{z=z_p}=\left.\frac{\partial\phi_{2p+1A}}{\partial z}\right|_{z=z_p}=0,\quad p=1,2,\cdots,M \tag{6.62}$$

$$\left.\frac{\partial\phi_{2p-1B}}{\partial z}\right|_{z=z_p}=\left.\frac{\partial\phi_{2p-1B}}{\partial z}\right|_{z=z_p}=\frac{\partial w_p}{\partial t},\quad p=1,2,\cdots,M \tag{6.63}$$

$$\left.(\phi_{iA}+\phi_{iB})\right|_{t=0}=\phi_{i0},\quad \left.(\dot{\phi}_{iA}+\dot{\phi}_{iB})\right|_{t=0}=\dot{\phi}_{i0},\quad i=1,2,\cdots,2M+2 \tag{6.64}$$

$$\left.\frac{\partial\phi_{iB}}{\partial t}\right|_{z=z_{M+1}}+gf_{iB}=-\left.\frac{\partial\phi_{iA}}{\partial t}\right|_{z=z_{M+1}}-gf_{iA},\quad i=2M+1,2M+2 \tag{6.65}$$

式中，f_{iA} 为刚体速度势对应的自由液面波高；f_{iB} 为摄动速度势函数对应的自由液面波高。它们满足如下的积分方程：

$$f_{iA}=\int_0^t\left.\frac{\partial\phi_{iA}}{\partial z}\right|_{z=z_{M+1}}\mathrm{d}t,\quad f_{iB}=\int_0^t\left.\frac{\partial\phi_{iB}}{\partial z}\right|_{z=z_{M+1}}\mathrm{d}t,\quad i=2M+1,2M+2 \tag{6.66}$$

根据式（6.59）～式（6.66），流体的刚体速度势 $\phi_{iA}(r,\theta,z,t)$ 可以取为

$$\phi_{iA}=\dot{x}(t)r\cos\theta,\quad i=1,2,\cdots,2M+2 \tag{6.67}$$

将式（6.66）和式（6.67）代入式（6.65），得到

$$\left.\frac{\partial\phi_{iB}}{\partial t}\right|_{z=z_{M+1}}+gf_{iB}=-\ddot{x}(t)r\cos\theta,\ i=2M+1,2M+2 \tag{6.68}$$

将式（6.58）和式（6.67）代入式（5.3），得到

$$D_p\nabla^4 w_p+\rho_p h_p\frac{\partial^2 w_p}{\partial t^2}=\rho_1\left.\frac{\partial\phi_{2p+1B}}{\partial t}\right|_{z=z_p}-\rho_1\left.\frac{\partial\phi_{2p+1B}}{\partial t}\right|_{z=z_p},\quad i=1,2,\cdots,M \tag{6.69}$$

在此引入关于时间的广义坐标 $q_n(t)\,(n=1,2,\cdots)$，根据流体摄动速度势函数所满足的边界条件，可将 $\phi_{iB}(r,\theta,z,t)$ 设为

$$\phi_{iB}=\cos\theta\sum_{n=1}^{\infty}\dot{q}_n(t)\Phi_{1n}^i(r,z),\quad i=1,2,\cdots,2M+2 \tag{6.70}$$

式中，$\Phi_{1n}^i(r,z)$ 为对应于流体子域 Ω_i 的耦合模态，其环向波数显然为 1。弹性隔板的动挠度可以设为

$$w_p(r,\theta,t) = \cos\theta \sum_{n=1}^{\infty} q_n(t) W_{1n}^p(r), \quad i = 1,2,\cdots,M \qquad (6.71)$$

式中，$W_{1n}^p(r)$ 为弹性隔板的湿模态，其环向波数为 1。

6.3.3　流-固耦合模态正交性证明

$\Phi_{1n}^i(r,z)$ 和 $W_{1n}(r)$ 满足方程：

$$\nabla^2 \Phi_{1n}^i = 0, \quad i = 1,2,\cdots,2M+2 \qquad (6.72)$$

$$\frac{D_p}{\rho_p h_p} \nabla^4 W_{1n}^p(r) - \omega_{1n}^2 W_{1n}^p(r)$$

$$= \omega_{1n}^2 \frac{\rho_1}{\rho_p h_p} (\Phi_{1n}^{2p-1}(r,z_p) - \Phi_{1n}^{2p+1}(r,z_p)) \qquad (6.73)$$

式中，ω_{1n} 为第 n 阶耦合频率。$\Phi_{1n}^i(r,z)$ 和 $W_{1n}(r)$ 在罐壁、罐底以及弹性隔板处满足

$$\left. \frac{\partial \Phi_{1n}^{2p-1}}{\partial r} \right|_{r=R_2} = 0, \quad i = 1,2,\cdots,M \qquad (6.74)$$

$$\left. \frac{\partial \Phi_{1n}^1}{\partial z} \right|_{z=0} = 0, \quad \left. \frac{\partial \Phi_{1n}^2}{\partial z} \right|_{z=0} = 0 \qquad (6.75)$$

$$\left. \frac{\partial \Phi_{1n}^{2p-1}}{\partial z} \right|_{z=z_p} = \left. \frac{\partial \Phi_{1n}^{2p+1}}{\partial z} \right|_{z=z_p} = W_{1n}^p(r) \qquad (6.76)$$

根据自由液面波动条件，$\Phi_{1n}^i(r,z)$ 在自由液面处满足方程：

$$\left. \frac{\partial \Phi_{1n}^i}{\partial z} \right|_{z=z_{M+1}} - \frac{\omega_{1n}^2}{g} \Phi_{1n}^i \Big|_{z=z_{M+1}} = 0, \quad i = 2M+1, 2M+2 \qquad (6.77)$$

$\Phi_{1n}^i(r,z)$ 在人工界面 Γ_k 上满足连续条件；

$$\Phi_{1n}^i = \Phi_{1n}^{i'}, \quad \frac{\partial \Phi_{1n}^i}{\partial n_k} = \frac{\partial \Phi_{1n}^{i'}}{\partial n_k} \qquad (6.78)$$

　　根据 5.3 节的内容，ω_{1n}、Φ_{1n}^i 以及 $W_{1n}^p(r)$ 可以利用流体子域法求得。在此对整个系统应用哈密顿变分原理即可得

$$\delta \int_{t_1}^{t_2} (T-U)\mathrm{d}t + \int_{t_1}^{t_2} \left(\sum_{p=1}^{M} \iint_{\Gamma_{\text{baffle}}^p} F_p \delta w_p r \mathrm{d}r \mathrm{d}\theta \right) \mathrm{d}t = 0 \qquad (6.79)$$

式中，U 为 M 个弹性隔板的应变能；T 为 M 个弹性隔板的动能；Γ_{baffle}^p 为第 p 个

隔板所在的区域。根据板壳振动理论，U 和 T 可以表示成如下形式：

$$U = \sum_{p=1}^{M} \frac{D_p}{2} \iint_{\Gamma_{\text{baffle}}^p} \left(\left(\frac{\partial^2 w_p}{\partial r^2} + \frac{\partial w_p}{r\partial r} + \frac{\partial^2 w_p}{r^2 \partial \theta^2} \right)^2 \right.$$
$$\left. -2(1-\nu_p) \left(\frac{\partial^2 w_p}{\partial r^2} \left(\frac{\partial w_p}{r\partial r} + \frac{\partial^2 w_p}{r^2 \partial \theta^2} \right) - \left(\frac{\partial^2 w_p}{r^2 \partial \theta^2} - \frac{\partial^2 w_p}{r^2 \partial \theta^2} \right)^2 \right) \right) r \mathrm{d}r \mathrm{d}\theta \tag{6.80}$$

$$T = \sum_{p=1}^{M} \frac{\rho_p h_p}{2} \iint_{\Gamma_{\text{baffle}}^p} \left(\frac{\partial w_p}{\partial t} \right)^2 r \mathrm{d}r \mathrm{d}\theta \tag{6.81}$$

取 U 的变分，得到

$$\delta U = \sum_{p=1}^{M} D_p \iint_{\Gamma_{\text{baffle}}^p} \left(\left(\frac{\partial^2 w_p}{\partial r^2} + \frac{\partial w_p}{r\partial r} + \frac{\partial^2 w_p}{r^2 \partial \theta^2} \right) \left(\frac{\partial^2 \delta w_p}{\partial r^2} + \frac{\partial \delta w_p}{r\partial r} + \frac{\partial^2 \delta w_p}{r^2 \partial \theta^2} \right) \right.$$
$$- (1-\nu_p) \left(\frac{\partial^2 \delta w_p}{\partial r^2} \left(\frac{\partial w_p}{r\partial r} + \frac{\partial^2 w_p}{r^2 \partial \theta^2} \right) + \frac{\partial^2 w_p}{\partial r^2} \left(\frac{\partial \delta w_p}{r\partial r} + \frac{\partial^2 \delta w_p}{r^2 \partial \theta^2} \right) \right.$$
$$\left. \left. -2 \left(\frac{\partial^2 w_p}{r^2 \partial \theta^2} - \frac{\partial^2 w_p}{r^2 \partial \theta^2} \right) \left(\frac{\partial^2 \delta w_p}{r^2 \partial \theta^2} - \frac{\partial^2 \delta w_p}{r^2 \partial \theta^2} \right) \right) \right) r \mathrm{d}r \mathrm{d}\theta \tag{6.82}$$

取 T 的变分，得到

$$\delta T = \sum_{p=1}^{M} \rho_p h_p \iint_{\Gamma_{\text{baffle}}^p} \left(\frac{\partial w_p}{\partial t} \right) \left(\frac{\partial \delta w_p}{\partial t} \right) r \mathrm{d}r \mathrm{d}\theta$$
$$= \sum_{p=1}^{M} \rho_p h_p \iint_{\Gamma_{\text{baffle}}^p} \left(\frac{\partial \left(\frac{\partial w_p}{\partial t} \delta w_p \right)}{\partial t} - \frac{\partial^2 w_p}{\partial t^2} \delta w_p \right) r \mathrm{d}r \mathrm{d}\theta \tag{6.83}$$

将式（6.82）和式（6.83）代入式（6.79），利用高斯公式，我们可以得到如下积分方程：

$$\int_{t_1}^{t_2} \left(\sum_{p=1}^{M} \iint_{\Gamma_{\text{baffle}}^p} \nabla^4 w_p \delta w_p r \mathrm{d}r \mathrm{d}\theta \right) \mathrm{d}t - \int_{t_1}^{t_2} \left(\sum_{p=1}^{M} \rho_p h_p \iint_{\Gamma_{\text{baffle}}^p} \frac{\partial^2 w_p}{\partial t^2} \delta w_p r \mathrm{d}r \mathrm{d}\theta \right) \mathrm{d}t$$
$$= \int_{t_1}^{t_2} \left(\sum_{p=1}^{M} \iint_{\Gamma_{\text{baffle}}^p} F_p \delta w_p r \mathrm{d}r \mathrm{d}\theta \right) \mathrm{d}t \tag{6.84}$$

式中，δw_p 是第 p 层弹性隔板的虚挠度。当第 p 层弹性隔板按照第 q 阶模态振动时，其动挠度可设为

$$w_p(r,\theta,t) = \mathrm{e}^{\mathrm{j}\omega_q t}\cos\theta W_{1q}^p(r) \tag{6.85}$$

由于虚挠度 δw_p 必然满足边界条件，因此我们可以选择第 q' 阶 $(q' \neq q)$ 模态来代替式（6.84）中的虚挠度 δw_p，于是可设

$$\delta w_p(r,\theta,t) = \mathrm{e}^{\mathrm{j}\omega_q t}\cos\theta W_{1q'}^p(r) \tag{6.86}$$

将式（6.85）和式（6.86）代入式（6.84），得到

$$\sum_{p=1}^{M} D_p\int_{R_1}^{R_2} W_{1q'}^p\nabla^4 W_{1q}^p r\mathrm{d}r = \sum_{p=1}^{M}\omega_{1q}^2\int_{R_1}^{R_2}(\rho_p h_p W_{1q'}^p W_{1q}^p \\ + \rho_l W_{1q'}^p(\varPhi_{1q}^{2p-1}(r,z_p) - \varPhi_{1q}^{2p+1}(r,z_p)))r\mathrm{d}r \tag{6.87}$$

重复上述的过程，我们可以得到类似的另外一个积分方程：

$$\sum_{p=1}^{M} D_p\int_{R_1}^{R_2} W_{1q}^p\nabla^4 W_{1q'}^p r\mathrm{d}r = \sum_{p=1}^{M}\omega_{1q'}^2\int_{R_1}^{R_2}(\rho_p h_p W_{1q}^p W_{1q'}^p \\ + \rho_l W_{1q}^p(\varPhi_{1q'}^{2p-1}(r,z_p) - \varPhi_{1q'}^{2p+1}(r,z_p)))r\mathrm{d}r \tag{6.88}$$

根据动能的变分表达式（6.82），得到

$$\sum_{p=1}^{M} D_p\int_{R_1}^{R_2} W_{1q}^p\nabla^4 W_{1q'}^p r\mathrm{d}r = \sum_{p=1}^{M} D_p\int_{R_1}^{R_2} W_{1q'}^p\nabla^4 W_{1q}^p r\mathrm{d}r \tag{6.89}$$

比较式（6.87）和式（6.88）的两边，得到

$$\sum_{p=1}^{M}\omega_{1q}^2\int_{R_1}^{R_2}(\rho_p h_p W_{1q'}^p W_{1q}^p + \rho_l W_{1q'}^p(\varPhi_{1q}^{2p-1}(r,z_p) - \varPhi_{1q}^{2p+1}(r,z_p)))r\mathrm{d}r \\ = \sum_{p=1}^{M}\omega_{1q'}^2\int_{R_1}^{R_2}(\rho_p h_p W_{1q}^p W_{1q'}^p + \rho_l W_{1q}^p(\varPhi_{1q'}^{2p-1}(r,z_p) - \varPhi_{1q'}^{2p+1}(r,z_p)))r\mathrm{d}r \tag{6.90}$$

在式（6.90）的两边同时加上 $\dfrac{\rho_l}{g}\int_0^{R_2}\omega_{1q}^2\omega_{1q'}^2\varPhi_{1q}\varPhi_{1q'}r\mathrm{d}r$，再由 $\omega_{1q}^2 \neq \omega_{1q'}^2$ 即可得到耦合模态的正交性：

$$\sum_{p=1}^{M}\int_{R_1}^{R_2}\frac{\partial\varPhi_{1q'}^{2p-1}}{\partial z}\bigg|_{z=z_p}\left(\frac{\rho_p h_p}{\rho_l}W_{1q}^p + (\varPhi_{1q}^{2p-1}(r,z_p) - \varPhi_{1q}^{2p+1}(r,z_p))\right)r\mathrm{d}r \\ + \int_0^{R_2}\frac{\partial\varPhi_{1q'}}{\partial z}\bigg|_{z=z_{M+1}}\varPhi_{1q}(r,z_{M+1})r\mathrm{d}r = 0 \tag{6.91}$$

6.3.4　耦合动力响应方程的建立

将式（6.67）和式（6.70）代入式（6.68），得到

$$\sum_{n=1}^{\infty}\ddot{q}_n(t)\varPhi_{1n}(r,z_{M+1}) + g\sum_{n=1}^{\infty} q_n(t)\omega_{1n}^2\varPhi_{1n}(r,z_{M+1}) = -\ddot{x}(t)r \tag{6.92}$$

将式（6.70）和式（6.71）代入式（6.69），得到

$$
\begin{aligned}
& \frac{D_p}{\rho_p h_p} \nabla^4 \sum_{n=1}^{\infty} q_n(t) W_{1n}^p(r) + \sum_{n=1}^{\infty} \ddot{q}_n(t) W_{1n}^p(r) \\
& = \frac{\rho_1}{\rho_p h_p} \sum_{n=1}^{\infty} \ddot{q}_n(t) (\varPhi_{1n}^{2p-1}(r, z_p) - \varPhi_{1n}^{2p+1}(r, z_p))
\end{aligned}
\tag{6.93}
$$

由 5.3 节中干模态的条件，得到

$$
\begin{aligned}
& \frac{D_p}{\rho_p h_p} \sum_{n=1}^{\infty} \sum_{n'=1}^{\infty} q_n(t) A_{1n'}^{pn} \varsigma_{1n'}^4 \bar{W}_{1n'}(r) + \sum_{n=1}^{\infty} \ddot{q}_n(t) W_{1n}^p(r) \\
& = \frac{\rho_1}{\rho_p h_p} \sum_{n=1}^{\infty} \ddot{q}_n(t) (\varPhi_{1n}^{2p-1}(r, z_p) - \varPhi_{1n}^{2p+1}(r, z_p))
\end{aligned}
\tag{6.94}
$$

再由 5.3 节中的弹性隔板振动条件，可得

$$
\begin{aligned}
& \frac{D_p}{\rho_p h_p} \sum_{n'=1}^{\infty} A_{1n'}^{pn} \varsigma_{1n'}^4 \bar{W}_{1n'}(r) \\
& = \omega_{1n}^2 \sum_{n'=1}^{\infty} A_{1n'}^n \bar{W}_{1n'}(r) + \frac{\omega_{1n}^2 \rho_1}{\rho_p h_p} (\varPhi_{1n}^{2p-1}(r, z_p) - \varPhi_{1n}^{2p+1}(r, z_p))
\end{aligned}
\tag{6.95}
$$

将式（6.95）代入式（6.94），得到

$$
\begin{aligned}
& g \sum_{n=1}^{\infty} q_n(t) \omega_{1n}^2 \left(\frac{\rho_p h_p}{\rho_1} W_{1n}^p + (\varPhi_{1n}^{2p-1}(r, z_p) - \varPhi_{1n}^{2p+1}(r, z_p)) \right) \\
& + \sum_{n=1}^{\infty} \ddot{q}_n(t) \left(\frac{\rho_p h_p}{\rho_1} W_{1n}^p + (\varPhi_{1n}^{2p-1}(r, z_p) - \varPhi_{1n}^{2p+1}(r, z_p)) \right) = 0
\end{aligned}
$$

$$
i = 1, 2, \cdots, M
\tag{6.96}
$$

将式（6.92）的两边同时乘以 $\left. \dfrac{\partial \varPhi_{1n}}{\partial z} \right|_{z=z_{M+1}}$，再对其两边同时对 r 从 0 到 R_2 进行

积分，式（6.93）中的空间坐标 r 即可被消除；将式（6.96）两边同时乘以 $\left. \dfrac{\partial \varPhi_{1n}^{2p-1}}{\partial z} \right|_{z=z_p}$，

再对其两边同时对 r 从 R_1 到 R_2 进行积分，式（6.96）中的空间坐标 r 即可被消除。
将积分后的式（6.92）和式（6.96）相加，利用耦合模态的正交性（6.91）即可得
到解耦的动力响应方程：

$$
M_{1n} \ddot{q}_n(t) + K_{1n} q_n(t) = -\ddot{x}(t)
\tag{6.97}
$$

式中

$$M_{1n} = \int_0^{R_2} \left.\frac{\partial \Phi_{1n}}{\partial z}\right|_{z=z_M} \Phi_{1n}(r, z_M) r \mathrm{d}r \bigg/ \int_0^{R_2} \left.\frac{\partial \Phi_{1n}}{\partial z}\right|_{z=z_M} r^2 \mathrm{d}r$$

$$+ \sum_{p=1}^{M} \int_{R_1}^{R_2} \left.\frac{\partial \Phi_{1n}^{2p-1}}{\partial z}\right|_{z=z_p} \left(\frac{\rho_p h_p}{\rho_1} W_{1n}^p + (\Phi_{1n}^{2p-1}(r, z_p) - \Phi_{1n}^{2p+1}(r, z_p)) \right) r \mathrm{d}r \bigg/ \int_0^{R_2} \left.\frac{\partial \Phi_{1n}}{\partial z}\right|_{z=z_M} r^2 \mathrm{d}r$$

$$\text{（6.98）}$$

$$K_{1n} = \omega_{1n}^2 M_{1n} \tag{6.99}$$

任意激励下的线性单自由度动力响应方程可以用杜阿梅尔积分进行求解，对于式（6.97），其一般形式的解为

$$q_n(t) = q_n(0)\cos\omega_{1n}t + \frac{\dot{q}_n(0)}{\omega_{1n}}\sin\omega_{1n}t + \frac{1}{M_{1n}\omega_{1n}}\int_0^t \ddot{x}(\tau)\sin(\omega_{1n}(t-\tau))\mathrm{d}\tau$$

$$\text{（6.100）}$$

式中，$q_n(0)$ 是广义坐标 $q_n(t)$ 的初始值；$\dot{q}_n(0)$ 是广义坐标 $q_n(t)$ 对时间导数的初始值。将广义坐标 $q_n(t)$ 代入式（6.70）即可得到流体的摄动速度势函数 ϕ_{iB}。将广义坐标 $q_n(t)$ 代入式（6.71）即可得到隔板关于时间 t 的动挠度：

$$w = \cos\theta \sum_{n=1}^{\infty} q_n(t) W_{1n}(r) \tag{6.101}$$

6.3.5　比较研究

为验证半解析模型的正确性，将其结果与商业有限元软件 ADINA 的结果进行比较。储液罐内半径取为 $R_2 = 1\mathrm{m}$，罐中液体深度固定在 $z_2 = 1\mathrm{m}$，流体密度取为 $1000\mathrm{kg/m^3}$。弹性隔板的弹性模量为 $2.1 \times 10^{11}\mathrm{Pa}$，其密度为 $\rho = 7850\mathrm{kg/m^3}$，泊松比为 $\nu = 0.3$。隔板数量为 2，这两个隔板分别被放置于 $z_1/R_2 = 0.3$ 和 $z_2/R_2 = 0.6$，两个隔板的内半径均为 $R_1/R_2 = 0.5$，考虑三个不同的隔板厚度 $h_p = 1\mathrm{mm}$，$1.5\mathrm{mm}$，$2\mathrm{mm}(p = 1, 2)$。作用于储液罐的水平激励为 $x(t) = X_0 \sin\bar{\omega}t$，储液罐位移幅值为 $X_0 = 0.001\mathrm{m}$，激励频率 $\bar{\omega} = 5\mathrm{rad/s}$，在此研究前 10s 的激励时程响应。在 ADINA 的有限元模型中，对流体采用有 27 个节点的三维势流体单元进行建模，对于弹性隔板，采用有 27 个节点的三维固体单元进行建模。对于有限元模型的边界，使用了两种不同的势流界面进行模拟。对有限元模型进行网格划分，得到 8640 个三维势流单元和 480 个三维固体单元。图 6-16（a）、图 6-17（a）以及图 6-18（a）给出了储液罐壁处（$\theta = 0$）的液面波高 f_{wall} 的时程曲线；图 6-16（b）、图 6-17（b）以及图 6-18（b）为下隔板内边缘处（$\theta = 0$）的动挠度的时程曲线；图 6-16（c）、图 6-17（c）以及图 6-18（c）为上隔板内边缘处（$\theta = 0$）的动挠度的时程曲线。由图 6-16～图 6-18 可以看出，其结果与 ADINA 的仿真结果具有较好的一致性。

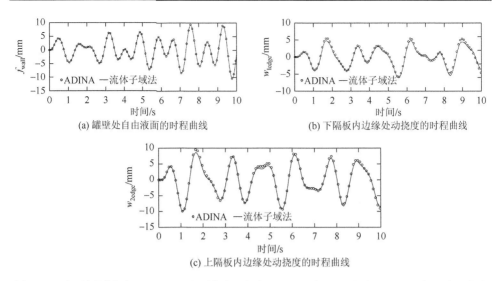

(a) 罐壁处自由液面的时程曲线　(b) 下隔板内边缘处动挠度的时程曲线

(c) 上隔板内边缘处动挠度的时程曲线

图 6-16　当隔板厚度为 $h_p = 1\text{mm}$ 时，罐壁处自由液面和弹性隔板内边缘处动挠度的时程曲线

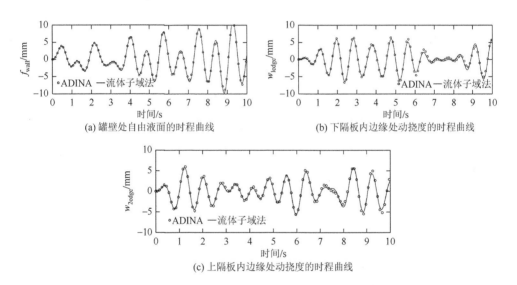

(a) 罐壁处自由液面的时程曲线　(b) 下隔板内边缘处动挠度的时程曲线

(c) 上隔板内边缘处动挠度的时程曲线

图 6-17　当隔板厚度为 $h_p = 1.5\text{mm}$ 时，罐壁处自由液面和弹性隔板内边缘处动挠度的时程曲线

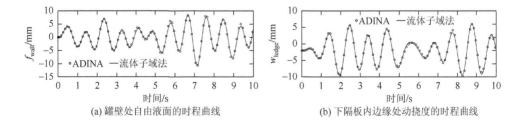

(a) 罐壁处自由液面的时程曲线　(b) 下隔板内边缘处动挠度的时程曲线

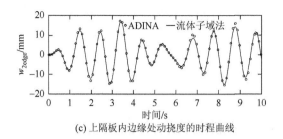

(c) 上隔板内边缘处动挠度的时程曲线

图 6-18　当隔板厚度为 $h_p = 2\text{mm}$ 时，罐壁处自由液面和弹性隔板内边缘处动挠度的时程曲线

6.3.6　稳态响应参数分析

作用于储液罐的水平激励 $x(t)$ 为简谐激励，其幅值为 X_0，激励频率为 $\bar{\omega}$。假设储液罐中流体从静止开始运动，也就是 $q_n(0) = \dot{q}_n(0) = 0$，于是可得式（6.97）的稳态解为

$$q_n(t) = \frac{X_0 \bar{\omega}^2 \omega_{1n}^2}{K_{1n}(\omega_{1n}^2 - \bar{\omega}^2)} \sin \bar{\omega} t \qquad (6.102)$$

值得注意的是，当激励频率接近任意耦合频率 ω_{1n} 时，在不考虑阻尼的情况下，$q_n(t)$ 趋于无穷大，也就是通常所说的共振现象。因此当激励频率接近耦合频率 ω_{1n} 时本章的方法将不再适合进行定量的分析。在下面的分析中，对自由液面波高、隔板动挠度、基底剪力以及倾覆力矩进行详尽的参数分析研究。储液罐内径取为 $R_2 = 1\text{m}$，罐中液体深度为 $z_2 = 1\text{m}$，其密度为 1000kg/m^3。弹性隔板的个数为 2，其密度为 7850kg/m^3，弹性模量为 $2.1 \times 10^{11}\text{Pa}$，泊松比为 0.3。激励频率取为 $\bar{\omega} = 5\text{rad/s}$，储液罐的位移幅值为 $X_0 = 0.001\text{m}$。

1. 耦合响应随隔板内半径的变化规律

在此取隔板厚度为 $h_p = 2.5\text{mm}(p = 1, 2)$。考虑三种不同的隔板放置方式：$z_1/R_2 = 0.4$，$z_2/R_2 = 0.7$；$z_1/R_2 = 0.4$，$z_2/R_2 = 0.8$；$z_1/R_2 = 0.5$，$z_2/R_2 = 0.8$。$w_{1\max}$ 为下隔板内边缘处（$\theta = 0$）的动挠度的幅值。图 6-19 给出了 $w_{1\max}$ 随隔板内半径的变化规律。从图 6-19 中可以看出，$w_{1\max}$ 随着隔板内半径的增加首先增加到第一个峰值，对于三种不同的隔板放置方式，$w_{1\max}$ 到达第一个峰值的所对应的隔板内半径均为 $R_1/R_2 = 0.22$；之后，$w_{1\max}$ 开始随着隔板内半径的增加而逐渐减小到零，$w_{1\max}$ 到达零点所对应的隔板内半径均为 $R_1/R_2 = 0.46$；零点之后，$w_{1\max}$ 随着隔板内半径的继续增加先增大后减小，对应于三种不同的隔板放置方式，$w_{1\max}$ 在隔板内半径取 $R_1/R_2 = 0.57$ 时取到第二个峰值，且该峰值小于第一个峰值。

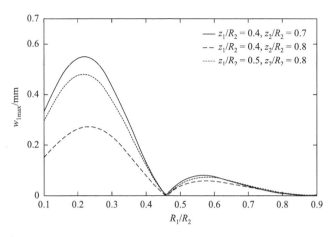

图 6-19　当 $h_p = 2.5$mm，z_1/R_2 和 z_2/R_2 取不同值时，下隔板的动挠度幅值随着
隔板内半径的变化

w_{2max} 为上隔板内边缘处（$\theta = 0$）的动挠度的幅值。图 6-20 给出了 w_{2max} 随隔板内外半径比的变化规律。从图 6-20 可以看出，w_{2max} 随着隔板内半径的增加先增加后减小。当两隔板被放置于 $z_1/R_2 = 0.4$ 和 $z_2/R_2 = 0.7$ 时，w_{2max} 在隔板内半径取为 $R_1/R_2 = 0.31$ 时达到最大值 1.15mm；当两隔板被放置于 $z_1/R_2 = 0.4$ 和 $z_2/R_2 = 0.8$ 时，w_{2max} 在隔板内半径取为 $R_1/R_2 = 0.33$ 时达到最大值 0.97mm；当两隔板被放置于 $z_1/R_2 = 0.5$ 和 $z_2/R_2 = 0.8$ 时，w_{2max} 在隔板内半径取为 $R_1/R_2 = 0.3$ 时达到最大值 1.06mm。当隔板内径 $0.33 \leqslant R_1/R_2 \leqslant 0.6$ 时，隔板位置对于 w_{2max} 的影响随着隔板内半径的增加而减小，当隔板内半径大于 0.6 时，隔板位置对于 w_{2max} 的影响基本上会消失。

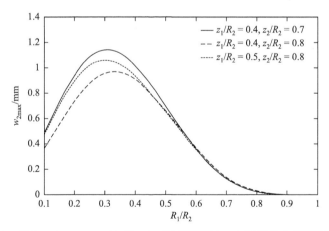

图 6-20　当 $h_p = 2.5$mm，z_1/R_2 和 z_2/R_2 取不同值时，上隔板的动挠度幅值随着
隔板内半径的变化

f_{max} 是罐壁处（$\theta = 0$）自由液面波高幅值，图 6-21 给出了 f_{max} 随隔板内半径的变化曲线。如图 6-21 所示，随着隔板内半径的增加，f_{max} 首先减小到零。当隔板被放置于 $z_1/R_2 = 0.4$ 和 $z_2/R_2 = 0.7$ 时，与 $f_{max} = 0$ 对应的隔板内半径为 $R_1/R_2 = 0.29$；当隔板被放置于 $z_1/R_2 = 0.4$ 和 $z_2/R_2 = 0.8$ 时，与 $f_{max} = 0$ 对应的隔板内半径为 $R_1/R_2 = 0.38$；当隔板被放置于 $z_1/R_2 = 0.5$ 和 $z_2/R_2 = 0.8$ 时，与 $f_{max} = 0$ 对应的隔板内半径为 $R_1/R_2 = 0.38$。零点之后，随着隔板内半径的继续增加，f_{max} 单调增加。除此之外，下隔板位置对 f_{max} 的影响随着隔板内半径的增加而减小，当隔板内半径大于 0.4 的时候，隔板位置的影响消失。当隔板内半径大于 0.4 时，上隔板位置对 f_{max} 的影响随着隔板内半径的增加而缓慢减小。当隔板内半径趋于 1 的时候，隔板的影响基本上消失。

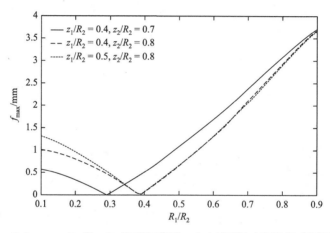

图 6-21　当 $h_p = 2.5\text{mm}$，z_1/R_2 和 z_2/R_2 取不同值时，自由液面波高幅值随着隔板内半径的变化

F_{max} 为基底剪力的幅值，图 6-22 给出了 F_{max} 随隔板内半径 R_1/R_2 的变化曲线。由图 6-22 可以看出，随着隔板内半径的增加，F_{max} 首先逐渐减小到零；当隔板被放置于 $z_1/R_2 = 0.4$ 和 $z_2/R_2 = 0.7$ 时，与 $F_{max} = 0$ 对应的隔板内半径为 $R_1/R_2 = 0.8$；当隔板被放置于 $z_1/R_2 = 0.4$ 和 $z_2/R_2 = 0.8$ 时，与 $F_{max} = 0$ 对应的隔板内半径为 $R_1/R_2 = 0.84$；当隔板被放置于 $z_1/R_2 = 0.5$ 和 $z_2/R_2 = 0.8$ 时，与 $F_{max} = 0$ 对应的隔板内半径为 $R_1/R_2 = 0.84$。基底剪力的零点之后，随着隔板内半径的继续增加，基底剪力稳定地增加。除此之外，下隔板位置对 F_{max} 的影响随着隔板内半径的增加快速地减小，当隔板内半径大于 0.4 时，这种影响消失。

M_{max} 为倾覆力矩的幅值，图 6-23 给出了 M_{max} 随隔板内半径 R_1/R_2 的变化曲线。由图 6-23 可以看出，随着隔板内半径的增加，M_{max} 首先逐渐减小到零；当隔板被放置于 $z_1/R_2 = 0.4$ 和 $z_2/R_2 = 0.7$ 时，与 $M_{max} = 0$ 对应的隔板内半径为 $R_1/R_2 = 0.57$；当隔板被放置于 $z_1/R_2 = 0.4$ 和 $z_2/R_2 = 0.8$ 时，与 $M_{max} = 0$ 对应的隔板内半径为

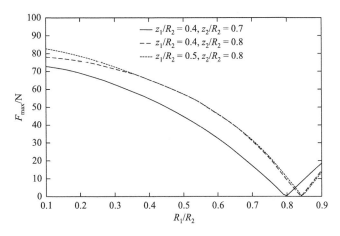

图 6-22　当 $h_p = 2.5$mm，z_1/R_2 和 z_2/R_2 取不同值时，基底剪力幅值随隔板内半径的变化

$R_1/R_2 = 0.7$；当隔板被放置于 $z_1/R_2 = 0.5$ 和 $z_2/R_2 = 0.8$ 时，与 $M_{max} = 0$ 对应的隔板内半径为 $R_1/R_2 = 0.7$。倾覆力矩的零点之后，随着隔板内半径的继续增加，M_{max} 从零开始稳定地上升。除此之外，下隔板位置对 M_{max} 的影响随着隔板内半径的增加而减小，当隔板内半径大于 0.47 时，其影响基本消失。当隔板内半径大于 0.7 时，上隔板位置对于 M_{max} 的影响随着隔板内半径的增加而缓慢地减小。

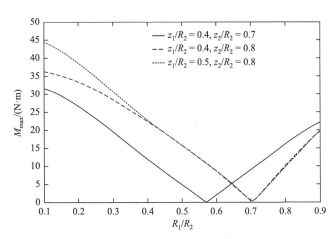

图 6-23　当 $h_p = 2.5$mm，z_1/R_2 和 z_2/R_2 取不同值时，倾覆力矩随隔板内半径的变化

2. 耦合响应随上隔板位置的变化规律

在此取隔板内半径为 $R_1/R_2 = 0.5$，下隔板被放置在 $z_1/R_2 = 0.4$ 的位置上，考虑两个不同的下隔板厚度 $h_1 = 1$mm，4mm，上隔板厚度取 $h_2 = 2$mm。图 6-24 给出了 w_{1max} 随上隔板位置的变化曲线。从图 6-24 可以看出，当上隔板从靠近下隔板的位置变化

到靠近自由液面的位置时，w_{1max} 首先减小到最小值。对于 $h_1 = 1mm$，上隔板位于 $z_2/R_2 = 0.82$ 时，w_{1max} 取到最小值 0.2mm；对于 $h_1 = 4mm$，上隔板位于 $z_2/R_2 = 0.81$ 时，w_{1max} 取到最小值 0.01mm。除此，w_{1max} 随着隔板厚度的增加而减小。当 $z_2/R_2 < 0.81$ 时，下隔板的厚度对 w_{1max} 的影响随着 z_2/R_2 的增加而减小；当 $z_2/R_2 > 0.81$ 时，下隔板的厚度对 w_{1max} 的影响随着 z_2/R_2 的增加而增加。

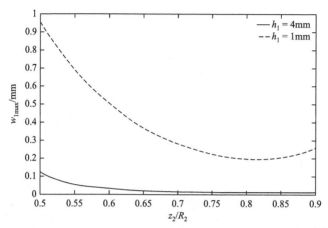

图 6-24　当 $R_1/R_2 = 0.5$，$z_1/R_2 = 0.4$，$h_1 = 1mm$，4mm，$h_2 = 2mm$ 时，下隔板的动挠度幅值随上隔板位置的变化

　　图 6-25 给出了 w_{2max} 随上隔板位置的变化曲线。当隔板厚度取 $h_1 = 1mm$ 时，随着 z_2/R_2 的增加，w_{2max} 呈现先增加后减小的变化趋势；当隔板厚度取 $h_1 = 4mm$ 时，w_{2max} 随着 z_2/R_2 的增加单调减小。随着上隔板位置的上升，上隔板厚度对 w_{2max} 的影响逐渐减小。

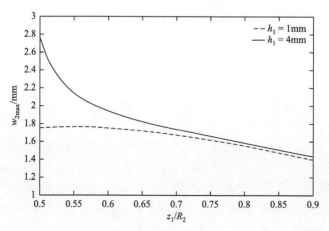

图 6-25　当 $R_1/R_2 = 0.5$，$z_1/R_2 = 0.4$，$h_1 = 1mm$，4mm，$h_2 = 2mm$ 时，上隔板的动挠度幅值随上隔板位置的变化

图 6-26 给出了 f_{max} 随上隔板位置的变化曲线。从图 6-26 可以看出，随着 z_2/R_2 的增加，f_{max} 先减小再增加。对于两个不同的下隔板厚度，上隔板位于 $z_2/R_2 = 0.89$ 时，f_{max} 等于零。之后，随着上隔板位置继续向上变化，f_{max} 从零开始增加。当 z_2/R_2 <0.68 时，f_{max} 随着下隔板厚度的增加而减小。除此之外，下隔板厚度对 f_{max} 的影响随着 z_2/R_2 的增加而减小，当 z_2/R_2 >0.68 时，下隔板厚度的影响基本上消失。

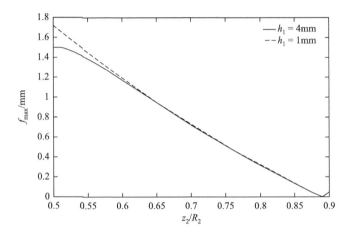

图 6-26　当 $R_1/R_2 = 0.5$，$z_1/R_2 = 0.4$，$h_1 = 1mm$，$4mm$，$h_2 = 2mm$ 时，自由液面波高幅值随上隔板位置的变化

图 6-27 给出了基底剪力幅值 F_{max} 随上隔板位置的变化曲线。从图 6-27 可以看出，随着上隔板位置的上升，F_{max} 单调地增加。下隔板厚度对 F_{max} 的影响随着上隔板位置的上升逐渐减小，当 z_2/R_2 大于 0.68 时，下隔板厚度的影响基本上忽略不计了。

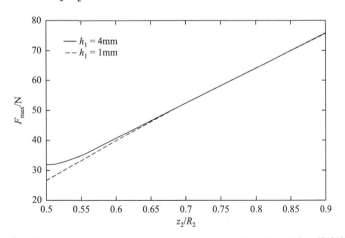

图 6-27　当 $R_1/R_2 = 0.5$，$z_1/R_2 = 0.4$，$h_1 = 1mm$，$4mm$，$h_2 = 2mm$ 时，基底剪力幅值随上隔板位置的变化

图 6-28 给出了倾覆力矩幅值 M_{max} 随上隔板位置的变化曲线。从图 6-28 可以看出，随着上隔板位置的上升，M_{max} 首先减小到零，对于 $h_1 = 1mm$，上隔板位于 $z_2/R_2 = 0.61$ 时 M_{max} 取到零；对于 $h_1 = 4mm$，上隔板位于 $z_2/R_2 = 0.6$ 时 M_{max} 取到零。零点之后，随着隔板位置的进一步上升，M_{max} 从零开始稳定地增加。除此，当 z_2/R_2 小于 0.6 时，M_{max} 随着下隔板厚度的增加而减小；当 z_2/R_2 大于 0.61 时，M_{max} 随着下隔板厚度的增加而增加。

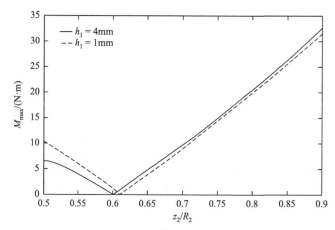

图 6-28　当 $R_1/R_2 = 0.5$，$z_1/R_2 = 0.4$，$h_1 = 1mm$，4mm，$h_2 = 2mm$ 时，倾覆力矩幅值随上隔板位置的变化

3. 耦合响应随下隔板位置的变化规律

隔板内半径取为 $R_1/R_2 = 0.5$，上隔板被固定在 $z_2/R_2 = 0.8$，在此考虑两个不同的上隔板厚度 $h_2 = 1mm$，4mm，下隔板厚度取为 $h_1 = 2mm$。图 6-29 给出了 w_{1max} 随

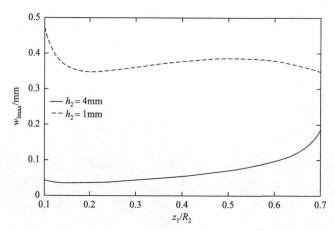

图 6-29　当 $R_1/R_2 = 0.5$，$z_2/R_2 = 0.8$，$h_1 = 2mm$，$h_2 = 1mm$，4mm 时，下隔板的动挠度幅值随下隔板位置的变化

下隔板位置的变化曲线。从图 6-29 可以看出，随着下隔板从靠近罐底的位置上升到靠近上隔板的位置，对应于 $h_2 = 1\text{mm}$，$w_{1\text{max}}$ 呈现出波动变化；对应于 $h_2 = 4\text{mm}$，$w_{1\text{max}}$ 首先轻微地下降到最小值 0.03mm，此时下隔板位于 $z_1/R_2 = 0.16$，随着下隔板位置的进一步上升，$w_{1\text{max}}$ 逐渐地增加。

图 6-30 给出了 $w_{2\text{max}}$ 随下隔板位置的变化曲线。从图 6-30 中可以看出，当下隔板位置从靠近罐底的位置上升到靠近上隔板的位置时，对应于 $h_2 = 1\text{mm}$ 的 $w_{2\text{max}}$ 单调减小。但是对应于 $h_2 = 4\text{mm}$ 的 $w_{2\text{max}}$ 则基本保持不变。

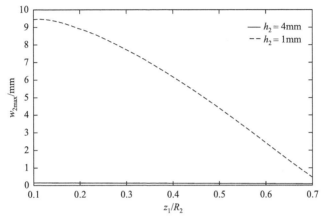

图 6-30　当 $R_1/R_2 = 0.5$，$z_2/R_2 = 0.8$，$h_1 = 2\text{mm}$，$h_2 = 1\text{mm}$，4mm 时，上隔板的动挠度幅值
随下隔板位置的变化

图 6-31 是 f_{max} 随下隔板位置的变化曲线。从图 6-31 中可以看出，当 $h_2 = 1\text{mm}$ 时，f_{max} 随着下隔板位置的上升单调减小。当 $h_2 = 4\text{mm}$ 时，f_{max} 随着下隔板位置的变化很小，基本上可以忽略不计。

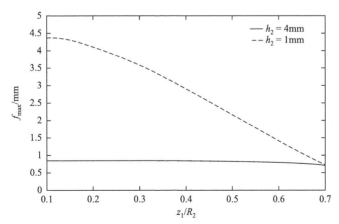

图 6-31　当 $R_1/R_2 = 0.5$，$z_2/R_2 = 0.8$，$h_1 = 2\text{mm}$，$h_2 = 1\text{mm}$，4mm 时，自由液面波高幅值
随下隔板位置的变化

图 6-32 是 F_{max} 随下隔板位置的变化曲线。从图 6-32 中可以看出，当 $h_2 = 1mm$ 时，F_{max} 随着下隔板位置的上升先减小到零，此时下隔板位于 $z_1/R_2 = 0.31$；随着下隔板进一步地上升，F_{max} 从零开始稳定地增加。但是对于 $h_2 = 4mm$，F_{max} 随下隔板位置基本不变。

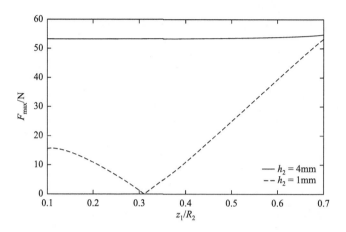

图 6-32　当 $R_1/R_2 = 0.5$，$z_2/R_2 = 0.8$，$h_1 = 2mm$，$h_2 = 1mm$，$4mm$ 时，基底剪力幅值
随下隔板位置的变化

图 6-33 给出了 M_{max} 随下隔板位置的变化曲线。从图 6-33 中可以看出，当 $h_2 = 1mm$ 时，M_{max} 随着下隔板的上升减小到零，此时下隔板位于 $z_1/R_2 = 0.62$，之后随着下隔板继续上升，M_{max} 从零开始单调增加。对于 $h_2 = 4mm$，下隔板位置对于 M_{max} 的影响基本上可以忽略不计。

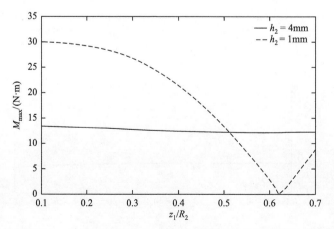

图 6-33　当 $R_1/R_2 = 0.5$，$z_2/R_2 = 0.8$，$h_1 = 2mm$，$h_2 = 1mm$，$4mm$ 时，倾覆力矩幅值
随下隔板位置的变化

6.4　本 章 小 结

　　将水平激励下带弹性隔板圆柱形储液罐中流体的速度势分解成刚体速度势和摄动速度势，引入耦合模态的广义坐标建立流体晃动和隔板振动耦合动力响应方程。基于哈密顿变分原理证明流-固耦合模态的正交性，基于此将耦合动力响应方程进行解耦。利用杜阿梅尔积分求解动力响应方程，详细地探讨了隔板参数对于耦合动力响应的影响，得到以下几个结论。

　　（1）在隔板为弹性的情况，可以通过隔板位置或者隔板内半径的优化使得自由液面波高的稳态响应幅值为零，这一点对于刚性隔板则很难实现。

　　（2）隔板刚度对于稳态响应的影响随着隔板内半径的增加而减小，随着隔板位置的上升而增加。

　　（3）对于多层隔板的情况，若最靠近自由液面的隔板刚度较大，则其他隔板对于晃动响应的影响就会比较小，可以忽略不计；若最靠近自由液面的隔板刚度较小，则其他隔板对于晃动响应的影响就比较大。

参 考 文 献

[1]　张如林，程旭东，管友海. 大型储罐抗震研究现状与发展综述[J]. 四川建筑科学研究，2015，41：205-209.

[2]　李遇春，朱暾，白冰. 悬臂-梁流体-悬臂梁耦联系统的湿模态相互作用[J]. 工程力学，1998，15（1）：58-65.

[3]　王建军，李其汉，朱梓根，等. 自由面大晃动的流固耦合数值分析方法研究进展[J]. 力学季刊，2001，22（4）：447-454.

[4]　Bermudez A，Duran R，Rodriguez R. Finite element solution of incompressible fluid-structure vibration problems[J]. International Journal for Numerical Methods in Engineering，1997，40：1435-1448.

[5]　曹志远，张佑启. 结构与内流体相互作用问题的半解析方法[J]. 应用数学和力学，1985，6（1）：1-8.

[6]　Kwak M K，Kim K C. Axisymmetric vibration of circular plates in contact with fluid[J]. Journal of Sound and Vibration，1991，146：381-389.

[7]　Meylan M H. The forced vibration of a thin plate floating on an infinite liquid[J]. Journal of Sound and Vibration，1997，205（5）：581-591.

[8]　Amabili M，Kwak M K. Vibration of circular plates on fluid surface effect of surface waves[J]. Journal of Sound and Vibration，1999，226（3）：407-424.

[9]　Zhou D，Cheung Y K. Vibration of vertical rectangular plate in contact with water on one side[J]. Earthquake Engineering and Structural Dynamics，2000，29：693-710.

[10]　杨宏康，高博青. 基于 Lyapunov 特征指数的钢制储液罐动力失稳概率分析[J]. 振动与冲击，2016，35：112-117.

[11]　张雄，张帆. 流-固耦合不可压物质点法及其在晃动问题中的应用[J]. 计算力学学报，2016，33：582-587.

[12]　Zhang Y L，Chen X，Wan D C. An MPS-FEM coupled method for the comparative study of liquid sloshing flows interacting with rigid and elastic baffles[J]. Applied Mathematics and Mechanics，2016，37：1359-1377.

第 7 章　带环形隔板圆柱储液罐中流体的
非线性自由晃动

7.1　工程背景及研究现状

前面几章基于流体子域法研究了带环形隔板圆柱形储液罐中流体的线性晃动，在外部激励不是很大的情况下，流体晃动的线性化理论及其等效力学模型具有一定的实际意义，并且在一定的工况下可以满足工程实际的需求。但是，流体晃动实际上是一种非线性行为，在很多实际工程中不可忽略其非线性效应，甚至在一些特殊情况下，非线性效应是一个主要的影响因素，因此研究流体的非线性自由晃动具有较大的实际意义。刚性储液系统中流体的非线性晃动问题涉及非定常流体动力学及强非线性自由液面条件，因此这个问题的求解是非常困难的。其理论分析方法可以分成两类：数值方法和模态法。随着硬件和软件技术的发展，目前出现了很多可以用于仿真流体非线性晃动的数值方法，其中应用比较广泛的有有限元法[1, 2]、边界元法[3]、有限差分法[4, 5]等。但是数值方法通常会存在两个比较大的缺陷：①仿真效率低下，无法进行长时间的仿真；②不能进行参数分析。因此，模态法一直都是研究流体非线性晃动问题的重要手段。国内外学者在这方面已开展了一些研究工作，其最主要的研究方法有四种：①Perko-like 伪谱法；②渐近模态法；③平均法；④多维模态法。

1. Perko-like 伪谱法

这种方法最早是由 Perko[6]在研究瞬态表面流动问题时提出的。这种方法是在得到无穷维模态系统后，采取直接截断的办法获得有限维模态系统，然后对其进行数值积分。基于此，Rocca 等[7]研究了摇摆激励下矩形储液系统中流体的非共振晃动问题。Perko-like 伪谱法只能得到离散的数值结果，不能用来研究流体晃动的稳态响应，并且这种方法在处理大幅晃动时容易出现数值发散的现象。

2. 渐近模态法

不同于前面的 Perko-like 伪谱法，在截断无穷维模态系统之前，需要先引入模态函数之间的渐近关系，再利用渐近关系将无穷维模态系统截断成有限维模态系统。因此这种方法需要对一定条件流体的晃动本质有初步的了解。Narimanov[8]

最早提出了这个思想，Moiseev[9]最早使用这种方法研究一般形状储液系统中流体稳态共振晃动响应。因此这个渐近关系被称为 Narimanov-Moiseev 渐近关系。Hutton[10]基于 Narimanov-Moiseev 渐近关系研究了圆柱形储液系统中流体在基频附近非线性晃动，Hutton 发现了三种形式的晃动形态：稳态平面晃动、稳态非平面晃动和非稳态晃动。Faltinsen[11]基于 Moiseev 的渐近模态法建立了三阶稳态晃动理论，研究了二维矩形储液系统中流体在水平和摇摆激励下的共振响应。Waterhouse[12]则进一步建立五阶稳态晃动理论，同样研究了二维矩形储液系统中流体的晃动问题。

3. 平均法

主导模态占有整个流体晃动的绝大部分能量，基于此，Miles[13, 14]提出了平均法，通过对快变时间系数和慢变时间系数的分离，建立了仅包含主导模态的四维 Hamiltonian 系统，Miles 用这种方法分别研究了竖向放置的圆柱形储液系统中流体的自由晃动和受迫晃动。Hill 等[15, 16]研究了水平激励下矩形储液系统中流体二维共振晃动瞬态响应问题。

4. 多维模态法

基于 Bateman-Luke 变分原理，Miles[13]提出了建立无穷维模态系统的方法，但是他只研究了形状简单的储液系统中流体的晃动。在此基础上，Faltinsen 等[17-24]创立了多维模态理论，这种方法可用于求解复杂形状储液系统中的流体晃动。这种方法的优点在于：①能够轻易地将模态系统融入结构的动力学方程中去，给求解流-固耦合问题带来很大的便利；②仿真效率高，能够节省大量的仿真时间，尤其是对于复杂的非线性瞬态响应；③基于这种方法，可以进行参数研究，从而揭示一些重要的非线性特征。目前在国内，马兴瑞等[25-27]利用多维模态方法对圆柱形储液系统刚-液耦合的动力学特性进行了全面研究，取得了有意义的成果。

本章基于流体子域法利用多维模态理论研究带环形隔板圆柱形储液罐中流体的非线性自由晃动。类似于前面几章中子域的划分，将非"凸"的流体域划分成若干个"凸"的流体子域，同时使各流体子域具有 C^1 类的连续边界条件。在子域划分的基础上，利用 Bateman-Luke 变分原理将非线性晃动问题转化为等效的变分极值问题。引入广义坐标，将待求的自由液面波高和流体的速度势函数展开为广义的傅里叶级数，并将其代入等效变分方程中，得到广义坐标函数互相耦合的无穷维模态系统。利用 Narimanov-Moiseev 渐近关系即可将无穷维的模态系统转化成有限维的模态系统，也就是将非线性晃动的问题转化为求解非线性常微分方程组的问题。

7.2　基本模型和问题描述

考虑如图 7-1 所示的带环形隔板的圆柱形储液罐,隔板与储液罐均为刚性,罐中部分充满无旋、无黏、不可压的理想流体,流体密度是 ρ。环形隔板的厚度远小于环形隔板的内外半径,于是隔板厚度对流体晃动的影响可以忽略不计。按图 7-1 建立惯性坐标系 $O'x'y'z'$ 和固定在储液罐上的极坐标系 $Or\theta z$,$Or\theta z$ 的坐标原点 O 位于罐底中心,z 轴垂直于储液罐底。隔板被水平放置在 $z=z_1$ 的位置上,$z=z_2$ 为储液罐中流体静止液面的位置。储液罐内半径和隔板外半径均为 r_2,环形隔板内半径为 r_1。如图 7-1 所示,考虑储液罐中流体的非线性晃动,罐中流体区域 Ω 是一个时变区域,其边界由以下组成:自由液面 Σ、罐壁的浸湿部分 S_w、储液罐底 S_b 以及环形隔板的表面 S_p。

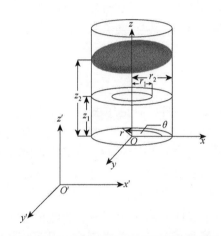

图 7-1　部分充液的带环形刚性隔板的圆柱形刚性储液罐

根据上述假设,在极坐标系 $Or\theta z$ 中描述流体非线性晃动问题为

$$\Delta \phi = 0 (\text{在}\Omega\text{中}) \tag{7.1}$$

$$\frac{\partial \phi}{\partial n} = v_0 \cdot n + \omega \cdot (r \times n)(\text{在}S_b \bigcup S_p \bigcup S_w\text{中}) \tag{7.2}$$

$$\frac{\partial \phi}{\partial n} = v_0 \cdot n + \omega \cdot (r \times n) + \dot{f}/\sqrt{1+|\nabla f|^2} \ (\text{在}\Sigma\text{中}) \tag{7.3}$$

$$\frac{\partial \phi}{\partial t} + \frac{\nabla \phi \cdot \nabla \phi}{2} - \nabla \phi \cdot (v_0 + \omega \times r) - g \cdot (r_0' + r) = 0(\text{在}\Sigma\text{中}) \tag{7.4}$$

$$\int_{\Omega(t)} \mathrm{d}\Omega = \text{const} \tag{7.5}$$

式中,n 为流体域 Ω 边界的单位法向量;$z = f(r,\theta,t)$ 为自由液面 Σ 的波高方程;

固连在储液罐上的极坐标系的坐标原点 O 相对于惯性坐标系 $O'x'y'z'$ 的速度为 v_0；$Or\theta z$ 相对于 $O'x'y'z'$ 的转动角速度为 ω；r'_0 为 O 相对于 O' 的位移矢量；r 为流体域中任意点相对于 O 的位移矢量；g 为重力加速度。式（7.1）为流体的连续性方程；式（7.2）为流体在流-固界面处的不透性条件；式（7.3）为流体自由液面处运动学边界条件；式（7.4）为流体自由液面处的动力学边界条件；式（7.5）为流体的体积不变条件。若储液罐的运动已知，即 v_0 和 ω 为已知，则这组方程中未知的流体速度势函数和自由液面波高方程非线性地耦合在一起，同时它们需要在运动的边界和流体区域上进行求解，因此这类问题是数学物理领域中的一个难题。对于流体晃动的非线性问题（7.1）～（7.5），若要获得确定的解，必须定义初始条件：

$$z = f(r,\theta,t)\big|_{t=0} = f_0(r,\theta), \quad \phi(r,\theta,z,t)\big|_{t=0} = \phi_0(r,\theta,z) \tag{7.6}$$

式中，$f_0(r,\theta)$ 和 $\phi_0(r,\theta,z)$ 是给定的已知函数。在外界扰动比较小的情况下，流体从静止开始做微幅线性晃动，于是流体微幅线性晃动的波高函数和速度势函数可以作为非线性晃动的初始条件。

7.3　流体子域的划分和速度势函数的分解

按照前几章中流体子域的划分，将图 7-1 中的流体域划分成两个柱形子域（$\bar{\Omega}_2, \Omega_4$）和两个环柱形子域（$\bar{\Omega}_1, \Omega_3$），子域间人工界面为 $\bar{\Gamma}_1$、$\bar{\Gamma}_2$、Γ_3，具体详见图 7-2。由图 7-2 显而易见，流体速度势函数在各子域中具有 C^1 类的连续边界条件。根据上述划分，可将流体速度势函数 ϕ 设成如下形式：

$$\phi(r,\theta,z,t) = \begin{cases} \phi_i(r,\theta,z,t), & (r,\theta,z) \in \bar{\Omega}_i; \ i=1,2 \\ \phi_i(r,\theta,z,t), & (r,\theta,z) \in \Omega_i; \ i=3,4 \end{cases} \tag{7.7}$$

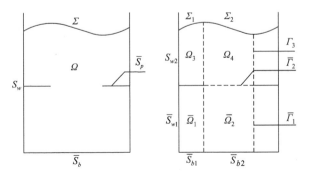

图 7-2　时变流体域 Ω 的横截面、流体子域以及人工界面

显然，$\bar{\Omega}_i(i=1,2)$ 和 $\bar{\Gamma}_k(k=1,2)$ 是不随时间变化的区域和界面，$\Omega_i(i=3,4)$ 和 $\Gamma_k(k=3)$ 是随时间变化的区域和界面，这是因为 Ω_3 有自由液面 Σ_1，Ω_4 有自由液面 Σ_2。根据连续介质力学理论，流体速度势函数在子域间界面上满足压力连续条件和速度连续条件，即

$$\phi_1=\phi_2,\quad \frac{\partial\phi_1}{\partial t}=\frac{\partial\phi_2}{\partial t},\quad \frac{\partial\phi_1}{\partial r}=\frac{\partial\phi_2}{\partial r}(在\bar{\Gamma}_1上) \tag{7.8}$$

$$\phi_2=\phi_4,\quad \frac{\partial\phi_2}{\partial t}=\frac{\partial\phi_4}{\partial t},\quad \frac{\partial\phi_2}{\partial z}=\frac{\partial\phi_4}{\partial z}(在\bar{\Gamma}_2上) \tag{7.9}$$

$$\phi_3=\phi_4,\quad \frac{\partial\phi_3}{\partial t}=\frac{\partial\phi_4}{\partial t},\quad \frac{\partial\phi_3}{\partial r}=\frac{\partial\phi_4}{\partial r}(在\Gamma_3上) \tag{7.10}$$

$\partial\Omega_i(i=3,4)$ 为流体子域 Ω_i 的边界，$\partial\bar{\Omega}_i(i=1,2)$ 为流体子域 $\bar{\Omega}_i$ 的边界。根据图 7-2 可得

$$\partial\bar{\Omega}_1=\bar{S}_{w1}\bigcup\bar{S}_{b1}\bigcup\bar{S}_p\bigcup\bar{\Gamma}_1,\quad \partial\bar{\Omega}_2=\bar{S}_{b2}\bigcup\bar{\Gamma}_1\bigcup\bar{\Gamma}_2 \tag{7.11}$$

$$\partial\Omega_3=\bar{S}_p\bigcup S_{w2}\bigcup\Sigma_1\bigcup\Gamma_3,\quad \partial\Omega_4=\bar{\Gamma}_2\bigcup\Gamma_3\bigcup\Sigma_2 \tag{7.12}$$

定义 $S_w=\bar{S}_{w1}\bigcup S_{w2}$ 为储液罐罐壁的浸湿部分；$\bar{S}_b=\bar{S}_{b1}\bigcup\bar{S}_{b2}$ 为储液罐底；$\Sigma=\Sigma_1\bigcup\Sigma_2$ 为流体的自由液面。将流体的速度势函数分解成如下形式：

$$\phi=v_0\cdot r+\omega\cdot\Theta+\varphi=\begin{cases} v_0\cdot r+\omega\cdot\Theta_i+\varphi_i, & (r,\theta,z)\in\bar{\Omega}_i;\ i=1,2 \\ v_0\cdot r+\omega\cdot\Theta_i+\varphi_i, & (r,\theta,z)\in\Omega_i;\ i=3,4 \end{cases} \tag{7.13}$$

式中，Θ 为时变流域 $\Omega(t)$ 的 Stokes-Zhukovsky 速度势，Θ 流体域在 $\Omega(t)$ 中满足

$$\Delta\Theta=0 \tag{7.14}$$

在流体域的边界 $\bar{S}_b\bigcup\bar{S}_p\bigcup S_w\bigcup\Sigma$ 上满足

$$\frac{\partial\Theta}{\partial n}=r\times n \tag{7.15}$$

根据流体子域的划分，可以定义

$$\Theta(r,\theta,z)=\begin{cases} \Theta_i(r,\theta,z), & (r,\theta,z)\in\bar{\Omega}_i;\ i=1,2 \\ \Theta_i(r,\theta,z), & (r,\theta,z)\in\Omega_i;\ i=3,4 \end{cases} \tag{7.16}$$

同样地，Stokes-Zhukovsky 速度势在子域间界面上满足 C^1 类连续条件，于是可得

$$\Theta_1=\Theta_2,\quad \frac{\partial\Theta_1}{\partial t}=\frac{\partial\Theta_2}{\partial t},\quad \frac{\partial\Theta_1}{\partial r}=\frac{\partial\Theta_2}{\partial r}(在\bar{\Gamma}_1上) \tag{7.17}$$

$$\Theta_2=\Theta_4,\quad \frac{\partial\Theta_2}{\partial t}=\frac{\partial\Theta_4}{\partial t},\quad \frac{\partial\Theta_2}{\partial z}=\frac{\partial\Theta_4}{\partial z}(在\bar{\Gamma}_2上) \tag{7.18}$$

$$\Theta_3=\Theta_4,\quad \frac{\partial\Theta_3}{\partial t}=\frac{\partial\Theta_4}{\partial t},\quad \frac{\partial\Theta_3}{\partial r}=\frac{\partial\Theta_4}{\partial r}(在\bar{\Gamma}_3上) \tag{7.19}$$

定义相对速度势函数 φ 和 φ_i 满足如下控制方程和边界条件：

$$\Delta\varphi=0(在\Omega中) \tag{7.20}$$

$$\frac{\partial \varphi}{\partial n} = 0(在 S_w \cup \bar{S}_b \cup \bar{S}_p 上) \tag{7.21}$$

$$\frac{\partial \varphi}{\partial n} = \frac{\dot{f}}{\sqrt{1+|\nabla f|^2}}(在 \Sigma 上) \tag{7.22}$$

根据流体子域的划分，可以定义

$$\varphi(r,\theta,z) = \begin{cases} \varphi_i(r,\theta,z), & (r,\theta,z) \in \bar{\Omega}_i;\ i=1,2 \\ \varphi_i(r,\theta,z), & (r,\theta,z) \in \Omega_i;\ i=3,4 \end{cases} \tag{7.23}$$

同样地，φ 和 φ_i 在子域间界面上满足 C^1 类连续条件，于是可得

$$\varphi_1 = \varphi_2, \quad \frac{\partial \varphi_1}{\partial t} = \frac{\partial \varphi_2}{\partial t}, \quad \frac{\partial \varphi_1}{\partial r} = \frac{\partial \varphi_2}{\partial r}(在 \bar{\Gamma}_1 上) \tag{7.24}$$

$$\varphi_2 = \varphi_4, \quad \frac{\partial \varphi_2}{\partial t} = \frac{\partial \varphi_4}{\partial t}, \quad \frac{\partial \varphi_2}{\partial z} = \frac{\partial \varphi_4}{\partial z}(在 \bar{\Gamma}_2 上) \tag{7.25}$$

$$\varphi_3 = \varphi_4, \quad \frac{\partial \varphi_3}{\partial t} = \frac{\partial \varphi_4}{\partial t}, \quad \frac{\partial \varphi_3}{\partial r} = \frac{\partial \varphi_4}{\partial r}(在 \bar{\Gamma}_3 上) \tag{7.26}$$

7.4　等效变分的描述

　　直接求解非线性晃动的自由边界问题（7.1）～（7.5）是很困难的，因此考虑将其转化为等效的变分极值问题。根据经典的变分理论，哈密顿变分原理中的 Lagrange 函数通常是系统动能和系统势能的差。但是这样只能得到式（7.4），而式（7.1）～式（7.3）则需要提前满足，因此在研究流体的非线性晃动时通常采用基于压力积分的 Bateman-Luke 变分原理。基于 5.3 节中流体子域的划分，本节将基于 Bateman-Luke 变分原理建立带隔板圆柱形储液罐中流体非线性晃动的等效变分形式，即式（7.1）～式（7.5）可由如下函数的极值条件获得：

$$W = \int_{t_1}^{t_2} L \mathrm{d}t \tag{7.27}$$

式中，L 为压力积分形式的 Lagrange 函数，其形式如下：

$$\begin{aligned} L = &-\rho \sum_{i=1}^{2} \int_{\bar{\Omega}_i} \left(\frac{\partial \phi_i}{\partial t} + \frac{\nabla \phi_i \cdot \nabla \phi_i}{2} - \nabla \phi_i \cdot (v_0 + \omega \times r) - g \cdot (r_0' + r) \right) \mathrm{d}v \\ &-\rho \sum_{i=3}^{4} \int_{\Omega_i} \left(\frac{\partial \phi_i}{\partial t} + \frac{\nabla \phi_i \cdot \nabla \phi_i}{2} - \nabla \phi_i \cdot (v_0 + \omega \times r) - g \cdot (r_0' + r) \right) \mathrm{d}v \end{aligned} \tag{7.28}$$

取式（7.27）关于 φ_i 的变分，得到

$$\delta_\phi W = \rho \sum_{i=1}^{2} \int_{t_1}^{t_2} \int_{\bar{\Omega}_i} \left(-\frac{\partial \delta\phi_i}{\partial t} - \nabla \cdot (\delta\phi_i \nabla\phi_i) + \delta\phi_i \Delta\phi_i + \nabla \cdot (\delta\phi_i (v_0 + \omega \times r)) \right) dvdt$$
$$+ \rho \sum_{i=3}^{4} \int_{t_1}^{t_2} \int_{\Omega_i} \left(-\frac{\partial \delta\phi_i}{\partial t} - \nabla \cdot (\delta\phi_i \nabla\phi_i) + \delta\phi_i \Delta\phi_i + \nabla \cdot (\delta\phi_i (v_0 + \omega \times r)) \right) dvdt$$

（7.29）

式中，容许函数 $\delta\phi_i$ 满足

$$\delta\phi_i(r,\theta,z,t_1) = 0, \quad \delta\phi_i(r,\theta,z,t_2) = 0, \quad i=1,2,3,4 \tag{7.30}$$

除此之外，根据式（7.8）～式（7.10），$\delta\phi_i$ 满足

$$\delta\phi_1 = \delta\phi_2, \quad \frac{\partial \delta\phi_1}{\partial t} = \frac{\partial \delta\phi_2}{\partial t}, \quad \frac{\partial \delta\phi_1}{\partial r} = \frac{\partial \delta\phi_2}{\partial r} (在 \bar{\Gamma}_1 上) \tag{7.31}$$

$$\delta\phi_2 = \delta\phi_4, \quad \frac{\partial \delta\phi_2}{\partial t} = \frac{\partial \delta\phi_4}{\partial t}, \quad \frac{\partial \delta\phi_2}{\partial z} = \frac{\partial \delta\phi_4}{\partial z} (在 \bar{\Gamma}_2 上) \tag{7.32}$$

$$\delta\phi_3 = \delta\phi_4, \quad \frac{\partial \delta\phi_3}{\partial t} = \frac{\partial \delta\phi_4}{\partial t}, \quad \frac{\partial \delta\phi_3}{\partial r} = \frac{\partial \delta\phi_4}{\partial r} (在 \bar{\Gamma}_3 上) \tag{7.33}$$

将式（7.30）代入式（7.29），得到

$$\delta_\phi W = \rho \sum_{i=1}^{2} \int_{t_1}^{t_2} \int_{\bar{\Omega}_i} (-\nabla \cdot (\delta\phi_i \nabla\phi_i) + \delta\phi_i \Delta\phi_i + \nabla \cdot (\delta\phi_i (v_0 + \omega \times r))) dvdt$$
$$+ \rho \sum_{i=3}^{4} \int_{t_1}^{t_2} \int_{\Omega_i} (-\nabla \cdot (\delta\phi_i \nabla\phi_i) + \delta\phi_i \Delta\phi_i + \nabla \cdot (\delta\phi_i (v_0 + \omega \times r))) dvdt$$

（7.34）

利用高斯公式，我们可以得到如下积分方程：

$$\delta_\phi W = \rho \sum_{i=1}^{2} \int_{t_1}^{t_2} \int_{\bar{\Omega}_i} \delta\phi_i \Delta\phi_i dvdt + \rho \sum_{i=1}^{2} \int_{t_1}^{t_2} \int_{\delta\bar{\Omega}_i} \delta\phi_i (v_0 + \omega \times r - \nabla\phi_i) \cdot dsdt$$
$$+ \rho \sum_{i=3}^{4} \int_{t_1}^{t_2} \int_{\Omega_i} \delta\phi_i \Delta\phi_i dvdt + \rho \sum_{i=3}^{4} \int_{t_1}^{t_2} \int_{\delta\Omega_i} \delta\phi_i (v_0 + \omega \times r - \nabla\phi_i) \cdot dsdt$$

（7.35）

根据连续条件（7.31）～（7.33），可以得到

$$\delta_\phi W = \rho \int_{t_1}^{t_2} \int_{\Omega} \Delta\phi \delta\phi dvdt + \rho \int_{t_1}^{t_2} \int_{S_{w1}+S_{b1}+S_p} \delta\phi_1 (v_0 + \omega \times r - \nabla\phi_1) \cdot dsdt$$
$$+ \rho \int_{t_1}^{t_2} \int_{S_{b2}} \delta\phi_2 (v_0 + \omega \times r - \nabla\phi_2) \cdot dsdt + \rho \int_{t_1}^{t_2} \int_{\Sigma_2} \delta\phi_4 (v_0 + \omega \times r - \nabla\phi_4) \cdot dsdt$$
$$+ \rho \int_{t_1}^{t_2} \int_{S_{w2}+S_p+\Sigma_1} \delta\phi_3 (v_0 + \omega \times r - \nabla\phi_3) \cdot dsdt$$

（7.36）

再根据定义（7.7），$\delta_\phi W$ 可以写成如下形式：

$$\delta_\phi W = \rho \int_{t_1}^{t_2} \left(\int_\Omega \Delta\phi \delta\phi \mathrm{d}v \mathrm{d}t + \int_{\bar\Sigma} \left(v_0 \cdot n + \omega \cdot (r \times n) + \dot f \big/ \sqrt{1 + |\nabla f|^2} - \frac{\partial\phi}{\partial n} \right)\bigg|_{z=f} \delta\varphi \mathrm{d}s \mathrm{d}t \right.$$
$$\left. + \int_{S_w + S_b + S_p} \left(v_0 \cdot n + \omega \cdot (r \times n) - \frac{\partial\phi}{\partial n} \right) \delta\phi \mathrm{d}s \right) \mathrm{d}t$$

$$(7.37)$$

根据式（7.28），压力积分函数还可以写成如下形式：

$$L = -\rho \sum_{i=1}^{2} \int_{S_b} \int_0^{z_i} \left(\frac{\partial\phi_i}{\partial t} + \frac{\nabla\phi_i \cdot \nabla\phi_i}{2} - \nabla\phi_i \cdot (v_0 + \omega \times r) - g \cdot (r_0' + r) \right) \mathrm{d}z \mathrm{d}s$$
$$- \rho \int_{S_{b1}} \int_{z_1}^{f_1} \left(\frac{\partial\phi_3}{\partial t} + \frac{\nabla\phi_3 \cdot \nabla\phi_3}{2} - \nabla\phi_3 \cdot (v_0 + \omega \times r) - g \cdot (r_0' + r) \right) \mathrm{d}z \mathrm{d}s \quad (7.38)$$
$$- \rho \int_{S_{b2}} \int_{z_1}^{f_2} \left(\frac{\partial\phi_4}{\partial t} + \frac{\nabla\phi_4 \cdot \nabla\phi_4}{2} - \nabla\phi_4 \cdot (v_0 + \omega \times r) - g \cdot (r_0' + r) \right) \mathrm{d}z \mathrm{d}s$$

式中，$z = f_j(r, \theta, t)(j = 1, 2)$ 为自由液面 Σ_j 的波高函数。取式（7.38）关于 f_i 的变分，得到

$$\delta_\eta W = \int_0^{2\pi} \int_{r_1}^{r_2} \left(\frac{\partial\phi_3}{\partial t} + \frac{\nabla\phi_3 \cdot \nabla\phi_3}{2} - \nabla\phi_3 \cdot (v_0 + \omega \times r) - g \cdot (r_0' + r) \right)\bigg|_{z=f_1} \delta f_1 \mathrm{d}r \mathrm{d}\theta$$
$$+ \int_0^{2\pi} \int_0^{r_1} \left(\frac{\partial\phi_4}{\partial t} + \frac{\nabla\phi_4 \cdot \nabla\phi_4}{2} - \nabla\phi_4 \cdot (v_0 + \omega \times r) - g \cdot (r_0' + r) \right)\bigg|_{z=f_2} \delta f_2 \mathrm{d}r \mathrm{d}\theta$$

$$(7.39)$$

式中，容许函数 δf_j 满足

$$\delta f_j(r, \theta, t_1) = 0, \quad \delta f_j(r, \theta, t_2) = 0, \quad j = 1, 2 \qquad (7.40)$$

再根据定义（7.7），$\delta_f W$ 可以写成如下形式：

$$\delta_f W = \int_{t_1}^{t_2} \int_{\Sigma_0} \left(\frac{\partial\phi}{\partial t} + \frac{\nabla\phi \cdot \nabla\phi}{2} - \nabla\phi \cdot (v_0 + \omega \times r) - g \cdot (r_0' + r) \right)\bigg|_{z=f} \delta f \mathrm{d}s \mathrm{d}t \quad (7.41)$$

将式（7.37）和式（7.41）相加，得到

$$\delta W = \delta_\phi W + \delta_f W = 0 \qquad (7.42)$$

对比变分方程（7.42）和非线性晃动问题（7.1）～（7.5），显而易见两者是等效的。

7.5　无穷维模态系统

基于上面的流体线性晃动的模态，可由等效变分方程导出无穷维模态系统。首先引入广义坐标 $\beta_p(t)$ 和 $R_q(t)$，波高函数 η 和相对速度势函数 φ 可以展开成如下广义傅里叶级数：

$$f(r,\theta,t) = \sum_{p=1}^{\infty} \beta_p(t)\bar{\eta}_p(r,\theta) \tag{7.43}$$

$$\varphi(r,\theta,t) = \sum_{q=1}^{\infty} R_q(t)\bar{\Phi}_q(r,\theta,z) \tag{7.44}$$

根据上述定义，$\bar{\eta}_p(r,\theta)$ 可以称为自由液面展开函数，$\bar{\Phi}_q(r,\theta,z)$ 可以称为速度势展开函数，$\beta_p(t)$ 的物理意义为自由液面展开函数的幅值响应，$R_q(t)$ 的物理意义为速度势展开函数的幅值响应。$\bar{\eta}_p(r,\theta)$ 是在静止液面处满足体积守恒条件的完备正交函数空间，$\bar{\Phi}_q(r,\theta,z)$ 为满足拉普拉斯方程和零值 Neumann 边界条件的完备函数空间，显然可以在此选用流体线性晃动的模态，于是可设

$$\bar{\Phi}_q(r,\theta,z) = \begin{cases} \bar{\Phi}_q^i(r,\theta,z) = \Phi_{mn}^i(r,\theta,z), & (r,\theta,z) \in \bar{\Omega}_i;\ i=1,2 \\ \bar{\Phi}_q^i(r,\theta,z) = \Phi_{mn}^i(r,\theta,z), & (r,\theta,z) \in \Omega_i;\ i=3,4 \end{cases} \tag{7.45}$$

$$\bar{\eta}_p(r,\theta) = \begin{cases} \bar{\eta}_p^1(r,\theta) = \Phi_{mn}^3(r,\theta,z_2), & (r,\theta) \in \Sigma_1 \\ \bar{\eta}_p^2(r,\theta) = \Phi_{mn}^4(r,\theta,z_2), & (r,\theta) \in \Sigma_2 \end{cases} \tag{7.46}$$

将式（7.13）代入式（7.28），得到

$$\begin{aligned} L = &-\rho\sum_{i=1}^{2}\int_{\bar{\Omega}_i}\left(\dot{v}_0\cdot r + \frac{\partial}{\partial t}(\omega\cdot\Theta_i) + \frac{\nabla(\omega\cdot\Theta_i)\cdot\nabla(\omega\cdot\Theta_i)}{2} - \omega\cdot(r\times\nabla(\omega\cdot\Theta_i)) - \frac{v_0\cdot v_0}{2} - \omega\cdot(r\times v_0)\right)\mathrm{d}v \\ &-\rho\sum_{i=3}^{4}\int_{\Omega_i}\left(\dot{v}_0\cdot r + \frac{\partial}{\partial t}(\omega\cdot\Theta_i) + \frac{\nabla(\omega\cdot\Theta_i)\cdot\nabla(\omega\cdot\Theta_i)}{2} - \omega\cdot(r\times\nabla(\omega\cdot\Theta_i)) - \frac{v_0\cdot v_0}{2} - \omega\cdot(r\times v_0)\right)\mathrm{d}v \\ &-\rho\sum_{i=1}^{2}\int_{\bar{\Omega}_i}\left(-g\cdot(r_0'+r) + \frac{\partial\varphi_i}{\partial t} + \frac{\nabla\varphi_i\cdot\nabla\varphi_i}{2}\right)\mathrm{d}v - \rho\sum_{i=3}^{4}\int_{\Omega_i}\left(-g\cdot(r_0'+r) + \frac{\partial\varphi_i}{\partial t} + \frac{\nabla\varphi_i\cdot\nabla\varphi_i}{2}\right)\mathrm{d}v \end{aligned} \tag{7.47}$$

在极坐标系 $Or\theta z$ 中定义单位矢量，e_1 为沿极轴方向的单位矢量，e_3 为沿 z 轴方向的单位矢量，单位矢量 e_2 满足 $e_2 = e_1 \times e_3$。根据上述定义，可将式（7.47）中的矢量表达成

$$r = r_1e_1 + r_2e_2 + r_3e_3, \quad \omega = \omega_1e_1 + \omega_2e_2 + \omega_3e_3, \quad \Theta_i = \Theta_{i1}e_1 + \Theta_{i2}e_2 + \Theta_{i3}e_3$$

$$v_0 = v_{01}e_1 + v_{02}e_2 + v_{03}e_3, \quad \dot{v}_0 = \dot{v}_{01}e_1 + \dot{v}_{02}e_2 + \dot{v}_{03}e_3 \tag{7.48}$$

式中，r_κ、ω_κ、$\Theta_{i\kappa}$、$v_{0\kappa}$、$\dot{v}_{0\kappa}(\kappa=1,2,3)$ 分别是矢量 r、ω、Θ_i、v_0、$\dot{v}_0$ 在单位矢量 e_k 上的投影。将式（7.45）和式（7.46）以及式（7.48）代入式（7.47），得到

$$\begin{aligned} L = &-(\dot{v}_{01} + \omega_2v_{03} - \omega_3v_{02} - g_1)I_{11} - (\dot{v}_{02} + \omega_3v_{01} - \omega_1v_{03} - g_2)I_{12} \\ &-(\dot{v}_{03} + \omega_1v_{02} - \omega_2v_{01} - g_3)I_{13} - \dot{\omega}_1I_{21} - \dot{\omega}_2I_{22} - \dot{\omega}_3I_{23} - \omega_1I_{31} \\ &-\omega_2I_{32} - \omega_3I_{33} + \frac{\omega_1^2J_{11}}{2} + \frac{\omega_2^2J_{22}}{2} + \frac{\omega_3^2J_{33}}{2} + \omega_1\omega_2J_{12} + \omega_1\omega_3J_{13} \\ &+\omega_2\omega_3J_{23} + \frac{M}{2}(v_{01}^2 + v_{02}^2 + v_{03}^2) - \sum_{q=1}^{\infty}A_q\dot{R}_q - \sum_{q=1}^{\infty}\sum_{q'=1}^{\infty}A_{qq'}R_qR_{q'} + Mg\cdot r_0' \end{aligned} \tag{7.49}$$

式中，$I_{1\kappa}$、$I_{2\kappa}$、$I_{3\kappa}$、M、$J_{\kappa\kappa'}$、A_q 以及 $A_{qq'}$ 的具体表达形式如下：

$$I_{1\kappa} = \rho \sum_{i=1}^{2} \int_{\bar{\Omega}_i} r_\kappa \mathrm{d}v + \rho \sum_{i=3}^{4} \int_{\Omega_i} r_\kappa \mathrm{d}v, \quad I_{2\kappa} = \rho \sum_{i=1}^{2} \int_{\bar{\Omega}_i} \Theta_{i\kappa} \mathrm{d}v + \rho \sum_{i=3}^{4} \int_{\Omega_i} \Theta_{i\kappa} \mathrm{d}v$$

$$I_{3\kappa} = \rho \sum_{i=1}^{2} \int_{\bar{\Omega}_i} \frac{\partial \Theta_{i\kappa}}{\partial t} \mathrm{d}v + \rho \sum_{i=3}^{4} \int_{\Omega_i} \frac{\partial \Theta_{i\kappa}}{\partial t} \mathrm{d}v, \quad M = \rho \sum_{i=1}^{2} \int_{\bar{\Omega}_i} \mathrm{d}v + \rho \sum_{i=3}^{4} \int_{\Omega_i} \mathrm{d}v$$

$$J_{\kappa\kappa'} = \sum_{i=1}^{2} \int_{\bar{\Omega}_i} \nabla \Theta_\kappa \nabla \Theta_{\kappa'} \mathrm{d}v + \sum_{i=3}^{4} \int_{\Omega_i} \nabla \Theta_\kappa \nabla \Theta_{\kappa'} \mathrm{d}v, \quad \kappa = 1,2,3; \kappa' = 1,2,3 \quad (7.50)$$

$$A_q = \sum_{i=1}^{2} \int_{\bar{\Omega}_i} \bar{\Phi}_q^i \mathrm{d}v + \sum_{i=3}^{4} \int_{\Omega_i} \bar{\Phi}_q^i \mathrm{d}v, \quad A_{qq'} = \sum_{i=1}^{2} \int_{\bar{\Omega}_i} \nabla \bar{\Phi}_q^i \nabla \bar{\Phi}_{q'}^i \mathrm{d}v + \sum_{i=3}^{4} \int_{\Omega_i} \nabla \bar{\Phi}_q^i \nabla \bar{\Phi}_{q'}^i \mathrm{d}v$$

$$(7.51)$$

显而易见，$I_{1\kappa}$、$I_{2\kappa}$、$I_{3\kappa}$ 以及 $J_{\kappa\kappa'}$ 依赖于广义坐标 $\beta_p(t)$ 和 $\dot{\beta}_p(t)$。将式（7.49）代入式（7.42），得到

$$\frac{\mathrm{d}A_q}{\mathrm{d}t} - \sum_{q'=1}^{\infty} R_{q'} A_{qq'} = 0 \quad (7.52)$$

$$\sum_{q=1}^{\infty} \frac{\partial A_q}{\partial \beta_p} \dot{R}_q + \sum_{q=1}^{\infty} \sum_{q'=1}^{\infty} \frac{\partial A_{qq'}}{\partial \beta_p} R_q R_{q'} + \dot{\omega}_1 \frac{\partial I_{21}}{\partial \beta_p} + \dot{\omega}_2 \frac{\partial I_{22}}{\partial \beta_p} + \dot{\omega}_3 \frac{\partial I_{23}}{\partial \beta_p} + \omega_1 \frac{\partial I_{31}}{\partial \beta_p} + \omega_2 \frac{\partial I_{32}}{\partial \beta_p} + \omega_3 \frac{\partial I_{33}}{\partial \beta_p}$$

$$- \frac{\mathrm{d}}{\mathrm{d}t}\left(\omega_1 \frac{\partial I_{31}}{\partial \dot{\beta}_p} + \omega_2 \frac{\partial I_{32}}{\partial \dot{\beta}_p} + \omega_3 \frac{\partial I_{33}}{\partial \dot{\beta}_p} \right) + (\dot{v}_{01} + \omega_2 v_{03} - \omega_3 v_{02} - g_1) \frac{\partial I_{11}}{\partial \beta_p}$$

$$+ (\dot{v}_{02} + \omega_3 v_{01} - \omega_1 v_{03} - g_2) \frac{\partial I_{12}}{\partial \beta_p} + (\dot{v}_{03} + \omega_1 v_{02} - \omega_2 v_{01} - g_3) \frac{\partial I_{13}}{\partial \beta_p} - \frac{\omega_1^2}{2} \frac{\partial J_{11}}{\partial \beta_p}$$

$$- \frac{\omega_2^2}{2} \frac{\partial J_{22}}{\partial \beta_p} - \frac{\omega_3^2}{2} \frac{\partial J_{33}}{\partial \beta_p} - \omega_1 \omega_2 \frac{\partial J_{12}}{\partial \beta_p} - \omega_1 \omega_3 \frac{\partial J_{13}}{\partial \beta_p} - \omega_2 \omega_3 \frac{\partial J_{23}}{\partial \beta_p} = 0$$

$$(7.53)$$

式（7.52）是联系广义坐标 R_q 和广义坐标 β_p 的线性方程组，利用渐近关系可以将 R_q 表达成 β_p 的函数，然后将其代入式（7.53）得到关于 β_p 二阶非线性常微分方程组，这样就将求解带隔板圆柱形储液罐中流体非线性晃动问题转化为求解这样一组非线性常微分方程问题。在整个推导的过程中：

（1）隔板储液罐可以做任意形式的运动；

（2）自由液面展开函数和速度势展开函数可以假定为任意满足条件的函数空间；

（3）模态函数间尚未引入任何的阶次关系。

由于以上三点，无穷维模态系统（7.52）和（7.53）可以看作描述带隔板圆柱形储液罐中流体非线性晃动的一般形式的无穷维模态系统。

7.6　有限维模态系统

利用 Narimanov-Moiseev 渐近关系将无穷维模态系统缩减成有限维模态系统。首先，我们要选取合适的线性晃动模态，根据流体的线性晃动理论，环向波数为 $1(m=1)$ 的第一阶晃动模态（ $\Phi_{11}(r,z)\cos\theta$ 和 $\Phi_{11}(r,z)\sin\theta$ ）为能量最高的模态，所以对于流体的非线性晃动，通常选取环向波数为 1 的第一阶晃动模态作为其主导模态。与这两个主导模态对应的广义坐标为 $\beta_1(t)$ 和 $\beta_2(t)$ ，根据 Narimanov-Moiseev 三阶渐近假设， $\beta_1(t)$ 和 $\beta_2(t)$ 有如下阶次关系：

$$O(\beta_1)=O(\beta_2)=\varepsilon^{1/3} \tag{7.54}$$

式中， ε 为无穷小量。除此，由于流体自由液面上的非线性耦合效应，还必须考虑其他的次要模态，轴对称（ $m=0$ ）的第一阶模态 $\Phi_{01}(r,z)$ 和环向波数为 $2(m=2)$ 的第一阶模态（ $\Phi_{21}(r,z)\cos(2\theta)$ 和 $\Phi_{21}(r,z)\sin(2\theta)$ ）高于其他次要模态至少一个数量级。与这三个模态对应的广义坐标为 $\beta_3(t)$ 、 $\beta_4(t)$ 、 $\beta_5(t)$ 。基于 Narimanov-Moiseev 三阶渐近假设， $\beta_3(t)$ 、 $\beta_4(t)$ 、 $\beta_5(t)$ 有如下阶次关系：

$$O(\beta_3)=O(\beta_4)=O(\beta_5)=\varepsilon^{2/3} \tag{7.55}$$

根据上述的渐近关系， f 和 φ 可以定义成如下形式：

$$\begin{aligned}f(r,\theta,t)=&\beta_1(t)\Phi_{11}(r,z_2)\cos\theta+\beta_2(t)\Phi_{11}(r,z_2)\sin\theta+\beta_3(t)\Phi_{01}(r,z_2)\\&+\beta_4(t)\Phi_{21}(r,z_2)\cos(2\theta)+\beta_5(t)\Phi_{21}(r,z_2)\sin(2\theta)\end{aligned} \tag{7.56}$$

$$\begin{aligned}\varphi(r,\theta,t)=&R_1(t)\Phi_{11}(r,z)\cos\theta+R_2(t)\Phi_{11}(r,z)\sin\theta+R_3(t)\Phi_{01}(r,z)\\&+R_4(t)\Phi_{21}(r,z)\cos(2\theta)+R_5(t)\Phi_{21}(r,z)\sin(2\theta)\end{aligned} \tag{7.57}$$

对于流体的非线性自由晃动，式（7.52）可以简化成如下形式：

$$\sum_{q=1}^{\infty}\frac{\partial A_q}{\partial\beta_p}\dot{R}_q+\sum_{q=1}^{\infty}\sum_{q'=1}^{\infty}\frac{\partial A_{qq'}}{\partial\beta_p}R_qR_{q'}+\lambda_p g=0 \tag{7.58}$$

式中

$$\lambda_p=\frac{\partial I_{13}}{\partial\beta_p}=\int_{\Sigma_0}f\frac{\partial f}{\partial\beta_p}\mathrm{d}s \tag{7.59}$$

根据式（7.51），式（7.58）中的 A_q 和 $A_{qq'}$ 是在时变流体区域 Ω 上的积分。但是我们选取的自由液面展开函数和速度势展开函数均基于线性晃动理论，在利用流体子域法求解线性晃动特性时，不考虑流体区域的变化，因此流体的晃动模态函数是定义在静止流体域 $\bar{\Omega}$ 上的。为解决这一问题，在此将时变流体域分成两部分：$\bar{\Omega}$ 和 Ω_δ ，于是可将 A_q 和 $A_{qq'}$ 分解成两部分的积分：其一是在静止流体域 $\bar{\Omega}$ 上的积分；其二是在 Ω_δ 上的积分。对于第二部分的积分，可以利用 Taylor 级数展开到关于 β_p 的多项式。 $A_q(q=1,2,\cdots,5)$ 具体展开形式如下：

$$A_1 = E_{11}\beta_1 + E_{12}\beta_1\beta_3 + \frac{E_{13}}{2}\beta_1\beta_4 + \frac{E_{13}}{2}\beta_2\beta_5 + \frac{E_{14}}{8}\beta_1^3 + \frac{E_{14}}{8}\beta_1\beta_2^2 + \frac{E_{15}}{2}\beta_1\beta_3^2$$
$$+ \frac{E_{15}}{2}\beta_1\beta_3^2 + \frac{E_{16}}{4}\beta_1\beta_4^2 + \frac{E_{16}}{4}\beta_1\beta_5^2 + \frac{E_{17}}{2}\beta_1\beta_3\beta_4 + \frac{E_{17}}{2}\beta_2\beta_3\beta_5 \tag{7.60}$$

$$A_2 = E_{21}\beta_2 + E_{22}\beta_2\beta_3 + \frac{E_{23}}{2}\beta_1\beta_5 - \frac{E_{23}}{2}\beta_2\beta_4 + \frac{E_{24}}{8}\beta_2^3 + \frac{E_{24}}{8}\beta_1^2\beta_2$$
$$+ \frac{E_{25}}{2}\beta_2\beta_3^2 + \frac{E_{26}}{4}\beta_2\beta_4^2 + \frac{E_{26}}{4}\beta_2\beta_5^2 + \frac{E_{27}}{2}\beta_1\beta_3\beta_5 - \frac{E_{27}}{2}\beta_2\beta_3\beta_4 \tag{7.61}$$

$$A_3 = 2E_{31}\beta_3 + \frac{E_{32}}{2}\beta_1^2 + \frac{E_{32}}{2}\beta_2^2 + E_{33}\beta_3^2 + \frac{E_{34}}{2}\beta_4^2 + \frac{E_{34}}{2}\beta_5^2 + \frac{E_{35}}{2}\beta_1^2\beta_3 + \frac{E_{35}}{2}\beta_2^2\beta_3$$
$$+ \frac{E_{36}}{4}\beta_1^2\beta_4 - \frac{E_{36}}{4}\beta_2^2\beta_4 + \frac{E_{36}}{2}\beta_1\beta_2\beta_5 + \frac{E_{37}}{3}\beta_3^3 + \frac{E_{38}}{2}\beta_3\beta_4^2 + \frac{E_{38}}{2}\beta_3\beta_5^2 \tag{7.62}$$

$$A_4 = E_{41}\beta_4 + \frac{E_{42}}{4}\beta_1^2 - \frac{E_{42}}{4}\beta_2^2 + E_{43}\beta_3\beta_4 + \frac{E_{44}}{4}\beta_1^2\beta_4 + \frac{E_{44}}{4}\beta_2^2\beta_4$$
$$+ \frac{E_{45}}{4}\beta_1^2\beta_3 - \frac{E_{45}}{4}\beta_2^2\beta_3 + \frac{E_{46}}{2}\beta_3^2\beta_4 + \frac{E_{47}}{8}\beta_4^3 + \frac{E_{47}}{8}\beta_4\beta_5^2 \tag{7.63}$$

$$A_5 = E_{51}\beta_5 + \frac{E_{52}}{2}\beta_1\beta_2 + E_{53}\beta_3\beta_5 + \frac{E_{54}}{4}\beta_1^2\beta_5 + \frac{E_{54}}{4}\beta_2^2\beta_5 + \frac{E_{55}}{2}\beta_1\beta_2\beta_3$$
$$+ \frac{E_{56}}{2}\beta_3^2\beta_5 + \frac{E_{57}}{8}\beta_5^3 + \frac{E_{57}}{8}\beta_4^2\beta_5 \tag{7.64}$$

式中，系数 $E_{ij}\,(i=1,2,\cdots,5,\ j=1,2,\cdots,8)$ 的具体形式如下：

$$E_{11} = E_{21} = \pi\int_0^{r_2}\Phi_{11}^2\Big|_{z=z_2}r\mathrm{d}r,\quad E_{12} = E_{22} = \pi\int_0^{r_2}\left(\Phi_{11}\Phi_{01}\frac{\partial\Phi_{11}}{\partial z}\right)\Big|_{z=z_2}r\mathrm{d}r \tag{7.65}$$

$$E_{13} = E_{23} = \pi\int_0^{r_2}\left(\Phi_{11}\Phi_{21}\frac{\partial\Phi_{11}}{\partial z}\right)\Big|_{z=z_2}r\mathrm{d}r,\quad E_{14} = E_{24} = \pi\int_0^{r_2}\left(\Phi_{11}^3\frac{\partial^2\Phi_{11}}{\partial z^2}\right)\Big|_{z=z_2}r\mathrm{d}r \tag{7.66}$$

$$E_{15} = E_{25} = \pi\int_0^{r_2}\left(\Phi_{11}\Phi_{01}^2\frac{\partial^2\Phi_{11}}{\partial z^2}\right)\Big|_{z=z_2}r\mathrm{d}r,\quad E_{16} = E_{26} = \pi\int_0^{r_2}\left(\Phi_{11}\Phi_{21}^2\frac{\partial^2\Phi_{11}}{\partial z^2}\right)\Big|_{z=z_2}r\mathrm{d}r \tag{7.67}$$

$$E_{17} = E_{27} = \pi\int_0^{r_2}\left(\Phi_{11}\Phi_{01}\Phi_{21}\frac{\partial^2\Phi_{11}}{\partial z^2}\right)\Big|_{z=z_2}r\mathrm{d}r,\quad E_{31} = \pi\int_0^{r_2}\Phi_{01}^2\Big|_{z=z_2}r\mathrm{d}r \tag{7.68}$$

$$E_{32} = \pi\int_0^{r_2}\left(\Phi_{11}^2\frac{\partial\Phi_{01}}{\partial z}\right)\Big|_{z=z_2}r\mathrm{d}r,\quad E_{33} = \pi\int_0^{r_2}\left(\Phi_{01}^2\frac{\partial\Phi_{01}}{\partial z}\right)\Big|_{z=z_2}r\mathrm{d}r \tag{7.69}$$

$$E_{34} = \pi\int_0^{r_2} \left(\Phi_{21}^2 \frac{\partial \Phi_{01}}{\partial z}\right)\Bigg|_{z=z_2} r\mathrm{d}r, \quad E_{35} = \pi\int_0^{r_2} \left(\Phi_{11}^2 \Phi_{01} \frac{\partial^2 \Phi_{01}}{\partial z^2}\right)\Bigg|_{z=z_2} r\mathrm{d}r \quad (7.70)$$

$$E_{36} = \pi\int_0^{r_2} \left(\Phi_{11}^2 \Phi_{21} \frac{\partial^2 \Phi_{01}}{\partial z^2}\right)\Bigg|_{z=z_2} r\mathrm{d}r, \quad E_{37} = \pi\int_0^{r_2} \left(\Phi_{01}^3 \frac{\partial^2 \Phi_{01}}{\partial z^2}\right)\Bigg|_{z=z_2} r\mathrm{d}r \quad (7.71)$$

$$E_{38} = \pi\int_0^{r_2} \left(\Phi_{01}\Phi_{21}^2 \frac{\partial^2 \Phi_{01}}{\partial z^2}\right)\Bigg|_{z=z_2} r\mathrm{d}r, \quad E_{41} = E_{51} = \pi\int_0^{r_2} \Phi_{21}^2\Big|_{z=z_2} r\mathrm{d}r \quad (7.72)$$

$$E_{42} = E_{52} = \pi\int_0^{r_2} \left(\Phi_{11}^2 \frac{\partial \Phi_{21}}{\partial z}\right)\Bigg|_{z=z_2} r\mathrm{d}r, \quad E_{43} = E_{53} = \pi\int_0^{r_2} \left(\Phi_{01}\Phi_{21} \frac{\partial \Phi_{21}}{\partial z}\right)\Bigg|_{z=z_2} r\mathrm{d}r$$

$$(7.73)$$

$$E_{44} = E_{54} = \pi\int_0^{r_2} \left(\Phi_{11}^2 \Phi_{21} \frac{\partial^2 \Phi_{21}}{\partial z^2}\right)\Bigg|_{z=z_2} r\mathrm{d}r, \quad E_{45} = E_{55} = \pi\int_0^{r_2} \left(\Phi_{11}^2 \Phi_{01} \frac{\partial^2 \Phi_{21}}{\partial z^2}\right)\Bigg|_{z=z_2} r\mathrm{d}r$$

$$(7.74)$$

$$E_{46} = E_{56} = \pi\int_0^{r_2} \left(\Phi_{01}^2 \Phi_{21} \frac{\partial^2 \Phi_{21}}{\partial z^2}\right)\Bigg|_{z=z_2} r\mathrm{d}r, \quad E_{47} = E_{57} = \pi\int_0^{r_2} \left(\Phi_{21}^3 \frac{\partial^2 \Phi_{21}}{\partial z^2}\right)\Bigg|_{z=z_2} r\mathrm{d}r$$

$$(7.75)$$

$A_{qq'}(q = 1, 2, \cdots, 5, \ q' = 1, 2, \cdots, 5)$具体展开形式如下:

$$A_{11} = H_a + H_1\beta_3 + H_2\beta_4 + H_3\beta_1^2 + H_4\beta_2^2 + H_5\beta_3^2 + H_6\beta_4^2 + H_6\beta_5^2 + H_7\beta_3\beta_4 \quad (7.76)$$

$$A_{12} = A_{21} = H_2\beta_5 + H_7\beta_3\beta_5 + H_8\beta_1\beta_2 \quad (7.77)$$

$$A_{13} = A_{31} = H_9\beta_1 + H_{10}\beta_1\beta_3 + H_{11}\beta_1\beta_4 + H_{11}\beta_2\beta_5 \quad (7.78)$$

$$A_{14} = A_{41} = H_{12}\beta_1 + H_{13}\beta_1\beta_3 + H_{14}\beta_1\beta_4 + H_{15}\beta_2\beta_5 \quad (7.79)$$

$$A_{15} = A_{51} = H_{12}\beta_2 + H_{13}\beta_2\beta_3 + H_{14}\beta_1\beta_5 - H_{15}\beta_2\beta_4 \quad (7.80)$$

$$A_{22} = H_a + H_1\beta_3 - H_2\beta_4 + H_3\beta_2^2 + H_4\beta_1^2 + H_5\beta_3^2 + H_6\beta_4^2 + H_6\beta_5^2 - H_7\beta_3\beta_4 \quad (7.81)$$

$$A_{23} = A_{32} = H_9\beta_2 + H_{10}\beta_2\beta_3 + H_{11}\beta_1\beta_5 - H_{11}\beta_2\beta_4 \quad (7.82)$$

$$A_{24} = A_{42} = -H_{12}\beta_2 - H_{13}\beta_2\beta_3 + H_{14}\beta_2\beta_4 - H_{15}\beta_1\beta_5 \quad (7.83)$$

$$A_{25} = A_{52} = H_{12}\beta_1 + H_{13}\beta_1\beta_3 + H_{14}\beta_2\beta_5 + H_{15}\beta_1\beta_4 \quad (7.84)$$

$$A_{33} = 2H_b + H_{16}\beta_3 + H_{17}\beta_1^2 + H_{17}\beta_2^2 + H_{18}\beta_3^2 + H_{19}\beta_4^2 + H_{19}\beta_5^2 \quad (7.85)$$

$$A_{34} = A_{43} = H_{20}\beta_4 + H_{21}\beta_1^2 - H_{21}\beta_2^2 + H_{22}\beta_3\beta_4 \quad (7.86)$$

$$A_{35} = A_{53} = H_{20}\beta_5 + 2H_{21}\beta_1\beta_2 + H_{22}\beta_3\beta_5 \quad (7.87)$$

$$A_{44} = H_c + H_{23}\beta_3 + H_{24}\beta_1^2 + H_{24}\beta_2^2 + H_{25}\beta_3^2 + H_{26}\beta_4^2 + H_{27}\beta_5^2 \quad (7.88)$$

$$A_{45} = A_{54} = H_{28}\beta_4\beta_5 \quad (7.89)$$

$$A_{55} = H_c + H_{23}\beta_3 + H_{24}\beta_1^2 + H_{24}\beta_2^2 + H_{25}\beta_3^2 + H_{26}\beta_5^2 + H_{27}\beta_4^2 \quad (7.90)$$

式中，系数$H_i(i = 1, 2, \cdots, 28)$的具体表达形式如下:

$$H_1 = \pi \left(\int_0^{r_2} \left. \left(\Phi_{01} \left(\frac{\partial \Phi_{11}}{\partial z} \right)^2 \right) \right|_{z=z_2} r\mathrm{d}r + \int_0^{r_2} \left. \left(\frac{\Phi_{01} \Phi_{11}^2}{r} \right) \right|_{z=z_2} \mathrm{d}r + \int_0^{r_2} \left. \left(\Phi_{01} \left(\frac{\partial \Phi_{11}}{\partial r} \right)^2 \right) \right|_{z=z_2} r\mathrm{d}r \right)$$

（7.91）

$$H_2 = \frac{\pi}{2} \left(\int_0^{r_2} \left. \left(\Phi_{21} \left(\frac{\partial \Phi_{11}}{\partial z} \right)^2 \right) \right|_{z=z_2} r\mathrm{d}r - \int_0^{r_2} \left. \frac{\Phi_{11}^2 \Phi_{21}}{r} \right|_{z=z_2} \mathrm{d}r + \int_0^{r_2} \left. \left(\Phi_{21} \left(\frac{\partial \Phi_{11}}{\partial r} \right)^2 \right) \right|_{z=z_2} r\mathrm{d}r \right)$$

（7.92）

$$H_3 = \frac{\pi}{4} \left(3\int_0^{r_2} \left. \left(\Phi_{11}^2 \frac{\partial \Phi_{11}}{\partial z} \frac{\partial^2 \Phi_{11}}{\partial z^2} \right) \right|_{z=z_2} r\mathrm{d}r + \int_0^{r_2} \left. \left(\Phi_{11}^3 \frac{\partial \Phi_{11}}{r\partial z} \right) \right|_{z=z_2} \mathrm{d}r \right.$$
$$\left. + 3\int_0^{r_2} \left. \left(\frac{\partial \Phi_{11}}{\partial r} \frac{\partial^2 \Phi_{11}}{\partial r\partial z} \right) \right|_{z=z_2} \Phi_{11}^2 r\mathrm{d}r \right)$$

（7.93）

$$H_4 = \frac{\pi}{4} \left(\int_0^{r_2} \left. \left(\Phi_{11}^2 \frac{\partial \Phi_{11}}{\partial z} \frac{\partial^2 \Phi_{11}}{\partial z^2} \right) \right|_{z=z_2} r\mathrm{d}r + 3\int_0^{r_2} \left. \left(\Phi_{11}^3 \frac{\partial \Phi_{11}}{r\partial z} \right) \right|_{z=z_2} \mathrm{d}r \right.$$
$$\left. + \int_0^{r_2} \left. \left(\Phi_{11}^2 \frac{\partial \Phi_{11}}{\partial r} \frac{\partial^2 \Phi_{11}}{\partial r\partial z} \right) \right|_{z=z_2} r\mathrm{d}r \right)$$

（7.94）

$$H_5 = \pi \left(\int_0^{r_2} \left. \left(\Phi_{01}^2 \frac{\partial \Phi_{11}}{\partial z} \frac{\partial^2 \Phi_{11}}{\partial z^2} \right) \right|_{z=z_2} r\mathrm{d}r + \int_0^{r_2} \left. \left(\Phi_{01}^2 \Phi_{11} \frac{\partial \Phi_{11}}{r\partial z} \right) \right|_{z=z_2} \mathrm{d}r \right.$$
$$\left. + \int_0^{r_2} \left. \left(\Phi_{01}^2 \frac{\partial \Phi_{11}}{\partial r} \frac{\partial^2 \Phi_{11}}{\partial r\partial z} \right) \right|_{z=z_2} r\mathrm{d}r \right)$$

（7.95）

$$H_6 = \frac{\pi}{2} \left(\int_0^{r_2} \left. \left(\Phi_{21}^2 \frac{\partial \Phi_{11}}{\partial z} \frac{\partial^2 \Phi_{11}}{\partial z^2} \right) \right|_{z=z_2} r\mathrm{d}r + \int_0^{r_2} \left. \left(\Phi_{11} \Phi_{21}^2 \frac{\partial \Phi_{11}}{r\partial z} \right) \right|_{z=z_2} \mathrm{d}r \right.$$
$$\left. + \int_0^{r_2} \left. \left(\Phi_{21}^2 \frac{\partial \Phi_{11}}{\partial r} \frac{\partial^2 \Phi_{11}}{\partial r\partial z} \right) \right|_{z=z_2} r\mathrm{d}r \right)$$

（7.96）

$$H_7 = \pi \left(\int_0^{r_2} \left. \left(\Phi_{01} \Phi_{21} \frac{\partial \Phi_{11}}{\partial z} \frac{\partial^2 \Phi_{11}}{\partial z^2} \right) \right|_{z=z_2} r\mathrm{d}r - \int_0^{r_2} \left. \left(\Phi_{11} \Phi_{01} \Phi_{21} \frac{\partial \Phi_{11}}{r\partial z} \right) \right|_{z=z_2} \mathrm{d}r \right.$$
$$\left. + \int_0^{r_2} \left. \left(\Phi_{01} \Phi_{21} \frac{\partial \Phi_{11}}{\partial r} \frac{\partial^2 \Phi_{11}}{\partial r\partial z} \right) \right|_{z=z_2} r\mathrm{d}r \right)$$

（7.97）

$$H_8 = \frac{\pi}{2}\left(\int_0^{r_2}\left(\Phi_{11}^2 \frac{\partial^2 \Phi_{11}}{\partial z^2}\frac{\partial \Phi_{11}}{\partial z} \right)\Bigg|_{z=z_2} r\mathrm{d}r - \int_0^{r_2}\left(\Phi_{11}^3 \frac{\partial \Phi_{11}}{r\partial z} \right)\Bigg|_{z=z_2} \mathrm{d}r \right.$$
$$\left. + \int_0^{r_2}\left(\Phi_{11}^2 \frac{\partial^2 \Phi_{11}}{\partial r\partial z}\frac{\partial \Phi_{11}}{\partial r} \right)\Bigg|_{z=z_2} r\mathrm{d}r \right) \tag{7.98}$$

$$H_9 = \pi\left(\int_0^{r_2}\left(\Phi_{11}\frac{\partial \Phi_{11}}{\partial z}\frac{\partial \Phi_{01}}{\partial z} \right)\Bigg|_{z=z_2} r\mathrm{d}r + \int_0^{r_2}\left(\Phi_{11}\frac{\partial \Phi_{11}}{\partial r}\frac{\partial \Phi_{01}}{\partial r} \right)\Bigg|_{z=z_2} r\mathrm{d}r \right) \tag{7.99}$$

$$H_{10} = \pi\left(\int_0^{r_2}\left(\Phi_{11}\Phi_{01}\left(\frac{\partial^2 \Phi_{11}}{\partial z^2}\frac{\partial \Phi_{01}}{\partial z} + \frac{\partial \Phi_{11}}{\partial z}\frac{\partial^2 \Phi_{01}}{\partial z^2} \right) \right)\Bigg|_{z=h} r\mathrm{d}r \right.$$
$$\left. + \int_0^{r_2}\left(\Phi_{11}\Phi_{01}\left(\frac{\partial^2 \Phi_{11}}{\partial z\partial r}\frac{\partial \Phi_{01}}{\partial r} + \frac{\partial \Phi_{11}}{\partial r}\frac{\partial^2 \Phi_{01}}{\partial z\partial r} \right) \right)\Bigg|_{z=h} r\mathrm{d}r \right) \tag{7.100}$$

$$H_{11} = \frac{\pi}{2}\left(\int_0^{r_2}\left(\Phi_{11}\Phi_{21}\left(\frac{\partial^2 \Phi_{11}}{\partial z^2}\frac{\partial \Phi_{01}}{\partial z} + \frac{\partial \Phi_{11}}{\partial z}\frac{\partial^2 \Phi_{01}}{\partial z^2} \right) \right)\Bigg|_{z=z_2} r\mathrm{d}r \right.$$
$$\left. + \int_0^{r_2}\left(\Phi_{11}\Phi_{21}\left(\frac{\partial^2 \Phi_{11}}{\partial z\partial r}\frac{\partial \Phi_{01}}{\partial r} + \frac{\partial \Phi_{11}}{\partial r}\frac{\partial^2 \Phi_{01}}{\partial z\partial r} \right) \right)\Bigg|_{z=z_2} r\mathrm{d}r \right) \tag{7.101}$$

$$H_{12} = \frac{\pi}{2}\left(\int_0^{r_2}\left(\Phi_{11}\frac{\partial \Phi_{11}}{\partial z}\frac{\partial \Phi_{21}}{\partial z} \right)\Bigg|_{z=z_2} r\mathrm{d}r + 2\int_0^{r_2}\left(\frac{\Phi_{11}^2\Phi_{21}}{r} \right)\Bigg|_{z=z_2} \mathrm{d}r \right.$$
$$\left. + \int_0^{r_2}\left(\Phi_{11}\frac{\partial \Phi_{11}}{\partial r}\frac{\partial \Phi_{21}}{\partial r} \right)\Bigg|_{z=z_2} r\mathrm{d}r \right) \tag{7.102}$$

$$H_{13} = \frac{\pi}{2}\int_0^{r_2}\left(\Phi_{11}\Phi_{01}\left(\frac{\partial^2 \Phi_{11}}{\partial z^2}\frac{\partial \Phi_{21}}{\partial z} + \frac{\partial \Phi_{11}}{\partial z}\frac{\partial^2 \Phi_{21}}{\partial z^2} \right) \right)\Bigg|_{z=z_2} r\mathrm{d}r$$
$$+ \pi\int_0^{r_2}\left(\frac{\Phi_{11}\Phi_{01}}{r}\left(\Phi_{21}\frac{\partial \Phi_{11}}{\partial z} + \Phi_1\frac{\partial \Phi_{21}}{\partial z} \right) \right)\Bigg|_{z=z_2} \mathrm{d}r \tag{7.103}$$
$$+ \frac{\pi}{2}\int_0^{r_2}\left(\Phi_{11}\Phi_{01}\left(\frac{\partial^2 \Phi_{11}}{\partial r\partial z}\frac{\partial \Phi_{21}}{\partial r} + \frac{\partial \Phi_{11}}{\partial r}\frac{\partial^2 \Phi_{21}}{\partial r\partial z} \right) \right)\Bigg|_{z=z_2} r\mathrm{d}r$$

$$
\begin{aligned}
H_{14} = \frac{\pi}{2} \Bigg(&\int_0^{r_2} \left(\Phi_{11}\Phi_{21}\left(\frac{\partial^2 \Phi_{11}}{\partial z^2}\frac{\partial \Phi_{21}}{\partial z} + \frac{\partial \Phi_{11}}{\partial z}\frac{\partial^2 \Phi_{21}}{\partial z^2} \right) \right)\bigg|_{z=h} r\mathrm{d}r \\
&+ \int_0^{r_2} \left(\Phi_{11}\Phi_{21}\left(\frac{\partial^2 \Phi_{11}}{\partial r\partial z}\frac{\partial \Phi_{21}}{\partial r} + \frac{\partial \Phi_{11}}{\partial r}\frac{\partial^2 \Phi_{21}}{\partial r\partial z} \right) \right)\bigg|_{z=h} r\mathrm{d}r \Bigg)
\end{aligned}
\tag{7.104}
$$

$$
H_{15} = \pi\int_0^{r_2} \left(\Phi_{21}^2\Phi_{11}\frac{\partial \Phi_{11}}{r\partial z} + \Phi_{11}^2\Phi_{21}\frac{\partial \Phi_{21}}{r\partial z} \right)\bigg|_{z=z_2} \mathrm{d}r
\tag{7.105}
$$

$$
H_{16} = 2\pi\left(\int_0^{r_2} \left(\Phi_{01}\left(\frac{\partial \Phi_{01}}{\partial z}\right)^2 \right)\bigg|_{z=h_2} r\mathrm{d}r + \int_0^{r_2} \left(\Phi_{01}\left(\frac{\partial \Phi_{01}}{\partial r}\right)^2 \right)\bigg|_{z=h_2} r\mathrm{d}r \right)
\tag{7.106}
$$

$$
H_{17} = \pi\left(\int_0^{r_2} \left(\Phi_{11}^2\frac{\partial \Phi_{01}}{\partial z}\frac{\partial^2 \Phi_{01}}{\partial z^2} \right)\bigg|_{z=z_2} r\mathrm{d}r + \int_0^{r_2} \left(\Phi_{11}^2\frac{\partial \Phi_{01}}{\partial r}\frac{\partial^2 \Phi_{01}}{\partial r\partial z} \right)\bigg|_{z=z_2} r\mathrm{d}r \right)
\tag{7.107}
$$

$$
H_{18} = 2\pi\left(\int_0^{r_2} \left(\Phi_{01}^2\frac{\partial \Phi_{01}}{\partial r}\frac{\partial^2 \Phi_{01}}{\partial r\partial z} \right)\bigg|_{z=z_2} r\mathrm{d}r + \int_0^{r_2} \left(\Phi_{01}^2\frac{\partial \Phi_{01}}{\partial r}\frac{\partial^2 \Phi_{01}}{\partial r\partial z} \right)\bigg|_{z=z_2} r\mathrm{d}r \right)
\tag{7.108}
$$

$$
H_{19} = \pi\left(\int_0^{r_2} \left(\Phi_{21}^2\frac{\partial \Phi_{01}}{\partial z}\frac{\partial^2 \Phi_{01}}{\partial z^2} \right)\bigg|_{z=z_2} r\mathrm{d}r + \int_0^{r_2} \left(\Phi_{21}^2\frac{\partial \Phi_{01}}{\partial r}\frac{\partial^2 \Phi_{01}}{\partial r\partial z} \right)\bigg|_{z=z_2} r\mathrm{d}r \right)
\tag{7.109}
$$

$$
H_{20} = \pi\int_0^{r_2} \left(\Phi_{21}\frac{\partial \Phi_{01}}{\partial z}\frac{\partial \Phi_{21}}{\partial z} \right)\bigg|_{z=z_2} r\mathrm{d}r + \pi\int_0^{r_2} \left(\Phi_{21}\frac{\partial \Phi_{01}}{\partial r}\frac{\partial \Phi_{21}}{\partial r} \right)\bigg|_{z=z_2} r\mathrm{d}r
\tag{7.110}
$$

$$
\begin{aligned}
H_{21} = \frac{\pi}{4} \Bigg(&\int_0^{r_2} \left(\Phi_{11}^2\frac{\partial^2 \Phi_{01}}{\partial z^2}\frac{\partial \Phi_{21}}{\partial z} + \Phi_{11}^2\frac{\partial \Phi_{01}}{\partial z}\frac{\partial^2 \Phi_{21}}{\partial z^2} \right)\bigg|_{z=z_2} r\mathrm{d}r \\
&+ \int_0^{r_2} \left(\Phi_{11}^2\frac{\partial^2 \Phi_{01}}{\partial r\partial z}\frac{\partial \Phi_{21}}{\partial r} + \Phi_{11}^2\frac{\partial \Phi_{01}}{\partial r}\frac{\partial^2 \Phi_{21}}{\partial r\partial z} \right)\bigg|_{z=z_2} r\mathrm{d}r \Bigg)
\end{aligned}
\tag{7.111}
$$

$$
\begin{aligned}
H_{22} = \pi\int_0^{r_2} &\left(\Phi_{01}\Phi_{21}\left(\frac{\partial^2 \Phi_{01}}{\partial z^2}\frac{\partial \Phi_{21}}{\partial z} + \frac{\partial \Phi_{01}}{\partial z}\frac{\partial^2 \Phi_{21}}{\partial z^2} \right) \right)\bigg|_{z=z_2} r\mathrm{d}r \\
+ \pi\int_0^{r_2} &\left(\Phi_{01}\Phi_{21}\left(\frac{\partial^2 \Phi_{01}}{\partial r\partial z}\frac{\partial \Phi_{21}}{\partial r} + \frac{\partial \Phi_{01}}{\partial r}\frac{\partial^2 \Phi_{21}}{\partial r\partial z} \right) \right)\bigg|_{z=z_2} r\mathrm{d}r
\end{aligned}
\tag{7.112}
$$

$$H_{23} = \pi \int_0^{r_2} \left. \left(\Phi_{01} \left(\frac{\partial \Phi_{21}}{\partial z} \right)^2 \right) \right|_{z=z_2} r\mathrm{d}r + 4\pi \int_0^{r_2} \left. \left(\frac{\Phi_{01}\Phi_{21}^2}{r} \right) \right|_{z=z_2} \mathrm{d}r$$
$$+ \pi \int_0^{r_2} \left. \left(\Phi_{01} \left(\frac{\partial \Phi_{21}}{\partial r} \right)^2 \right) \right|_{z=z_2} r\mathrm{d}r \tag{7.113}$$

$$H_{24} = \frac{\pi}{2} \int_0^{r_2} \left. \left(\Phi_{11}^2 \frac{\partial \Phi_{21}}{\partial z} \frac{\partial^2 \Phi_{21}}{\partial z^2} \right) \right|_{z=z_2} r\mathrm{d}r + 2\pi \int_0^{r_2} \left. \left(\Phi_{11}^2 \Phi_{21} \frac{\partial \Phi_{21}}{\partial z} \right) \right|_{z=z_2} \frac{\mathrm{d}r}{r}$$
$$+ \frac{\pi}{2} \int_0^{r_2} \left. \left(\Phi_{11}^2 \frac{\partial \Phi_{21}}{\partial r} \frac{\partial^2 \Phi_{21}}{\partial r \partial z} \right) \right|_{z=z_2} r\mathrm{d}r \tag{7.114}$$

$$H_{25} = \pi \int_0^{r_2} \left. \left(\Phi_{01}^2 \frac{\partial \Phi_{21}}{\partial z} \frac{\partial^2 \Phi_{21}}{\partial z^2} \right) \right|_{z=z_2} r\mathrm{d}r + 4\pi \int_0^{r_2} \left. \left(\Phi_{01}^2 \Phi_{21} \frac{\partial \Phi_{21}}{r \partial z} \right) \right|_{z=z_2} \mathrm{d}r$$
$$+ \pi \int_0^{r_2} \left. \left(\Phi_{01}^2 \frac{\partial \Phi_{21}}{\partial r} \frac{\partial^2 \Phi_{21}}{\partial r \partial z} \right) \right|_{z=z_2} r\mathrm{d}r \tag{7.115}$$

$$H_{26} = \frac{3\pi}{4} \int_0^{r_2} \left. \left(\Phi_{21}^2 \frac{\partial \Phi_{21}}{\partial z} \frac{\partial^2 \Phi_{21}}{\partial z^2} \right) \right|_{z=z_2} r\mathrm{d}r + \pi \int_0^{r_2} \left. \left(\Phi_{21}^3 \frac{\partial \Phi_{21}}{r \partial z} \right) \right|_{z=z_2} \mathrm{d}r$$
$$+ \frac{3\pi}{4} \int_0^{r_2} \left. \left(\Phi_{21}^2 \frac{\partial \Phi_{21}}{\partial r} \frac{\partial^2 \Phi_{21}}{\partial r \partial z} \right) \right|_{z=z_2} r\mathrm{d}r \tag{7.116}$$

$$H_{27} = \frac{\pi}{4} \int_0^{r_2} \left. \left(\Phi_{21}^2 \frac{\partial \Phi_{21}}{\partial z} \frac{\partial^2 \Phi_{21}}{\partial z^2} \right) \right|_{z=z_2} r\mathrm{d}r + 3\pi \int_0^{r_2} \left. \left(\Phi_{21}^3 \frac{\partial \Phi_{21}}{r \partial z} \right) \right|_{z=z_2} \mathrm{d}r$$
$$+ \frac{\pi}{4} \int_0^{r_2} \left. \left(\Phi_{21}^2 \frac{\partial \Phi_{21}}{\partial r} \frac{\partial^2 \Phi_{21}}{\partial r \partial z} \right) \right|_{z=z_2} r\mathrm{d}r \tag{7.117}$$

$$H_{28} = \frac{\pi}{2} \int_0^{r_2} \left. \left(\Phi_{21}^2 \frac{\partial^2 \Phi_{21}}{\partial z^2} \frac{\partial \Phi_{21}}{\partial z} \right) \right|_{z=z_2} r\mathrm{d}r - 2\pi \int_0^{r_2} \left. \left(\Phi_{21}^3 \frac{\partial \Phi_{21}}{r \partial z} \right) \right|_{z=z_2} \mathrm{d}r$$
$$+ \frac{\pi}{2} \int_0^{r_2} \left. \left(\Phi_{21}^2 \frac{\partial^2 \Phi_{21}}{\partial r \partial z} \frac{\partial \Phi_{21}}{\partial r} \right) \right|_{z=z_2} r\mathrm{d}r \tag{7.118}$$

在此假设 R_q 表达式如下：

$$R_q = \sum_p \gamma_p \dot{\beta}_p + \sum_{pp'} \gamma_{pp'} \dot{\beta}_p \beta_{p'} + \sum_{qq'q''} \gamma_{pp'p''} \dot{\beta}_p \beta_{p'} \beta_{p''} \tag{7.119}$$

将式（7.60）～式（7.118）代入式（7.52），即可得到系数 γ_p、$\gamma_{pp'}$ 以及 $\gamma_{pp'p''}$。于是可将广义坐标 R_q 表达成如下形式：

$$R_1 = D_1\dot{\beta}_1 + D_2\dot{\beta}_1\beta_3 + D_3\beta_1\dot{\beta}_3 + D_4\dot{\beta}_1\beta_4 + D_5\beta_1\dot{\beta}_4$$
$$+ D_4\dot{\beta}_2\beta_5 + D_5\beta_2\dot{\beta}_5 + D_6\beta_1^2\dot{\beta}_1 + D_7\dot{\beta}_1\beta_2^2 + D_8\beta_1\beta_2\dot{\beta}_2 \tag{7.120}$$

$$R_2 = D_1\dot{\beta}_2 + D_2\dot{\beta}_2\beta_3 + D_3\beta_2\dot{\beta}_3 + D_4\dot{\beta}_1\beta_5 + D_5\beta_1\dot{\beta}_5$$
$$- D_4\dot{\beta}_2\beta_4 + D_5\beta_2\dot{\beta}_4 + D_6\beta_2^2\dot{\beta}_2 + D_7\dot{\beta}_2\beta_1^2 + D_8\beta_1\beta_2\dot{\beta}_1 \tag{7.121}$$

$$R_3 = D_9\dot{\beta}_3 + D_{10}\beta_1\dot{\beta}_1 + D_{10}\beta_2\dot{\beta}_2 \tag{7.122}$$

$$R_4 = D_{11}\dot{\beta}_4 + D_{12}\beta_1\dot{\beta}_1 - D_{12}\beta_2\dot{\beta}_2 \tag{7.123}$$

$$R_5 = D_{11}\dot{\beta}_5 + D_{12}\beta_2\dot{\beta}_1 + D_{12}\beta_1\dot{\beta}_2 \tag{7.124}$$

式中，系数 $D_i(i=1,2,\cdots,12)$ 的具体形式如下：

$$D_1 = \frac{E_{11}}{H_a}, \quad D_2 = \frac{E_{12}H_a - E_{11}H_1}{H_a^2}, \quad D_3 = \frac{E_{12}H_b - E_{31}H_9}{H_aH_b}, \quad D_4 = \frac{E_{13}H_a - 2E_{11}H_2}{2H_a^2}$$

$$D_5 = \frac{E_{13}H_b - 2E_{41}H}{2H_aH_c}$$

$$D_6 = \frac{4E_{11}H_9^2H_c - 4E_{32}H_9H_aH_c + 8E_{11}H_{12}^2H_b}{8H_a^2H_bH_c}$$
$$- \frac{4E_{42}H_{12}H_aH_b + 8E_{11}H_3H_bH_c - 3E_{14}H_aH_bH_c}{8H_a^2H_bH_c}$$

$$D_7 = \frac{8E_{11}H_{12}^2 - 4E_{42}H_{12}H_a - 8E_{11}H_4H_c + E_{14}H_aH_c}{8H_a^2H_c}$$

$$D_8 = \frac{2E_{11}H_9^2 - 2E_{32}H_9H_a - 4E_{11}H_8H_b + E_{14}H_aH_b}{4H_a^2H_b}, \quad D_9 = \frac{E_{31}}{H_b}$$

$$D_{10} = \frac{E_{32}H_a - E_{11}H_9}{2H_aH_b}, \quad D_{11} = \frac{E_{41}}{H_c}, \quad D_{12} = \frac{E_{42}H_a - 2E_{11}H_{12}}{2H_aH_c} \tag{7.125}$$

将式（7.60）～式（7.64）、式（7.76）～式（7.90）以及式（7.120）～式（7.124）代入式（7.58），忽略比 ε 高阶的项，得到

$$\ddot{\beta}_1 + \sigma_1^2\beta_1 + K_1(\beta_1\dot{\beta}_1^2 + \ddot{\beta}_1\beta_1^2 + \beta_1\dot{\beta}_2^2 + \beta_1\beta_2\ddot{\beta}_2)$$
$$+ K_2(\ddot{\beta}_1\beta_2^2 + 2\dot{\beta}_1\dot{\beta}_2\beta_2 - \beta_1\dot{\beta}_2^2 - \beta_1\beta_2\ddot{\beta}_2) + K_3(\ddot{\beta}_1\beta_4 + \dot{\beta}_1\dot{\beta}_4 + \ddot{\beta}_2\beta_5 + \dot{\beta}_2\dot{\beta}_5) \tag{7.126}$$
$$- K_4(\beta_1\ddot{\beta}_4 + \beta_2\ddot{\beta}_5) + K_5(\ddot{\beta}_1\beta_3 + \dot{\beta}_1\dot{\beta}_3) + K_6\beta_1\ddot{\beta}_3 = 0$$

$$\ddot{\beta}_2 + \sigma_1^2\beta_2 + K_1(\beta_2\dot{\beta}_2^2 + \ddot{\beta}_2\beta_2^2 + \beta_2\dot{\beta}_1^2 + \beta_1\beta_2\ddot{\beta}_1)$$
$$+ K_2(\ddot{\beta}_2\beta_1^2 + 2\dot{\beta}_1\dot{\beta}_2\beta_2 - 2\beta_2\dot{\beta}_1^2 - \beta_1\beta_2\ddot{\beta}_1) + K_3(\ddot{\beta}_1\beta_5 + \dot{\beta}_1\dot{\beta}_5 - \ddot{\beta}_2\beta_4 - \dot{\beta}_2\dot{\beta}_4) \tag{7.127}$$
$$- K_4(\beta_2\ddot{\beta}_4 - \beta_1\ddot{\beta}_5) + K_5(\ddot{\beta}_2\beta_3 + \dot{\beta}_2\dot{\beta}_3) + K_6\beta_2\ddot{\beta}_3 = 0$$

$$\ddot{\beta}_3 + \sigma_0^2 \beta_3 + K_8(\dot{\beta}_1^2 + \dot{\beta}_2^2) + K_{10}(\beta_1 \ddot{\beta}_1 + \beta_2 \ddot{\beta}_2) = 0 \qquad (7.128)$$

$$\ddot{\beta}_4 + \sigma_2^2 \beta_4 + K_7(\dot{\beta}_2^2 - \dot{\beta}_1^2) + K_9(\beta_2 \ddot{\beta}_2 + \beta_1 \ddot{\beta}_1) = 0 \qquad (7.129)$$

$$\ddot{\beta}_5 + \sigma_2^2 \beta_5 - 2K_7 \dot{\beta}_1 \dot{\beta}_2 - K_9(\beta_2 \ddot{\beta}_1 + \beta_1 \ddot{\beta}_2) = 0 \qquad (7.130)$$

式中，系数 $K_i (i = 1, 2, \cdots, 10)$ 的具体形式如下：

$$K_1 = \frac{2H_3 D_1^2 + 4E_{11}D_6 + 2E_{32}D_{10} + E_{42}D_{12} + 2H_9 D_1 D_9 + 2H_{12}D_1 D_{12}}{2E_{11}D_1}$$

$$K_2 = \frac{E_{14}D_1 + 8E_{11}D_7 + 4E_{42}D_{12}}{8E_{11}D_1}, \quad K_3 = \frac{E_{11}D_3 + E_{32}D_9}{E_{11}D_1}, \quad K_4 = \frac{E_{13}D_1 + 2E_{11}D_4}{2E_{11}D_1}$$

$$K_5 = \frac{E_{11}D_2 + E_{12}D_1}{E_{11}D_1}, \quad K_6 = \frac{E_{13}D_1 + 2E_{11}D_4}{2E_{11}D_1}, \quad K_7 = -\frac{H_2 D_1^2 + 2E_{41}D_{12}}{2E_{41}D_{11}}$$

$$K_8 = -\frac{H_1 D_1^2 + 4E_{31}D_{10}}{4E_{31}D_9}, \quad K_9 = -\frac{E_{13}D_1 + 2E_{41}D_{12}}{2E_{41}D_{11}}, \quad K_{10} = -\frac{E_{12}D_1 + 2E_{31}D_{10}}{2E_{31}D_9}$$

$$(7.131)$$

7.7　比 较 研 究

Gavrilyuk 等[28]基于伽辽金法研究了带环形刚性隔板圆柱形刚性储液罐中流体线性晃动特性，然后基于线性晃动模态利用渐近模态法推导了流体非线性晃动的渐近模态系统。为了验证多维模态系统的正确性，在此将其结果与 Gavrilyuk 等的结果进行比较。储液罐内半径取为 $r_2 = 1\text{m}$，静止流体的深度取为 $z_2 = 1\text{m}$。考虑四组不同隔板参数：$r_1 = 0.5\text{m}$，$z_1 = 0.4\text{m}$；$r_1 = 0.5\text{m}$，$z_1 = 0.6\text{m}$；$r_1 = 0.6\text{m}$，$z_1 = 0.4\text{m}$；$r_1 = 0.6\text{m}$，$z_1 = 0.6\text{m}$。根据流体线性晃动理论，第一阶晃动模态的能量占总能量的 90%以上，因此流体线性自由晃动波高响应为

$$f = \frac{A\Phi_{11}(r, z_2)\cos\theta\cos\omega_{11}t}{\Phi_{11}(r_2, z_2)} \qquad (7.132)$$

式中，A 为波高幅值。在此可将流体微幅线性晃动的波高函数和速度势函数作为非线性晃动的初始条件，根据线性晃动理论，可取初始条件：

$$\beta_1 = A/\Phi_{11}(r_2, z_2), \quad \beta_2 = 0, \quad \beta_3 = 0, \quad \dot{\beta}_1 = 0, \quad \dot{\beta}_2 = 0, \quad \dot{\beta}_3 = 0 \quad (7.133)$$

式中，波高幅值 A 取为 0.1m。图 7-3～图 7-6 给出了罐壁处（$\theta = 0$）的液面波高随时间的变化曲线。由图 7-3～图 7-6 显然易见，基于多维模态系统的解和 Gavrilyuk 等的解具有很好的一致性。

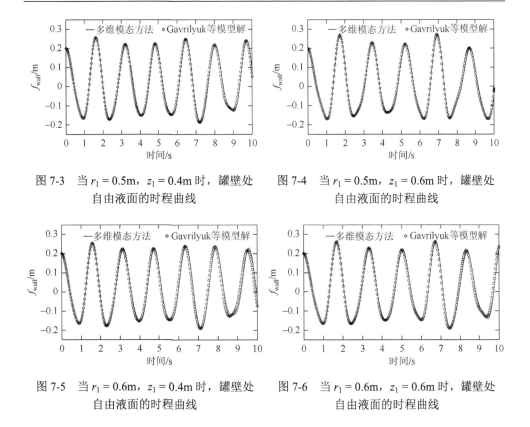

图 7-3　当 $r_1 = 0.5$m，$z_1 = 0.4$m 时，罐壁处　　　图 7-4　当 $r_1 = 0.5$m，$z_1 = 0.6$m 时，罐壁处
　　　　自由液面的时程曲线　　　　　　　　　　　　　　自由液面的时程曲线

图 7-5　当 $r_1 = 0.6$m，$z_1 = 0.4$m 时，罐壁处　　　图 7-6　当 $r_1 = 0.6$m，$z_1 = 0.6$m 时，罐壁处
　　　　自由液面的时程曲线　　　　　　　　　　　　　　自由液面的时程曲线

7.8　参　数　分　析

　　本节研究隔板和初始条件对流体非线性晃动的影响。在下面分析中，储液罐内半径取为 $r_2 = 1$m，静止流体的深度取为 $z_2 = 1$m。

7.8.1　初始波高的影响

　　首先研究液面的初始波高对流体非线性晃动的影响。隔板内半径取为 $r_1 = 0.5$m，隔板被固定在 $z_1 = 0.5$m 的位置上，考虑三个不同的初始液面波高幅值：$A = 0.05$m，0.1m，0.2m。图 7-7（a）、图 7-8（a）、图 7-9（a）分别给出了三个不同初始波高幅值条件下 $r = 1$m，$\theta = 0$ 处的自由液面线性波高的时程曲线和非线性波高的时程曲线。图 7-7（b）、图 7-8（b）、图 7-9（b）分别给出了三个不同初始波高幅值条件下一个晃动周期内不同时刻自由液面在 $\theta = 0$ 和 $\theta = \pi$ 方向上的径向剖线。从图 7-7～图 7-9 可以看出随着初始波高幅值的逐渐增加，流体晃动逐渐显现出较强的非线性现象：波峰的值大于线性晃动解，而波谷的值小于线性晃动解。除此之外，随着初始波高幅值的增加，线性晃动时的波节（$\theta = \pi/2$）将不复存在，这主要是因为在非线性因素的作用下，流体晃动发生了耗散现象。

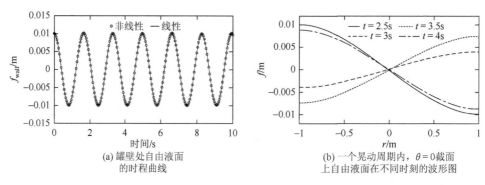

图 7-7　初始波高幅值为 0.05m 时，罐壁处液面的时程曲线和 $\theta = 0$(或 π)截面上的波形图

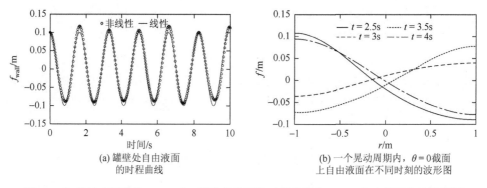

图 7-8　初始波高幅值为 0.1m 时，罐壁处液面的时程曲线和 $\theta = 0$(或 π)截面上的波形图

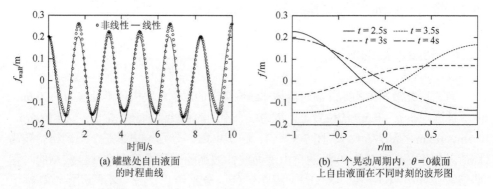

图 7-9　初始波高幅值为 0.2m 时，罐壁处液面的时程曲线和 $\theta = 0$(或 π)截面上的波形图

7.8.2 隔板位置的影响

在此取隔板内半径为 $r_1 = 0.5\text{m}$，初始液面波高幅值取为 $A = 0.1\text{m}$，考虑三个不同的隔板位置：$z_1 = 0.2\text{m}$，0.4m，0.8m。图 7-10（a）、图 7-11（a）、图 7-12（a）分别给出了三个不同隔板位置所对应的 $r = 1\text{m}$，$\theta = 0$ 处的自由液面线性波高的时程曲线和非线性波高的时程曲线。图 7-10（b）、图 7-11（b）、图 7-12（b）则给出了对应的相平面图。随着隔板由靠近罐底的位置上升到靠近自由液面的位置，流体的晃动呈现出了典型的非线性现象：波峰的值大于波谷的值。流体晃动的非线性效应可以清楚地呈现在相平面图上，当隔板靠近罐底时，流体的非线性晃动效应比较弱，在相平面图上则表现为相对较为规则的重复轨迹；当隔板靠近自由液面时，流体的非线性晃动效应比较强，在相平面图上则表现为相对较为不规则的杂乱轨迹。

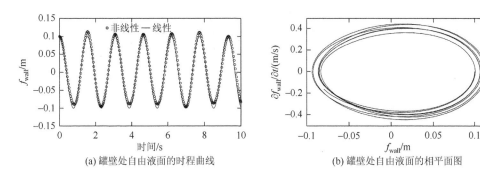

(a) 罐壁处自由液面的时程曲线　　　　(b) 罐壁处自由液面的相平面图

图 7-10　环形隔板位于 $z_1 = 0.2\text{m}$ 时，罐壁处自由液面的时程曲线和相平面图

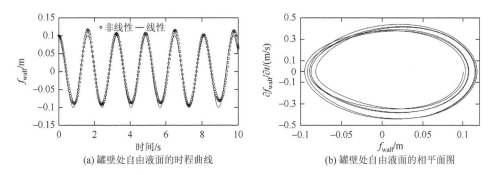

(a) 罐壁处自由液面的时程曲线　　　　(b) 罐壁处自由液面的相平面图

图 7-11　环形隔板位于 $z_1 = 0.4\text{m}$ 时，罐壁处自由液面的时程曲线和相平面图

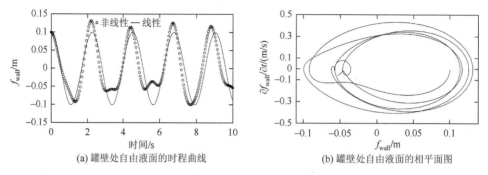

(a) 罐壁处自由液面的时程曲线　　　　　　　(b) 罐壁处自由液面的相平面图

图 7-12　环形隔板位于 $z_1 = 0.8\text{m}$ 时，罐壁处自由液面的时程曲线和相平面图

7.8.3　隔板内半径的影响

初始液面波高幅值取为 $A = 0.1\text{m}$，环形隔板被放置 $z_1 = 0.5\text{m}$ 的位置上，考虑三个不同的隔板内半径：$r_1 = 0.2\text{m}$，0.4m，0.8m。图 7-13（a）、图 7-14（a）、图 7-15（a）分别给出了三个不同隔板内半径所对应的 $r = 1\text{m}$，$\theta = 0$ 处的自由液面线性波高的时程曲线和非线性波高的时程曲线。图 7-13（b）、图 7-14（b）、图 7-15（b）则给出了对应的相平面图。从图 7-13（a）、图 7-14（a）、图 7-15（a）可以看出，波峰的值随着隔板内半径的增加而减小。从对应的相平面图可以看出，当隔板内半径比较小时，流体的非线性晃动效应比较强，在相平面图上则表现为相对较为不规则的杂乱轨迹；当隔板内半径比较大时，流体的非线性晃动效应比较弱，在相平面图上则表现为相对较为规则的重复轨迹。这意味着流体的非线性效应随着隔板内半径的增加而减小。

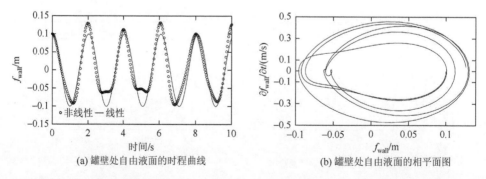

(a) 罐壁处自由液面的时程曲线　　　　　　　(b) 罐壁处自由液面的相平面图

图 7-13　环形隔板内半径为 $r_1 = 0.2\text{m}$ 时，罐壁处自由液面的时程曲线和相平面图

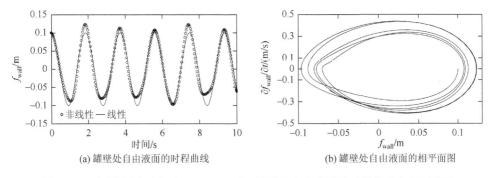

(a) 罐壁处自由液面的时程曲线　　　　　(b) 罐壁处自由液面的相平面图

图 7-14　环形隔板内半径为 $r_1 = 0.4\text{m}$ 时，罐壁处自由液面的时程曲线和相平面图

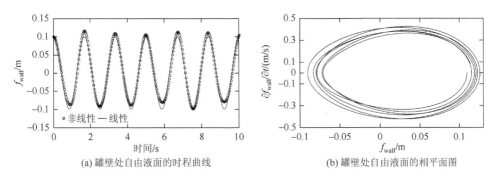

(a) 罐壁处自由液面的时程曲线　　　　　(b) 罐壁处自由液面的相平面图

图 7-15　环形隔板内半径为 $r_1 = 0.8\text{m}$ 时，罐壁处自由液面的时程曲线和相平面图

7.9　本　章　小　结

拓展流体子域法到非线性晃动领域，基于 Bateman-Luke 变分原理建立了带隔板圆柱形储液罐中流体非线性晃动问题的等效变分形式。引入广义坐标，将待求的自由液面波高和流体的速度势函数展开为广义的傅里叶级数，并将其代入等效变分方程中，得到广义坐标函数互相耦合的无穷维模态系统。引入 Narimanov-Moiseev 渐近关系即可将无穷维的模态系统转化成有限维的模态系统，用四阶龙格-库塔法求解有限维模态系统，详细探讨了隔板参数对于非线性自由晃动的影响，得到以下几个结论。

（1）流体非线性晃动的主要特征有：波峰的值大于线性晃动解而波谷的值小于线性晃动解；线性晃动时的波节（ $\theta = \pi/2$ ）将不复存在；相平面图上则表现为相对较为不规则的杂乱轨迹。

（2）参数分析表明：初始波高越大，即初始能量越大，隔板距离自由液面越近，隔板内半径越小，流体晃动的非线性效应就越明显。

参 考 文 献

[1]　　Martin J G. Application of a discontinuous Galerkin finite element method to liquid sloshing[J]. Journal of Offshore Mechanics and Arctic Engineering，2006，128：1-10.

[2]　　Elias R N，Coutinho L G A. Stabilized edge-based finite element simulation of free-surface flows[J]. International Journal for Numerical Methods in Fluids，2007，54：965-993.

[3]　　Kita E，Katsuragawa J，Kamiya N. Application of trefftz-type boundary element method to simulation of two-dimensional sloshing phenomenon[J]. Engineering Analysis with Boundary Elements，2004，28：677-683.

[4]　　Frandsen J B. Sloshing motions in excited tanks[J]. Journal of Computational Physics，2004，196：53-87.

[5]　　Chen B F，Nokes R. Time-independent finite difference analysis of fully non-linear and viscous fluid sloshing in a rectangular tank[J]. Journal of Computational Physics，2005，209：47-81.

[6]　　Perko L M. Large-amplitude motions of liquid-vapor interface in an accelerating container[J]. Journal of Fluid Mechanics，1969，35（1）：77-96.

[7]　　Rocca M L，Sciortino G，Boniforti M A. A fully nonlinear model for sloshing in a rotating container[J]. Fluid Dynamics Research，2000，27：23-52.

[8]　　Narimanov G S. Movement of a tank partly filled by a fluid：The taking into account of non-smallness of amplitude[J]. Journal of Applied Mathematics and Mechanics，1957，21：513-524.

[9]　　Moiseev N N. To the theory of nonlinear oscillations of a limited liquid volume of a liquid[J]. Journal of Applied Mathematics and Mechanics，1958，22：612-621.

[10]　Hutton R E. An Investigation of Resonant，Nonlinear，Nonplanar Free Surface Oscillations of a Fluid[R]. TN D-1870，Washington，DC.：1963，NASA.

[11]　Faltinsen O M. A nonlinear theory of sloshing in rectangular tanks[J]. Journal of Ship Research，1974，18（4）：224-241.

[12]　Waterhouse D D. Resonant sloshing near a critical depth[J]. Journal of Fluid Mechanics，1994，281：313-318.

[13]　Miles J W. Internally resonant surface waves in a circular cylinder[J]. Journal of Fluid Mechanics，1984，149：1-14.

[14]　Miles J W. Resonantly forced surface waves in a circular cylinder[J]. Journal of Fluid Mechanics，1984，149：15-31.

[15]　Hill D. Transient and steady-state amplitudes of forced waves in rectangular tanks[J]. Physics of Fluids，2003，15：1576-1587.

[16]　Hill D，Frandsen J B. Transient evolution of weakly nonlinear sloshing waves：An analytical and numerical comparison[J]. Journal of Engineering Mathematics，2005，53：187-198.

[17]　Faltinsen O M，Rognebakke O F，Lukovsky I A，et al. Multidimensional modal analysis of nonlinear sloshing in a rectangular tank with finite water depth[J]. Journal of Fluid Mechanics，2000，407：201-234.

[18]　Faltinsen O M，Timolha A N. An adaptive multimodal approach to nonlinear sloshing in a rectangular tank[J]. Journal of Fluid Mechanics，2001，432：167-200.

[19]　Faltinsen O M，Timolha A N. Asymptotic modal approximation of nonlinear resonant sloshing in a rectangular tank with small fluid depth[J]. Journal of Fluid Mechanics，2002，470：319-357.

[20]　Faltinsen O M，Rognebakke O F，Timolha A N. Resonant three dimensional nonlinear sloshing in a square-base basin[J]. Journal of Fluid Mechanics，2003，487：1-42.

[21]　Faltinsen O M，Rognebakke O F，Timolha A N. Classification of three dimensional nonlinear sloshing in a

square-base tank with finite depth[J]. Journal of Fluids and Structures，2005，20：81-103.

[22]　Faltinsen O M，Rognebakke O F，Timolha A N. Resonant three dimensional nonlinear sloshing in a square-base basin. Part2. effect of higher modes[J]. Journal of Fluid Mechanics，2005，523：199-218.

[23]　Faltinsen O M，Rognebakke O F，Timolha A N. Resonant three dimensional nonlinear sloshing in a square-base basin. Part3. base ratio perturbations [J]. Journal of Fluid Mechanics，2006，551：93-116.

[24]　Faltinsen O M，Rognebakke O F，Timolha A N. Transient and steady state amplitudes of resonant three-dimensional sloshing in a square base tank with a finite fluid depth[J]. Physics of Fluids，2006，18：1-14.

[25]　余延生，马兴瑞，王本利. 利用多维模态理论分析圆柱贮箱液体非线性晃动[J]. 力学学报，2008，40（2）：261-266.

[26]　余延生，马兴瑞，王本利. 圆柱贮箱液体非线性晃动的多维模态分析方法[J]. 应用数学和力学，2007，28（8）：901-911.

[27]　余延生，马兴瑞，王本利. 用多维模态理论分析航天器贮箱液体有限幅晃动力[J]. 宇航学报，2007，28（4）：981-985.

[28]　Gavrilyuk I，Lukovsky I，Trotsenko Y. The fluid sloshing in a vertical circular cylindrical tank with an annular baffle Part 2：Nonlinear resonant waves[J]. Journal of Engineering Mathematics，2006，54（2）：57-78.

第8章 带环形隔板圆柱储液罐中流体的非线性受迫晃动

8.1 工程背景及研究现状

外部激励作用下的储液罐中流体非线性晃动是工程中常见的问题[1,2]，如携带大量燃料的液体燃料火箭，当流体体晃动频率接近结构固有频率或姿态控制频率时，可能发生共振；非线性的大幅晃动会显著改变航天器的质心和转动惯量等动力学参数，还会与航天器的姿态控制产生强非线性耦合[3]。除此之外，地震所引发的流体大幅晃动也会造成大型储液罐的结构的破坏[4-6]。因此研究外部激励下储液罐中流体的非线性晃动控制是非常有意义的。因此本章将针对水平激励下的带隔板圆柱形储液罐，研究罐中流体的非线性受迫晃动问题。

针对外部激励下的非线性响应，王照林等[7]对储液罐中流体的非线性晃动的稳定性问题进行了研究，曾江红[8]利用 ALE 方法将储液罐作为大幅晃动流体与大型薄壁结构所组成的流-固耦合问题进行数值模拟，李遇春等[9]利用边界元法对水槽中的流体非线性晃动问题进行了仿真，陈科等[10]建立了充液储箱刚体平动与流体非线性晃动的耦合动力学方程。本章继续利用 7.6 节中 Narimanov-Moiseev 的渐近假设关系，推导出描述流体在水平激励下受迫晃动的五维模态系统，然后利用四阶的龙格-库塔法进行数值积分，即可得到流体非线性晃动的响应，从而可以进一步发掘一些比较重要的非线性现象。

8.2 无穷模态系统

考虑图 7-1 中的模型受到水平方向的激励 $x(t)$，X_0 为储液罐的位移幅值，其位移幅值远小于储液罐内径。根据上述定义，可以将一般形式的无穷维模态系统简化成如下形式：

$$\frac{\mathrm{d}A_q}{\mathrm{d}t} - \sum_{q'=1}^{\infty} R_{q'} A_{qq'} = 0 \tag{8.1}$$

$$\sum_{q=1}^{\infty} \frac{\partial A_q}{\partial \beta_p} \dot{R}_q + \sum_{q=1}^{\infty} \sum_{q'=1}^{\infty} \frac{\partial A_{qq'}}{\partial \beta_p} R_q R_{q'} + \dot{v}_{01} \frac{\partial I_{11}}{\partial \beta_p} + g \frac{\partial I_{13}}{\partial \beta_p} = 0 \tag{8.2}$$

式中，g 为重力加速度；$\dot{v}_{01}=\ddot{x}(t)$。A_q、$A_{qq'}$、$\dfrac{\partial I_{11}}{\partial \beta_p}$ 以及 $\dfrac{\partial I_{13}}{\partial \beta_p}$ 的具体形式如下：

$$A_q = \sum_{i=1}^{2}\int_{\bar{\Omega}_i}\bar{\Phi}_q^i \mathrm{d}v + \sum_{i=3}^{4}\int_{\Omega_i}\bar{\Phi}_q^i \mathrm{d}v \tag{8.3}$$

$$A_{qq'} = \sum_{i=1}^{2}\int_{\bar{\Omega}_i}\nabla\bar{\Phi}_q^i \nabla\bar{\Phi}_{q'}^i \mathrm{d}v + \sum_{i=3}^{4}\int_{\Omega_i}\nabla\bar{\Phi}_q^i \nabla\bar{\Phi}_{q'}^i \mathrm{d}v \tag{8.4}$$

$$\frac{\partial I_{11}}{\partial \beta_p} = \rho\int_{\bar{\Sigma}}r^2\cos\theta\,\mathrm{d}r\mathrm{d}\theta,\qquad \frac{\partial I_{13}}{\partial \beta_p} = \int_{\Sigma_0}\eta\frac{\partial\eta}{\partial \beta_p}\mathrm{d}s \tag{8.5}$$

8.3　有限维模态系统

根据 7.6 节的研究内容，显而易见对于流体的微幅线性晃动，水平激励往往只能激发出环向波数为 1（即 $m=1$）的模态，并且其第一阶模态（$\Phi_{11}(r,z)\cos\theta$ 或 $\Phi_{11}(r,z)\sin\theta$）的能量往往占总能量的 90%以上，因此对于流体的非线性晃动，该模态应该为主导模态。当水平激励沿极轴方向时，根据 $\Phi_{11}(r,z)\cos\theta$ 的物理意义，在此可以将其称为激励面内主模态。根据 Narimanov-Moiseev 三阶渐近假设关系，激励面内主模态广义坐标函数的三次方与储液罐的位移幅值为同一阶的小值，也就是 $O(\beta_1^3)=O(X_0)=\varepsilon$。除此，当激励频率靠近流体线性晃动的固有频率时，共振会激励出流体大幅的晃动，大量的实验[11,12]表明此时流体运动不再保持在平面，而是会发生非平面的旋转运动，这主要是因为与激励方向垂直的 $\Phi_{11}(r,z)\sin\theta$ 的模态也被激发出来，在此可以将其称为激励面外主模态。与此同时，如果在分析中仅仅考虑这两阶的主模态，一些比较重要的流体非线性晃动现象就会被忽略掉，因此需要考虑更高频率对应的次模态。从理论上讲[13]，实际上存在有无数个次模态，但是大量理论研究表明，在这无数个次模态中，除了轴对称（$m=0$）的第一阶模态 $\Phi_{01}(r,z)$ 和环向波数为 2（$m=2$）的第一阶模态（$\Phi_{21}(r,z)\cos(2\theta)$ 和 $\Phi_{21}(r,z)\sin(2\theta)$）之外，其他次模态的广义坐标都要再低一个数量级。根据这三个模态对应的物理意义可以定义：$\Phi_{01}(r,z)$ 为对称次模态；$\Phi_{21}(r,z)\cos(2\theta)$ 为面内次模态；$\Phi_{21}(r,z)\sin(2\theta)$ 为面外次模态。综上所述，根据水平激励的方向，选取的五阶模态为：$\Phi_{11}(r,z)\cos\theta$、$\Phi_{11}(r,z)\sin\theta$、$\Phi_{01}(r,z)$、$\Phi_{21}(r,z)\cos(2\theta)$ 以及 $\Phi_{21}(r,z)\sin(2\theta)$。其对应的广义坐标函数满足如下关系：

$$O(\beta_1) = O(\beta_2) = \varepsilon^{1/3},\qquad O(\beta_3) = O(\beta_4) = O(\beta_5) = \varepsilon^{2/3} \tag{8.6}$$

类似于流体非线性自由晃动的处理方法，将 A_q、$A_{qq'}$ 进行泰勒级数展开，然后保留所有项到 $O(\varepsilon)$ 阶，即可得到关于广义坐标函数 β_p（$p=1$，2，3，4，5）的非线性二阶常微分方程：

$$\ddot{\beta}_1 + \sigma_1^2 \beta_1 + K_1(\beta_1 \dot{\beta}_1^2 + \ddot{\beta}_1 \beta_1^2 + \beta_1 \dot{\beta}_2^2 + \beta_1 \beta_2 \ddot{\beta}_2)$$

$$+ K_2(\ddot{\beta}_1 \beta_2^2 + 2\dot{\beta}_1 \dot{\beta}_2 \beta_2 - \beta_1 \dot{\beta}_2^2 - \beta_1 \beta_2 \ddot{\beta}_2) + K_3(\ddot{\beta}_1 \beta_4 + \dot{\beta}_1 \dot{\beta}_4 + \ddot{\beta}_2 \beta_5 + \dot{\beta}_2 \dot{\beta}_5)$$

$$- K_4(\beta_1 \ddot{\beta}_4 + \beta_2 \ddot{\beta}_5) + K_5(\ddot{\beta}_1 \beta_3 + \dot{\beta}_1 \dot{\beta}_3) + K_6 \beta_1 \ddot{\beta}_3 - K_0 \ddot{x}(t) = 0 \qquad (8.7)$$

$$\ddot{\beta}_2 + \sigma_1^2 \beta_2 + K_1(\beta_2 \dot{\beta}_2^2 + \ddot{\beta}_2 \beta_2^2 + \beta_2 \dot{\beta}_1^2 + \beta_1 \beta_2 \ddot{\beta}_1)$$

$$+ K_2(\ddot{\beta}_2 \beta_1^2 + 2\dot{\beta}_1 \dot{\beta}_2 \beta_2 - 2\beta_2 \dot{\beta}_1^2 - \beta_1 \beta_2 \ddot{\beta}_1) + K_3(\ddot{\beta}_1 \beta_5 + \dot{\beta}_1 \dot{\beta}_5 - \ddot{\beta}_2 \beta_4 - \dot{\beta}_2 \dot{\beta}_4)$$

$$- K_4(\beta_2 \ddot{\beta}_4 - \beta_1 \ddot{\beta}_5) + K_5(\ddot{\beta}_2 \beta_3 + \dot{\beta}_2 \dot{\beta}_3) + K_6 \beta_2 \ddot{\beta}_3 = 0 \qquad (8.8)$$

$$\ddot{\beta}_3 + \sigma_0^2 \beta_3 + K_8(\dot{\beta}_1^2 + \dot{\beta}_2^2) + K_{10}(\beta_1 \ddot{\beta}_1 + \beta_2 \ddot{\beta}_2) = 0 \qquad (8.9)$$

$$\ddot{\beta}_4 + \sigma_2^2 \beta_4 + K_7(\dot{\beta}_2^2 - \dot{\beta}_1^2) + K_9(\beta_2 \ddot{\beta}_2 + \beta_1 \ddot{\beta}_1) = 0 \qquad (8.10)$$

$$\ddot{\beta}_5 + \sigma_2^2 \beta_5 - 2K_7 \dot{\beta}_1 \dot{\beta}_2 - K_9(\beta_2 \ddot{\beta}_1 + \beta_1 \ddot{\beta}_2) = 0 \qquad (8.11)$$

式中，K_i（$i=1,2,\cdots,10$）的具体表达形式详见 7.6 节；$K_0 = \rho \int_{\bar{\Sigma}} r^2 \cos\theta \mathrm{d}r \mathrm{d}\theta$。由水平激励下的五维模态系统（8.7）～（8.11）可以看出：

（1）激励面内主导模态的广义坐标函数 β_1 和 β_2 非线性地耦合在一起，同时次模态对应的广义坐标 β_3、β_4 和 β_5 对其有一定的影响；

（2）次模态对应的广义坐标 β_3、β_4 和 β_5 之间不存在相互耦合的关系，并且次模态是被主模态给激发出来的；

（3）与 7.6 节中非线性自由晃动的模态系统进行比较，可以发现只有式（8.7）中包含有激励项，由此可以认为只有主模态是被外部激励激发出来的，而次模态应该是由于非线性效应的存在而产生的耦合模态。

8.4　水平简谐激励下的瞬态响应

首先考虑水平激励为简谐激励的情况，即 $x = X_0 \cos(\omega_0 t)$，X_0 为位移幅值，ω_0 为激励频率。采用四阶的龙格-库塔法来求解五维模态系统（8.7）～（8.11）。储液罐内半径取为 $r_2 = 1\mathrm{m}$，液体深度取为 $z_2 = 1\mathrm{m}$，激励幅值取为 $X_0 = 0.02$。广义坐标初始条件为

$$\beta_p = \dot{\beta}_p = 0, \quad p = 1,2,\cdots,5 \qquad (8.12)$$

大量的计算结果表明，在上述初始条件下，广义坐标 β_2 和 β_5 始终都为零，这意味着在这种情况面外主模态和面外次模态将不会被激发出来。由于面内主模态

在 $\theta = \pi/2$ 处的响应必然为零，则 $\theta = \pi/2$ 处的波高响应为次模态的波高响应，因此除了研究 $r = 1\text{m}$，$\theta = 0$ 处的液面波高之外，还将进一步探讨 $r = 1\text{m}$，$\theta = \pi/2$ 处的液面波高响应。

8.4.1　激励频率的影响

隔板内半径取为 $r_1 = 0.5\text{m}$，环形隔板被放置在 $z_1 = 0.6\text{m}$ 的位置上，利用流体子域法可以求得流体线性晃动的第一阶频率为 3.61rad/s，激励频率取为 $\omega_0 = 2.8\text{rad/s}$，$3\text{rad/s}$，$3.2\text{rad/s}$。图 8-1～图 8-3 分别给出了对应于三个不同激励频率的波高响应。

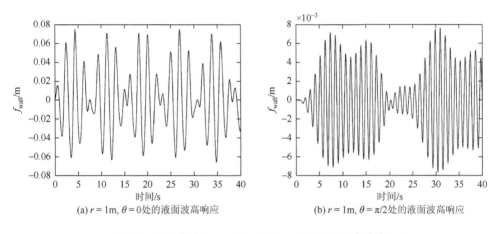

(a) $r = 1\text{m}$，$\theta = 0$处的液面波高响应　　　(b) $r = 1\text{m}$，$\theta = \pi/2$处的液面波高响应

图 8-1　激励频率 $\omega_0 = 2.8\text{rad/s}$ 时，自由液面波高响应

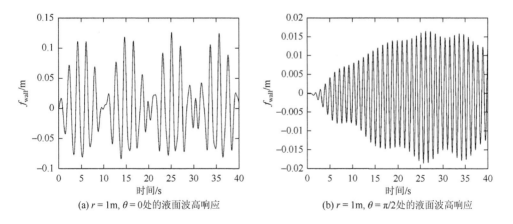

(a) $r = 1\text{m}$，$\theta = 0$处的液面波高响应　　　(b) $r = 1\text{m}$，$\theta = \pi/2$处的液面波高响应

图 8-2　激励频率 $\omega_0 = 3\text{rad/s}$ 时，自由液面波高响应

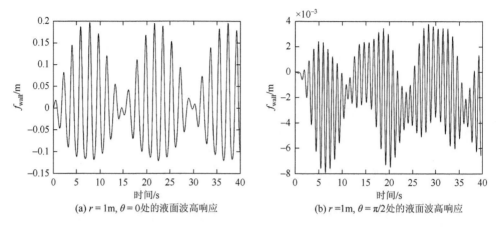

(a) $r=1\mathrm{m}$，$\theta=0$处的液面波高响应　　　　　(b) $r=1\mathrm{m}$，$\theta=\pi/2$处的液面波高响应

图 8-3　激励频率 $\omega_0=3.2\mathrm{rad/s}$ 时，自由液面波高响应

　　由图 8-1（a）、图 8-2（a）以及图 8-3（a）可以看出，带隔板的储液罐做简谐运动，但是储液罐中的流体却做"拍"运动，这主要是因为在我们的理论分析中没有考虑流体阻尼的作用，因此流体晃动的瞬态响应一直存在，这种瞬态响应叠加在稳态响应上便产生了这种"拍"运动。Faltinsen 等[14]研究了矩形储液箱中流体的三维非线性晃动，实验中他们发现了类似的现象。从图 8-1～图 8-3 中还可以看出，随着激励周期越来越靠近流体晃动的第一阶固有频率，"拍"的周期越来越大，波高的峰值也随之增加。与此同时，波峰大于波谷的现象也越来越明显，这意味着激励频率越靠近固有频率，流体晃动的非线性效应就越明显。从图 8-1（b）、图 8-2（b）以及图 8-3（b）可以看出，次模态有着明显的波高响应，因此次模态的影响不可以被忽略。

8.4.2　隔板内半径的影响

　　环形隔板被放置在 $z_1=0.6\mathrm{m}$ 的位置上，激励频率取为 3rad/s，在此考虑三个不同的隔板内半径 $r_1=0.4\mathrm{m}$，0.6m，0.8m。图 8-4～图 8-6 分别给出了对应于三个不同隔板内半径的 $r=1\mathrm{m}$，$\theta=0$ 处的波高响应和相平面图。从图 8-4～图 8-6 中可以看出，随着隔板内半径的增加，波高的峰值随之减小，与此同时，"拍"的周期也随之减小。这意味着随着隔板内半径的增加，流体晃动的非线性效应在逐渐地减小，这一点可以通过对应的相平面图得以验证，当隔板内半径比较小的时候，相平面图中的曲线表现为相对不规则的杂乱轨迹；当隔板内半径比较大的时候，相平面图中的曲线则比较规则。

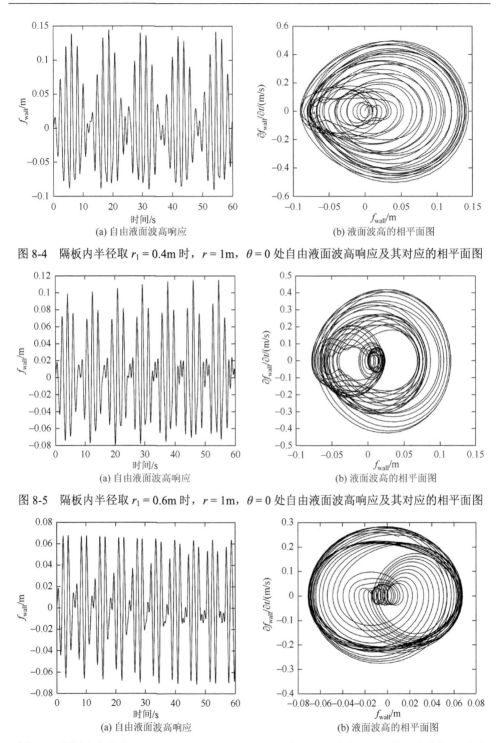

(a) 自由液面波高响应　　　　　　　　　　(b) 液面波高的相平面图

图 8-4　隔板内半径取 $r_1 = 0.4$m 时，$r = 1$m，$\theta = 0$ 处自由液面波高响应及其对应的相平面图

(a) 自由液面波高响应　　　　　　　　　　(b) 液面波高的相平面图

图 8-5　隔板内半径取 $r_1 = 0.6$m 时，$r = 1$m，$\theta = 0$ 处自由液面波高响应及其对应的相平面图

(a) 自由液面波高响应　　　　　　　　　　(b) 液面波高的相平面图

图 8-6　隔板内半径取 $r_1 = 0.8$m 时，$r = 1$m，$\theta = 0$ 处自由液面波高响应及其对应的相平面图

8.4.3　隔板位置的影响

环形隔板的内半径取为 $r_1 = 0.5\mathrm{m}$ 的位置上，激励频率取为 3rad/s，在此考虑三个不同的隔板位置 $z_1 = 0.3\mathrm{m}$，0.5m，0.7m。图 8-7～图 8-9 分别给出了对应于三个不同隔板位置的 $r = 1\mathrm{m}$，$\theta = 0$ 处的波高响应和相平面图。从图 8-7～图 8-9 中可以看出，随着隔板位置的上升，波高的峰值随之增加，与此同时，"拍"的周期随之增加，这意味非线性效应随着隔板位置的上升而增加。

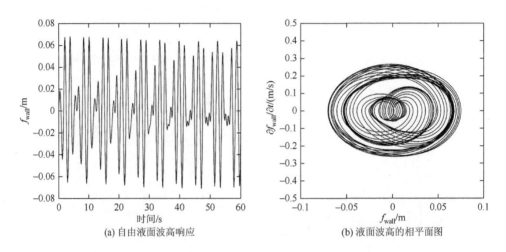

(a) 自由液面波高响应　　　　　　　　　　(b) 液面波高的相平面图

图 8-7　隔板位于 $z_1 = 0.3\mathrm{m}$ 时，$r = 1\mathrm{m}$，$\theta = 0$ 处自由液面波高响应及其对应的相平面图

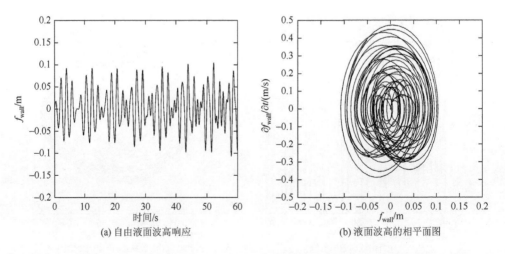

(a) 自由液面波高响应　　　　　　　　　　(b) 液面波高的相平面图

图 8-8　隔板位于 $z_1 = 0.5\mathrm{m}$ 时，$r = 1\mathrm{m}$，$\theta = 0$ 处自由液面波高响应及其对应的相平面图

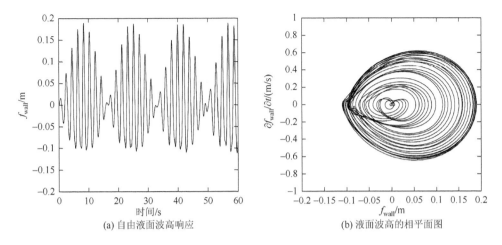

(a) 自由液面波高响应　　　　　　　　(b) 液面波高的相平面图

图 8-9　隔板位于 $z_1 = 0.7\mathrm{m}$ 时，$r = 1\mathrm{m}$，$\theta = 0$ 处自由液面波高响应及其对应的相平面图

8.5　水平地震激励下的瞬态响应

本节研究了水平地震激励下的流体的非线性晃动响应。输入的地震波为 El-Centro 波，时间间隔为 0.02s，持续时间为 40s。储液罐内半径取为 $r_2 = 1\mathrm{m}$，液体深度取为 $z_2 = 1\mathrm{m}$。

8.5.1　隔板内半径的影响

环形隔板被水平放置在 $z_1 = 0.7\mathrm{m}$ 的位置上，考虑三个不同的隔板内半径 $r_1 = 0.3\mathrm{m}$，$0.5\mathrm{m}$，$0.7\mathrm{m}$。图 8-10 为三个不同隔板内半径对应的线性和非线性晃动响应曲线。从图 8-10 可以看出，自由液面在水平地震激励下的波高幅值随着隔板内半径的增加而减小。这意味着隔板内半径越小，其对地震响应的抑制效果就越好。同时比较图 8-10 中的线性晃动响应和非线性晃动响应，可以发现非线性晃动的波峰值大于线性晃动的波峰值，而非线性晃动的波谷值则小于线性晃动的波谷值，这是典型的线性和非线性间的差异。随着隔板内半径的减小，线性晃动和非线性晃动的时程曲线之间的差异越来越小，当隔板内半径取到 $r_1 = 0.7\mathrm{m}$ 时，两条时程曲线仅在波峰和波谷处有微小的差异，这说明隔板内半径越小流体晃动的非线性效应就越强，在这种情况下基于线性理论的结果就无法描述实际的流体晃动。

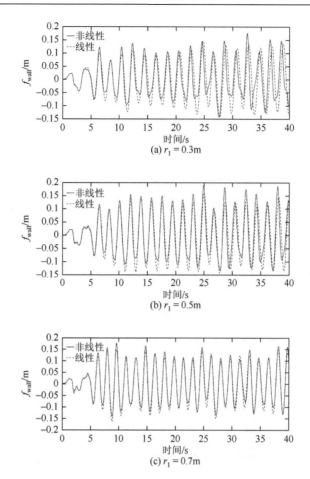

图 8-10　不同隔板内半径条件下，$r = 1\text{m}$，$\theta = 0$ 处自由液面在水平地震激励下的响应

8.5.2　隔板位置的影响

环形隔板的内半径取为 $r_1 = 0.5\text{m}$，考虑三个不同的隔板位置 $z_1 = 0.6\text{m}, 0.7\text{m}, 0.8\text{m}$。图 8-11 为对应于三个不同隔板位置的非线性晃动响应曲线。从图 8-11 可以看出，自由液面在水平地震激励下的波高幅值随着隔板位置的上升而减小。这意味着隔板越靠近自由液面，其对地震响应的抑制效果就越好。同时比较图 8-11 中的线性晃动响应和非线性晃动响应，可以发现非线性晃动的波峰值大于线性晃动的波峰值，而非线性晃动的波谷值则小于线性晃动的波谷值，这是典型的线性和非线性间的差异。随着隔板位置的上升，线性晃动和非线性晃动的时程曲线之间的差异越来越大，这说明隔板越靠近自由液面流体晃动的非线性效应就越强，在这种情况下虽然隔板对地震响应抑制效果比较好，但是基于线性理论的结果却无法描述实际的流体晃动。

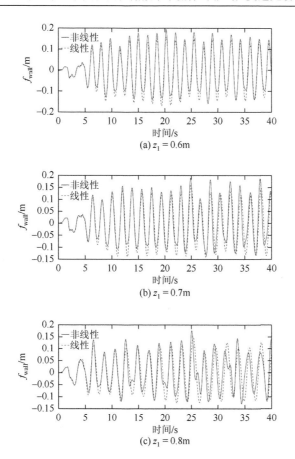

图 8-11　不同隔板位置条件下，$r = 1\mathrm{m}$，$\theta = 0$ 处自由液面在水平地震激励下的响应

8.6　非平面运动

根据流体线性晃动理论，水平简谐激励下的带环形隔板圆柱形储液罐中的流体将做平面运动，即液面上始终有一条垂直于激励方向的节径。但是一些实验结果表明，水平激励下的流体除了做平面运动之外，在某些特殊情况下还会发生旋转运动。这种旋转运动的发生需要有额外的能量输入，8.4 节中的研究结果表明，当初始波高为零时，水平方向上的激励不会激发出流体晃动的面外主模态和面外次模态，流体只能做平面运动。因此，在下面的算例分析中，假设流体在 $\theta = 0$ 方向和 $\theta = \pi/2$ 方向均存在不为零的初始波高，即初始条件为

$$\beta_1(0) = \beta_2(0) = 0.02, \quad \beta_p(0) = 0(p = 3,4,5), \quad \dot{\beta}_p(0) = 0(p = 1,2,\cdots,5) \quad (8.13)$$

储液罐内半径取为 $r_2 = 1\text{m}$，液体深度取为 $z_2 = 1\text{m}$。隔板内半径取为 $r_1 = 0.6\text{m}$，隔板被放置在 $z_1 = 0.6\text{m}$ 的位置上，利用流体子域法可以求得流体线性晃动的第一阶频率为 3.75rad/s。在此考虑四个不同的激励频率 $\omega_0 = 3.8\text{rad/s}$，3.9rad/s，4.0rad/s，4.1rad/s。图 8-12（a）、图 8-13（a）、图 8-14（a）、图 8-15（a）为对应于不同激励频率的 $r = 1\text{m}$，$\theta = 0$ 处的液面波高响应；图 8-12（b）、图 8-13（b）、图 8-14（b）、图 8-15（b）为对应于不同激励频率的 $r = 1\text{m}$，$\theta = \pi/2$ 处的液面波高响应；图 8-12（c）、图 8-13（c）、图 8-14（c）、图 8-15（c）为对应于不同激励频率的半个晃动周期内不同时刻的自由液面的波形。

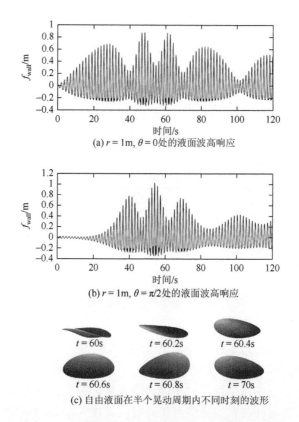

(a) $r = 1\text{m}$，$\theta = 0$ 处的液面波高响应

(b) $r = 1\text{m}$，$\theta = \pi/2$ 处的液面波高响应

(c) 自由液面在半个晃动周期内不同时刻的波形

图 8-12 激励频率 $\omega_0 = 3.8\text{rad/s}$ 时，自由液面波高响应

从图 8-12～图 8-15 中可以看出，当激励频率接近于流体线性晃动的第一阶晃动频率时，由于在 $\theta = \pi/2$ 方向上存在初始波高，面外主模态被激发出来，并且与面内主模态相互耦合，产生了明显的非平面运动，其现象主要体现在 $\theta = \pi/2$ 方向上产生

和 $\theta = 0$ 方向上同样数量级的波高响应，并且其波高响应远远大于初始波高值。除此，从半个晃动周期内不同时刻的自由液面的波形图上可以看出，自由液面发生了类似旋转的非平面运动。当激励频率远离流体线性晃动的第一阶晃动频率时，流体晃动对初始条件不是特别敏感，此时 $\theta = \pi/2$ 方向上产生的波高响应和初始波高为相同的数量级。从半个晃动周期内不同时刻的自由液面的波形图上还可以看出，自由液面的波动表现为平面运动。

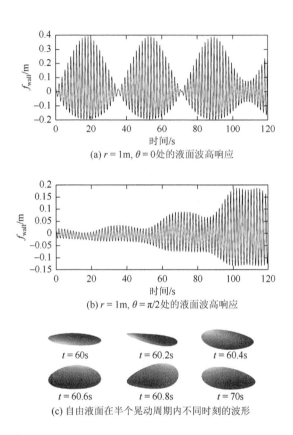

(a) $r = 1\text{m}$, $\theta = 0$ 处的液面波高响应

(b) $r = 1\text{m}$, $\theta = \pi/2$ 处的液面波高响应

$t = 60\text{s}$ $t = 60.2\text{s}$ $t = 60.4\text{s}$

$t = 60.6\text{s}$ $t = 60.8\text{s}$ $t = 70\text{s}$

(c) 自由液面在半个晃动周期内不同时刻的波形

图 8-13 激励频率 $\omega_0 = 3.9\text{rad/s}$ 时，自由液面波高响应

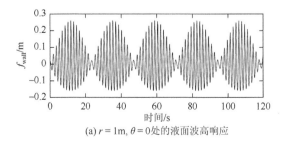

(a) $r = 1\text{m}$, $\theta = 0$ 处的液面波高响应

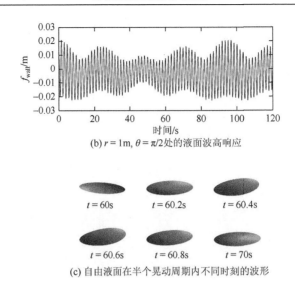

(b) $r = 1\text{m}$, $\theta = \pi/2$处的液面波高响应

$t = 60\text{s}$　　　$t = 60.2\text{s}$　　　$t = 60.4\text{s}$

$t = 60.6\text{s}$　　　$t = 60.8\text{s}$　　　$t = 70\text{s}$

(c) 自由液面在半个晃动周期内不同时刻的波形

图 8-14　激励频率 $\omega_0 = 4.0\text{rad/s}$ 时，自由液面波高响应

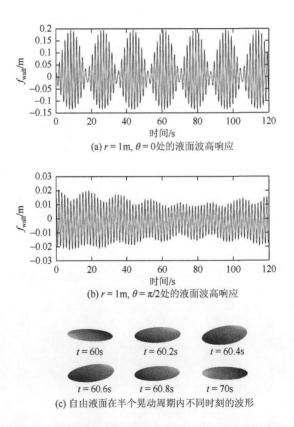

(a) $r = 1\text{m}$, $\theta = 0$处的液面波高响应

(b) $r = 1\text{m}$, $\theta = \pi/2$处的液面波高响应

$t = 60\text{s}$　　　$t = 60.2\text{s}$　　　$t = 60.4\text{s}$

$t = 60.6\text{s}$　　　$t = 60.8\text{s}$　　　$t = 70\text{s}$

(c) 自由液面在半个晃动周期内不同时刻的波形

图 8-15　激励频率 $\omega_0 = 4.1\text{rad/s}$ 时，自由液面波高响应

8.7　本　章　小　结

本章基于多维模态理论研究了水平激励下带隔板圆柱形储液罐中流体非线性晃动瞬态响应问题。继续利用 7.6 节中 Narimanov-Moiseev 渐近假设关系，推导出描述流体在水平激励下受迫晃动的五维模态系统，然后利用四阶的龙格-库塔法进行数值积分，即可得到流体非线性晃动的响应，从而可以进一步发掘一些比较重要的非线性现象，得到以下几个结论。

（1）激励频率越靠近流体晃动的第一阶固有频率，"拍"的周期越来越大，波高的峰值也随之增加。与此同时，波峰大于波谷的现象也越来越明显，这意味着激励频率越靠近固有频率，流体晃动的非线性效应就越明显。

（2）水平地震激励响应分析中，隔板内半径越小，隔板越靠近自由液面，对流体晃动的抑制效果就越明显，但是非线性效应也越强，因此在对防晃板进行优化设计时不能忽略流体晃动的非线性效应。

（3）当激励频率接近于流体线性晃动的第一阶晃动频率时，由于在 $\theta = \pi/2$ 方向上存在初始波高，面外主模态被激发出来，并且与面内主模态相互耦合，产生了明显的非平面运动，其现象主要体现在 $\theta = \pi/2$ 方向上产生和 $\theta = 0$ 方向上同样数量级的波高响应，并且其波高响应远远大于初始波高值。

参 考 文 献

[1]　Ibrahim R A，Pilipchuk V N，Ikeda T. Recent advances in liquid sloshing dynamics[J]. Applied Mechanics Reviews，2001，54（2）：133-199.

[2]　Hung R J，Chi Y M，Long Y T. Slosh dynamics coupled with spacecraft attitude dynamics. I‐formulation and theory[J]. Journal of Spacecraft & Rockets，1996，33（4）：575-581.

[3]　马兴瑞，王本利，苟兴宇. 航天器动力学—若干问题进展及应用[M]. 北京：科学出版社，2001.

[4]　崔利富. 大型 LNG 储罐基础隔震与晃动控制研究[D]. 大连：大连海事大学，2012.

[5]　靳玉林. 具有新型防晃结构贮箱的液体晃动动力学分析[D]. 哈尔滨：哈尔滨工业大学，2013.

[6]　李波. 大型 LNG 储罐的动力响应及防晃减震分析[D]. 天津：天津大学，2012.

[7]　王照林，刘延柱. 充液系统动力学[M]. 北京：科学出版社，2002.

[8]　曾江红. 多腔充液自旋系统动力学与液体晃动三维非线性数值研究[D]. 北京：清华大学，1996.

[9]　李遇春，楼梦麟. 渡槽中流体非线性晃动的边界元模拟[J]. 地震工程与工程振动，2000，20（2）：51-56.

[10]　陈科，李俊峰，王天舒. 矩形贮箱内液体非线性晃动动力学建模与分析[J]. 力学学报，2005，37（3）：339-345.

[11]　Abramson H N，Chu W H，Kana D D. Some studies of nonlinear lateral sloshing in rigid containers[J]. Journal of Applied Mechanics，1966，33（4）：777-784.

[12]　Sawada T，Ohira Y，Houda H. Sloshing behavior of a magnetic fluid in a cylindrical container[J]. Experiments in Fluids，2002，32（2）：197-203.

[13]　Peterson L D，Crawley E F，Hansman R J . Nonlinear fluid slosh coupled to the dynamics of a spacecraft[J]. AIAA Journal，1989，27（9）：1230-1240.

[14]　Faltinsen O M，Rognebakke O F，Timokha A N . Resonant three-dimensional nonlinear sloshing in a square-base basin[J]. Journal of Fluid Mechanics，2003，487：1-42.

第 9 章　带防晃装置储液系统的等效力学模型

9.1　工程背景及研究现状

现有的解析法虽可求解带隔板储液系统的振动问题，但对于复杂的储液系统结构，如多罐系统、基底隔震储液系统和土-罐-液系统等，则数学推导繁杂，计算量大，求解困难。因此，有必要建立带隔板储液系统的等效简化分析模型。

以上研究均基于刚性地基假定，实际工程中，忽略柔性土对上部结构的影响会导致不可控的分析误差。Veletsos 等[1]提出土-结构相互作用（SSI）并显著降低了晃动响应的脉冲分量，对对流分量的影响不大。Mykoniou 等[2]建立了一种基于频域的精细子结构方法，用以考虑支撑于土体介质上的相邻储罐之间的动力相互作用。Kotrasová 等[3]建立了求解柔性地基上圆形储罐晃动响应的数值模型。由于计算量大，有限元数值法还没有普遍应用到带隔板土-罐-液系统的动力分析中。

子结构法是解决 SSI 问题的有效手段，其关键是求解土体的动阻抗，利用阻抗函数来描述地基土和基础之间力与位移的关系。阻抗的求解方法主要有混合边界值法和应力边界值法。Veletsos 等[4]在没有假定接触压力分布的情况下，给出了更为精确的圆形明置基础动柔度系数值。由于阻抗依赖于激励频率，采用集总参数模型（lumped parameter model，LPM）对阻抗函数进行数学处理可消除阻抗的频率依赖性，从而可直接用于时域分析。Haroun 等[5]考虑储罐水平和摇摆运动，使用含两个弹簧和两个阻尼器的集总参数模型来模拟土体。然而，上述集总参数模型的精度无法根据实际工程进行调整。为了扩展集总参数模型的拟合精度，Wolf[6]提出了具有与频率无关的实系数连续集总参数模型来模拟无边界土体，随后利用具有若干个自由度的弹簧-阻尼器-质量模型来精确代替基础的所有运动。Wu 等[7]构建了基于一般多项式进行改进的嵌套集总参数模型来模拟土体动阻抗。需要注意的是，经过对多项式的数学处理，模型中各力学元件的动刚度和动阻尼可能会出现负系数，此时没有物理意义。基于一般多项式的集总参数模型具有精度可控、易于集成等优点，可直接应用于非线性动力学分析。然而，对于一般多项式，过高的阶次会造成数值振荡问题，而切比雪夫（Chebyshev）复多项式具有减少基础建模中龙格现象的优点。Wang 等[8]利用切比雪夫复多项式拟合土-基础体系的动阻抗，显示了较好的数值收敛性和稳定性，并给出了切比雪夫嵌套集总参数模型在多种不规则几何基础中的应用。

因此，对于复杂储液系统如土-罐-液-隔板耦合系统，建立流体晃动的等效力学模型是具有重大工程实际意义的。通过建立简化分析模型，可以方便求解得到复杂储液系统内流体晃动响应的精确解，并可与其他复杂体系的集总参数模型进行装配，从而可对整个耦合系统的动力特性和地震响应进行参数分析。本章给出了流体晃动等效力学模型在多罐体系、基底隔震储液体系和土-罐-液耦合体系等复杂储液系统中的应用，并详细分析了不同储液高度、隔板位置和尺寸以及土体参数等对流体晃动动力学行为的影响。

9.2　带单层隔板的储液系统等效力学模型

9.2.1　等效力学模型的建立

建立惯性坐标系 $O'xz$ 来描述储罐的绝对运动，如图 9-1 所示，储罐受到水平方向的激励，沿 x 方向运动，位移为 $u_0(t)$。从数学角度看，拉普拉斯方程的解为对流速度势和脉冲速度势两部分之和，即 $\phi_i = \phi_i^C + \phi_i^I$。对流速度势 ϕ_i^C 描述了表面波的影响，脉冲速度势 ϕ_i^I 满足罐壁和罐底的刚性边界条件。脉冲压力是由与储罐做同步运动的那部分流体引起的，可以用附加的刚性质量来模拟。对流压力是由自由液面晃动引起的，可以用附着在罐壁上的弹性-质量体系来模拟。由 3.3 节中的基底剪力和倾覆力矩公式——式（3.58）～式（3.62）可以得到

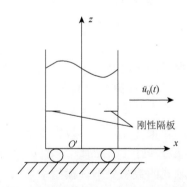

图 9-1　任意水平激励下的带隔板储液系统

$$F_{\text{wall}} = -\sum_{n=1}^{\infty} \ddot{q}_n(t) A_{1n} - \rho \pi R_2^2 H \ddot{u}_0(t) \tag{9.1}$$

$$M_{\text{wall}} = -\sum_{n=1}^{\infty} \ddot{q}_n(t) B_{1n} - \frac{1}{2} \rho \pi R_2^2 H^2 \ddot{u}_0(t) \tag{9.2}$$

$$M_{\text{bottom}} = -\sum_{n=1}^{\infty} \ddot{q}_n(t) C_{1n} - \frac{1}{4}\rho\pi R_2^4 \ddot{u}_0(t) \qquad (9.3)$$

$$M_{\text{baffle}} = -\sum_{n=1}^{\infty} \ddot{q}_n(t) D_{1n} \qquad (9.4)$$

式中，A_{1n}、B_{1n}、C_{1n} 和 D_{1n} 定义为

$$A_{1n} = \rho\pi R_2\left(\int_0^{h_2} \Phi_{1n}^3(R_2,z)\mathrm{d}z + \int_{h_2}^{H} \Phi_{1n}^1(R_2,z)\mathrm{d}z\right) \qquad (9.5)$$

$$B_{1n} = \rho\pi R_2\left(\int_0^{h_2} z\Phi_{1n}^3(R_2,z)\mathrm{d}z + \int_{h_2}^{H} z\Phi_{1n}^1(R_2,z)\mathrm{d}z\right) \qquad (9.6)$$

$$C_{1n} = \rho\pi\left(\int_0^{R_1} \Phi_{1n}^4(r,0)r^2\mathrm{d}r + \int_{R_1}^{R_2} \Phi_{1n}^3(r,0)r^2\mathrm{d}r\right) \qquad (9.7)$$

$$D_{1n} = \rho\pi\left(\int_{R_1}^{R_2} \Phi_{1n}^1(r,h_2)r^2\mathrm{d}r - \int_{R_1}^{R_2} \Phi_{1n}^3(r,h_2)r^2\mathrm{d}r\right) \qquad (9.8)$$

设 $q_n^*(t) = M_{1n}q_n(t)$ 和 $\ddot{q}_n^*(t) = M_{1n}\ddot{q}_n(t)$，式（3.52）可整理为

$$A_{1n}^* \ddot{q}_n^*(t) + k_{1n}^* q_n^*(t) = -A_{1n}^* \ddot{u}_0(t) \qquad (9.9)$$

式中，A_{1n}^*（$A_{1n}^* = A_{1n}/M_{1n}$）表示等效力学模型的对流质量；k_{1n}^* 为各阶对流质量对应的弹簧刚度；$\ddot{q}_n^*(t)$ 表示各阶等效弹簧-质量振子相对于储罐的加速度。将 $\ddot{q}_n(t) = \ddot{q}_n^*(t)/M_{1n}$ 代入液动压力表达式（3.57），并将式（3.57）和式（9.1）～式（9.4）的级数截断至 N 项，可得到

$$f_i = -\frac{1}{g}\left(\sum_{n=1}^{N} \frac{\ddot{q}_n^*(t)}{M_{1n}} \Phi_{1n}^i(r,z)\bigg|_{z=H} + \ddot{u}_0(t)r\right), \quad i = 1, 2 \qquad (9.10)$$

$$F_{\text{wall}} = -\sum_{n=1}^{N}\left(\ddot{q}_n^*(t) + \ddot{u}_0(t)\right) A_{1n}^* - \left(\rho\pi R_2^2 H - \sum_{n=1}^{N} A_{1n}^*\right)\ddot{u}_0(t) \qquad (9.11)$$

$$M_{\text{wall}} = -\sum_{n=1}^{N}\left(\ddot{q}_n^*(t) + \ddot{u}_0(t)\right) B_{1n}^* - \left(\frac{1}{2}\rho\pi R_2^2 H^2 - \sum_{n=1}^{N} B_{1n}^*\right)\ddot{u}_0(t) \qquad (9.12)$$

$$M_{\text{bottom}} = -\sum_{n=1}^{N}\left(\ddot{q}_n^*(t) + \ddot{u}_0(t)\right) C_{1n}^* - \left(\frac{1}{4}\rho\pi R_2^4 - \sum_{n=1}^{N} C_{1n}^*\right)\ddot{u}_0(t) \qquad (9.13)$$

$$M_{\text{baffle}} = -\sum_{n=1}^{N}\left(\ddot{q}_n^*(t) + \ddot{u}_0(t)\right) D_{1n}^* - \left(-\sum_{n=1}^{N} D_{1n}^*\right)\ddot{u}_0(t) \qquad (9.14)$$

式中，$B_{1n}^* = B_{1n}/M_{1n}$；$C_{1n}^* = C_{1n}/M_{1n}$；$D_{1n}^* = D_{1n}/M_{1n}$。由式（9.11）～式（9.14）可以建立如图9-2所示的任意水平激励下带隔板储罐内流体晃动的等效力学模型，其中，A_{10}^* 为脉冲质量，H_{1n}^* 为对流质量的高度，H_{10}^* 为脉冲质量的高度。

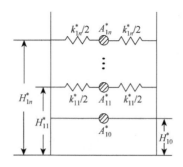

图 9-2   带隔板储液系统内流体晃动的等效力学模型

9.2.2   等效模型参数的确定

基于与原储液系统产生相同的基底剪力和倾覆力矩的原则，9.2.1 节建立了带隔板的刚性储液系统中流体晃动的等效弹簧-质量模型。考虑液动压力同时作用在储罐侧壁、罐底和隔板上下表面上产生的倾覆力矩，表 9-1 给出了等效模型中各力学参数的具体表达式，并明确了对流质量和脉冲质量的高度。流体的对流晃动可以表示成 $1 \sim n$ 阶的流体模态分量的线性组合，如表 9-1 所示。当仅考虑作用在储罐侧壁上的倾覆力矩时，等效对流质量和脉冲质量对应的高度分别为

$$H_{1n}^* = B_{1n}^* / A_{1n}^*, \quad H_{10}^* = \left(\frac{1}{2} \rho \pi R_2^2 H^2 - \sum_{n=1}^{\infty} B_{1n}^* \right) \bigg/ \left(\rho \pi R_2^2 H - \sum_{n=1}^{\infty} A_{1n}^* \right) \quad (9.15)$$

当仅考虑作用在储罐侧壁和隔板上下表面的倾覆力矩时，等效对流质量和脉冲质量对应的高度分别为

$$H_{1n}^* = \left(B_{1n}^* + D_{1n}^* \right) \big/ A_{1n}^*$$

$$H_{10}^* = \left(\frac{1}{2} \rho \pi R_2^2 H^2 - \sum_{n=1}^{N} B_{1n}^* - \sum_{n=1}^{N} D_{1n}^* \right) \bigg/ \left(\rho \pi R_2^2 H - \sum_{n=1}^{N} A_{1n}^* \right) \quad (9.16)$$

表 9-1   等效模型中各力学参数

参数	表达式
$\omega_{1n}^2 A_{1n}^*$	A_{1n} / M_{1n}
A_{10}^*	$\rho \pi R_2^2 H - \sum_{n=1}^{N} A_{1n}^*$
H_{1n}^*	$\dfrac{B_{1n}^* + C_{1n}^* + D_{1n}^*}{A_{1n}^*}$

参数	表达式
H_{10}^{*}	$$\dfrac{\left(\dfrac{1}{2}\rho\pi R_2^2 H^2 - \sum\limits_{n=1}^{N} B_{1n}^{*}\right) + \left(\dfrac{1}{4}\rho\pi R_2^4 - \sum\limits_{n=1}^{N} C_{1n}^{*}\right) + \left(-\sum\limits_{n=1}^{N} D_{1n}^{*}\right)}{\rho\pi R_2^2 H - \sum\limits_{n=1}^{N} A_{1n}^{*}}$$
K_{1n}^{*}	$\omega_{1n}^2 A_{1n}^{*}$

在本节分析中，等效模型中所有力学参数均来自于表 9-1。定义无量纲储液高度、隔板高度和隔板内半径分别为 $\beta_1 = H/R_2$，$\beta_2 = h/H$ 和 $\gamma = R_1/R_2$。定义无量纲对流质量、对应的弹簧刚度和脉冲质量分别为 $\alpha_{1n} = A_{1n}^{*}/M_{\mathrm{f}}$，$\kappa_{1n} = \alpha_{1n}\omega_{1n}^2 R_2/g$ 和 $\alpha_{10} = A_{10}^{*}/M_{\mathrm{f}}$。$M_{\mathrm{f}}$ 表示总的流体质量。在本章分析中，流体密度均取为 $\rho = 1000\,\mathrm{kg/m^3}$。

表 9-2 给出了不同 β_1、β_2 和 γ 下前五阶无量纲对流质量 α_{1n} ($n=1,2,3,4,5$) 和无量纲脉冲质量 α_{10}。从表 9-2 中可以看出一阶对流质量在对流质量中占有较大比例，脉冲质量在总的流体质量中占有较大比例。

表 9-2　前五阶无量纲对流质量 α_{1n} ($n=1,2,3,4,5$) 和无量纲脉冲质量 α_{10}

$(\beta_1, \beta_2, \gamma)$	α_{11}	α_{12}	α_{13}	α_{14}	α_{15}	α_{10}
(1, 0.7, 0.3)	0.2427	0.0084	0.0039	0.0011	0.0006	0.7422
(1, 0.7, 0.6)	0.3206	0.0019	0.0025	0.0014	0.0007	0.6720
(1, 0.4, 0.3)	0.3712	0.0129	0.0033	0.0012	0.0006	0.6098
(2, 0.7, 0.3)	0.1856	0.0064	0.0017	0.0006	0.0003	0.8048

取 $\beta_2 = 0.5, 0.8$，$\gamma = 0.3, 0.5$，图 9-3（a）给出了不同无量纲储液高度 β_1 下一阶对流质量 α_{11}、相应的无量纲弹簧刚度 κ_{11} 和脉冲质量 α_{10} 的变化曲线。从图 9-3（a）中可以看出无量纲储液高度 β_1 越大，一阶对流质量 α_{11} 越小，而脉冲质量 α_{10} 越大。当无量纲储液高度取值较小时，κ_{11} 达到最大值。取 $\beta_1 = 1.0, 1.5$，$\gamma = 0.3, 0.5$，图 9-3（b）给出了不同无量纲隔板高度 β_2 下一阶对流质量 α_{11}、相应的无量纲弹簧刚度 κ_{11} 和脉冲质量 α_{10} 的变化结果。从图 9-3

（b）中可以看出，随着无量纲隔板高度的增加，α_{11} 和 κ_{11} 随之减小而 α_{10} 随之增大。取 $\beta_1 = 1.0, 1.5$，$\beta_2 = 0.5, 0.8$，图 9-3（c）给出了不同无量纲隔板内半径 γ 下一阶对流质量 α_{11}、相应的无量纲弹簧刚度 κ_{11} 和脉冲质量 α_{10} 的变化情况。从图 9-3（c）中可以看出，随着无量纲隔板内半径 γ 的增加，α_{11} 和 κ_{11} 随之增大而 α_{10} 随之减小。并且，当隔板的无量纲内半径取值为 1 时，随着无量纲储液高度的增加，α_{11} 和 κ_{11} 随之减小而 α_{10} 随之增大。

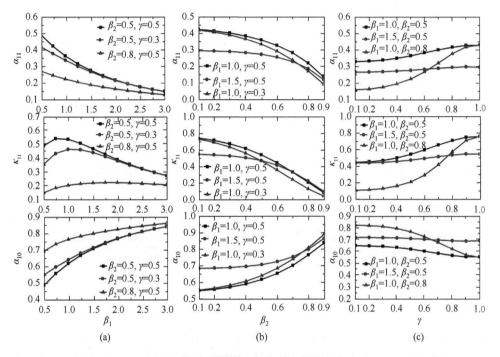

图 9-3　等效模型中各力学参数的变化

（a）不同无量纲储液高度 β_1 下一阶对流质量 α_{11}、相应的无量纲弹簧刚度 κ_{11} 和脉冲质量 α_{10} 变化曲线；（b）不同无量纲隔板高度 β_2 下一阶对流质量 α_{11}、相应的无量纲弹簧刚度 κ_{11} 和脉冲质量 α_{10} 变化曲线；（c）不同无量纲隔板内半径 γ 下一阶对流质量 α_{11}、相应的无量纲弹簧刚度 κ_{11} 和脉冲质量 α_{10} 变化曲线

9.2.3　水平地震激励下的响应

本节研究了水平地震激励下的流体晃动响应。使用的地震波为南北向的 Kobe 波，时间间隔为 0.02s，图 9-4 给出了前 30s 的地震波时程曲线。取隔板内半径为 $R_2 = 10\,\mathrm{m}$。表 9-3 给出了两组隔板参数组合：$\beta_2 = 0.6$，$\gamma = 0.1, 0.3, 0.5, 0.7, 0.9$ 和 $\gamma = 0.4$，$\beta_2 = 0.1, 0.3, 0.5, 0.7, 0.9$。Wang 等[9]利用流体

子域法计算得到了地震激励下圆柱形储罐内最大基底剪力 F_{max} 的精确解。通过表 9-3 的对比可以看出，等效力学模型解与精确解[9]吻合良好。

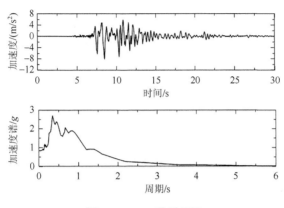

图 9-4　Kobe 地震记录

表 9-3　不同隔板位置 β_2 和尺寸 γ 下基底剪力最大值与精确解[9]的比较

	$\beta_2 = 0.6$			$\gamma = 0.4$			
γ	等效模型解 /kN	精确解[9] /kN	误差 /%	β_2	等效模型解 /kN	精确解[9] /kN	误差 /%
0.1	18130	17626	2.86	0.1	22560	22395	0.74
0.3	17904	17383	3.00	0.3	18943	18560	2.06
0.5	17127	16554	3.46	0.5	16563	16017	3.41
0.7	15804	15157	4.27	0.7	15234	14557	4.65
0.9	14610	13862	5.40	0.9	14571	13872	5.04

图 9-5 给出了不同隔板位置 ($\beta_2 = 0.5, 0.8$) 和隔板内半径 ($\gamma = 0.3, 0.5$) 时对流和脉冲响应随储液高度 β_1 的变化情况。从图 9-5 中可以看出，无量纲储液高度 β_1 越大，对流和脉冲响应的最大值就随之越大。并且，脉冲剪力最大值 F_{max}^{I} 与 β_1 保持线性增长。图 9-6 给出了不同隔板位置 β_2 下对流剪力最大值 F_{max}^{C}、脉冲剪力最大值 F_{max}^{I}、对流倾覆力矩最大值 M_{max}^{C} 和脉冲倾覆力矩最大值 M_{max}^{I} 的变化情况。考虑不同储液高度 $\beta_1 = 1.0$ 和 $\beta_1 = 1.5$ 以及不同隔板内半径 $\gamma = 0.3$ 和 $\gamma = 0.5$。由图 9-6（a）和图 9-6（b）可以看出，随着无量纲隔板高度 β_2 增加，F_{max}^{C} 减小而 F_{max}^{I} 随之增大。从图 9-6（c）和图 9-6（d）可以看出，随着无量纲隔板高度 β_2 增加，倾覆

力矩呈现非单调性变化。当隔板位置处于一半储液高度时，曲线呈现出 $M_{\max}^{C}$ 的峰值和 $M_{\max}^{I}$ 的最小值。图 9-7 给出了不同隔板内半径 γ 下对流剪力最大值 $F_{\max}^{C}$、脉冲剪力最大值 $F_{\max}^{I}$、对流倾覆力矩最大值 $M_{\max}^{C}$ 和脉冲倾覆力矩最大值 $M_{\max}^{I}$ 的变化情况。考虑不同的储液高度 $\beta_1 = 1.0$ 和 $\beta_1 = 1.5$ 以及不同的隔板位置 $\beta_2 = 0.5$ 和 $\beta_2 = 0.8$。从图 9-7 中可以看出，随着无量纲隔板内半径的增加，$F_{\max}^{C}$ 和 $M_{\max}^{I}$ 增大而 $F_{\max}^{I}$ 和 $M_{\max}^{C}$ 随之减小。

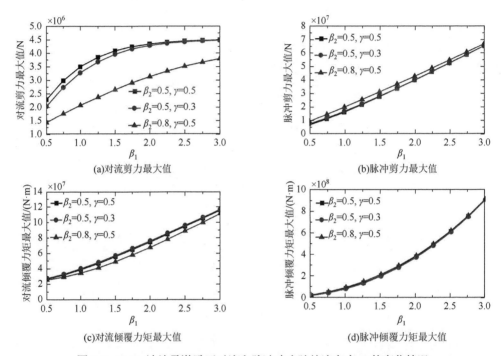

图 9-5　Kobe 波地震激励下对流和脉冲响应随储液高度 β_1 的变化情况

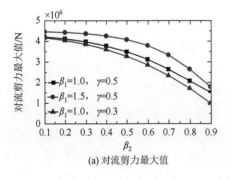

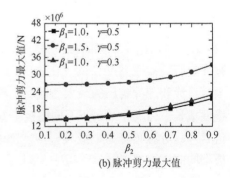

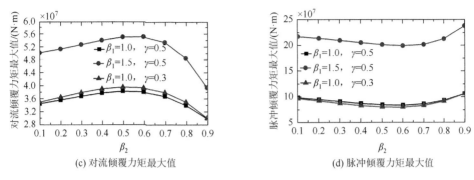

图 9-6　Kobe 波地震激励下对流和脉冲响应随隔板高度 β_2 的变化情况

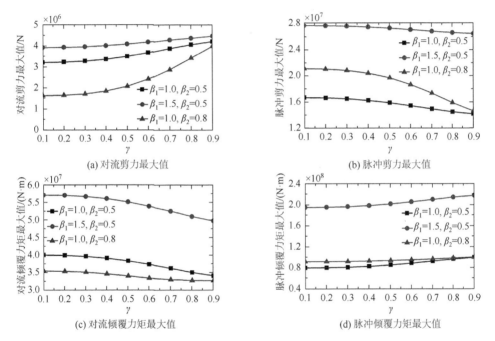

图 9-7　Kobe 波地震激励下对流和脉冲响应随隔板内半径 γ 的变化情况

无量纲隔板内半径 γ 取值为 1 时表示无隔板的情况。图 9-8 给出了不同储液高度下对流剪力最大值 F_{max}^C 和对流倾覆力矩最大值 M_{max}^C 的变化情况。从图 9-8 中可以看出，对流响应的退化解大于 Housner 模型解[10]，原因在于 Housner 模型只考虑了流体的一阶晃动模态[11]。考虑高阶晃动模态，Luo 等[12]研究了三种地震波激励下无隔板圆柱形储罐内基底剪力和倾覆力矩的最大值。表 9-4 列出了选取的三个地震波记录。加速度时程曲线和对应的响应谱见图 9-9。储罐内半径为 $R_2 = 7.32\,\text{m}$，储液高度为 $H = 10.98\,\text{m}$。表 9-5 给出了退化解与文献解的对比结果。从表 9-5 中可以看出，等效力学模型解与 Luo 等[12]的解一致。相比于 Housner 模型，本节退化模型考虑了对流质量的高阶晃动模态，可以更加精确地计算对流晃动响应。另外，利用退化模型计算出的脉冲响应比 Housner 解小，如图 9-10 所示，出现差异的原因在于利用 Housner 模型求得的脉冲质量及其位置是近似解，Housner 模型高估了脉冲质量并低估了高罐的脉冲质量位置。

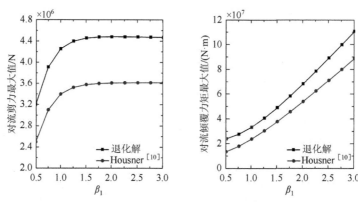

图 9-8　无隔板时不同储液高度 β_1 下对流响应最大值的变化

表 9-4　选取的三种地震波记录

编号	年份	事件	站点	震级	地震动加速度峰值/ g	方向
338	1983	Coalinga	Parkfield	6.36	0.274	东西向
1120	1995	Kobe	Takatori	6.90	0.618	南北向
6	1940	Imperial Valley	El-Centro	6.95	0.281	南北向

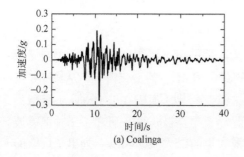

(a) Coalinga

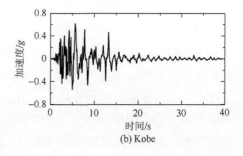

(b) Kobe

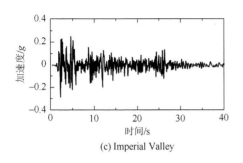
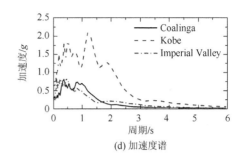

(c) Imperial Valley　　　　　　　　　　(d) 加速度谱

图 9-9　选取的三个地震激励的加速度时程曲线和对应的响应谱

表 9-5　无隔板情况下无量纲基底剪力和倾覆力矩最大值

地震激励	$F_{max}/(M_f g)$			$M_{max}/(M_f gH/2)$		
	退化解	Luo 等[12]	误差/%	退化解	Luo 等[12]	误差/%
Coalinga	0.1835	0.1800	1.94	0.1506	0.1500	0.40
Kobe	0.4012	0.4000	0.30	0.3206	0.3100	3.42
Imperial Valley	0.1948	0.1900	2.53	0.1636	0.1600	2.25

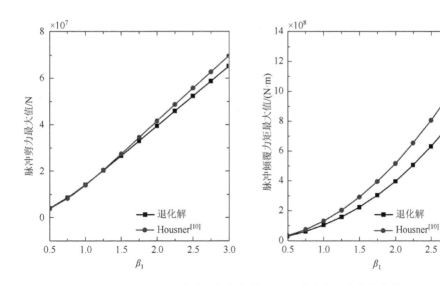

图 9-10　无隔板时不同储液高度 β_1 下脉冲响应最大值的变化

9.3　带多层隔板的储液系统等效力学模型

9.3.1　流体晃动的等效力学模型

根据带多层刚性隔板圆柱形储液罐中流体晃动所产生的基底剪力和倾覆力矩（3.113）～（3.117），可整理得到

$$F_{\text{wall}} = -\sum_{n=1}^{\infty} \ddot{q}_n(t) A_{1n} - \rho\pi R_2^2 h_{M+1} \ddot{u}(t) \tag{9.17}$$

$$M_{\text{wall}} = -\sum_{n=1}^{\infty} \ddot{q}_n(t) B_{1n} - \frac{1}{2}\rho\pi R_2^2 h_{M+1}^2 \ddot{u}(t) \tag{9.18}$$

$$M_{\text{bottom}} = -\sum_{n=1}^{\infty} \ddot{q}_n(t) C_{1n} - \frac{1}{4}\rho\pi R_2^4 \ddot{u}(t) \tag{9.19}$$

$$M_{\text{baffle}} = -\sum_{n=1}^{\infty} \ddot{q}_n(t) D_{1n} \tag{9.20}$$

式中

$$A_{1n} = \rho\pi R_2 \sum_{m=1}^{M+1} \int_{h_{m-1}}^{h_m} \Phi_{1n}^{2m-1}(R_2, z)\mathrm{d}z \tag{9.21}$$

$$B_{1n} = \rho\pi R_2 \sum_{m=1}^{M+1} \int_{h_{m-1}}^{h_m} \Phi_{1n}^{2m-1}(R_2, z)z\mathrm{d}z \tag{9.22}$$

$$C_{1n} = \rho\pi \left(\int_0^{R_1} \Phi_{1n}^2(r, 0)r^2\mathrm{d}r + \int_{R_1}^{R_2} \Phi_{1n}^1(r, 0)r^2\mathrm{d}r \right) \tag{9.23}$$

$$D_{1n} = \rho\pi \left(\sum_{m=1}^{M} \int_{R_1}^{R_2} \Phi_{1n}^{2m+1}(r, h_m)r^2\mathrm{d}r - \sum_{m=1}^{M} \int_{R_1}^{R_2} \Phi_{1n}^{2m-1}(r, h_m)r^2\mathrm{d}r \right) \tag{9.24}$$

考虑 $q_n^*(t) = M_{1n}q_n(t)$ 和 $\ddot{q}_n^*(t) = M_{1n}\ddot{q}_n(t)$，式（3.108）可表示为

$$A_{1n}^* \ddot{q}_n^*(t) + k_{1n}^* q_n^*(t) = -A_{1n}^* \ddot{u}(t) \tag{9.25}$$

式中，A_{1n}^* 为等效模型的第 n 阶对流质量，表达式为

$$A_{1n}^* = A_{1n}/M_{1n} \tag{9.26}$$

连接在罐壁上的第 n 阶对流质量的弹簧刚度为 $k_{1n}^* = \omega_{1n}^2 A_{1n}^*$。$q_n^*(t)$ 为第 n 阶对流质量相对于罐壁的晃动位移。将 $\ddot{q}_n(t) = \ddot{q}_n^*(t)/M_{1n}$ 代入式（9.25），并将式（9.25）和式（9.17）～式（9.20）的级数截断至 N 阶，可整理得如下方程：

$$f_i = -\frac{1}{g}\left(\sum_{n=1}^{N} \frac{\ddot{q}_n^*(t)}{M_{1n}} \Phi_{1n}^i(r, z)\bigg|_{z=h_{M+1}} + \ddot{u}(t)r \right), \quad i = 2M+1, 2M+2 \tag{9.27}$$

$$F_{\text{wall}} = -\sum_{n=1}^{N}\left(\ddot{q}_n^*(t) + \ddot{u}(t)\right)A_{1n}^* - \left(\rho\pi R_2^2 h_{M+1} - \sum_{n=1}^{N}A_{1n}^*\right)\ddot{u}(t) \tag{9.28}$$

$$M_{\text{wall}} = -\sum_{n=1}^{N}\left(\ddot{q}_n^*(t) + \ddot{u}(t)\right)B_{1n}^* - \left(\frac{1}{2}\rho\pi R_2^2 h_{M+1}^2 - \sum_{n=1}^{N}B_{1n}^*\right)\ddot{u}(t) \tag{9.29}$$

$$M_{\text{bottom}} = -\sum_{n=1}^{N}\left(\ddot{q}_n^*(t) + \ddot{u}(t)\right)C_{1n}^* - \left(\frac{1}{4}\rho\pi R_2^4 - \sum_{n=1}^{N}C_{1n}^*\right)\ddot{u}(t) \tag{9.30}$$

$$M_{\text{baffle}} = -\sum_{n=1}^{N}\left(\ddot{q}_n^*(t) + \ddot{u}(t)\right)D_{1n}^* - \left(-\sum_{n=1}^{N}D_{1n}^*\right)\ddot{u}(t) \tag{9.31}$$

式中，$B_{1n}^* = B_{1n}/M_{1n}$；$C_{1n}^* = C_{1n}/M_{1n}$；$D_{1n}^* = D_{1n}/M_{1n}$。式（9.28）等号右边第一项和第二项分别表示对流质量和脉冲质量的贡献。基于式（9.25）～式（9.31）可建立如图 9-11 所示的水平激励下带有多层隔板的圆柱形储罐中流体晃动的等效力学模型。对流晃动可视为 $1 \sim N$ 阶流体晃动模态的线性组合。

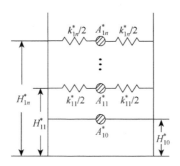

图 9-11　带多层隔板的圆柱形储罐内流体晃动的等效力学模型

9.3.2　等效模型参数的确定

在 9.3.1 节，通过产生与精确结果[13]相同的基底剪力和倾覆力矩，建立了流体晃动的弹簧-质量等效力学模型。本节同时考虑作用在储罐罐壁、底部和隔板上的倾覆力矩，明确了模型中各力学参数的表达式。脉冲质量为

$$A_{10}^* = \rho\pi R_2^2 h_{M+1} - \sum_{n=1}^{N}A_{1n}^* \tag{9.32}$$

第 n 阶对流质量的高度为

$$H_{1n}^* = \frac{B_{1n}^* + C_{1n}^* + D_{1n}^*}{A_{1n}^*} \tag{9.33}$$

脉冲质量高度为

$$H_{10}^* = H_{10}^* = \left(\left(\frac{1}{2}\rho\pi R_2^2 h_{M+1}^2 - \sum_{n=1}^N B_{1n}^* \right) + \left(\frac{1}{4}\rho\pi R_2^4 - \sum_{n=1}^N C_{1n}^* \right) + \left(-\sum_{n=1}^N D_{1n}^* \right) \right) \Big/$$

$$\left(\rho\pi R_2^2 h_{M+1} - \sum_{n=1}^N A_{1n}^* \right) \tag{9.34}$$

考虑无量纲隔板位置、储液高度和隔板内半径分别为 $\beta_i = h_i/h_{M+1}$、$\beta_{M+1} = h_{M+1}/R_2$ 和 $\gamma = R_1/R_2$。定义归一化对流质量、相应的弹簧刚度和脉冲质量分别为 $\alpha_{1n} = A_{1n}^*/M_f$、$\kappa_{1n} = \alpha_{1n}\omega_{1n}^2 R_2/g$ 和 $\alpha_{10} = A_{10}^*/M_f$。$M_f$ 为总的流体质量。流体密度固定为 $\rho = 1000\,\mathrm{kg/m^3}$。考虑隔板数量为 $M = 2$。表 9-6 给出了不同 β_1、β_2、β_3 和 γ 下前五阶归一化对流质量 α_{1n} ($n = 1, 2, 3, 4, 5$) 和脉冲质量 α_{10} 的计算结果。由表 9-6 可以看出，一阶对流质量在对流质量中占较大比例，脉冲质量在总的流体质量中占较大比例。图 9-12 给出了下隔板不同无量纲高度 β_1 下一阶对流质量 α_{11}、相应的弹簧刚度 κ_{11} 和脉冲质量 α_{10} 的计算结果。取 $\beta_2 = 0.6, 0.75, 0.8$，$\beta_3 = 1.0, 2.0$ 和 $\gamma = 0.4, 0.5, 0.6$。从图 9-12 中可以看出，α_{11}、κ_{11} 和 α_{10} 的值基本保持不变。图 9-13 给出了上隔板不同无量纲高度 β_2 下一阶对流质量 α_{11}、相应的弹簧刚度 κ_{11} 和脉冲质量 α_{10} 的计算结果。取 $\beta_1 = 0.2, 0.4, 0.5$，$\beta_3 = 1.0, 2.0$ 和 $\gamma = 0.4, 0.5, 0.6$。从图 9-13 中可以看出，随着上隔板无量纲高度的增加，α_{11} 和 κ_{11} 随之减小，而 α_{10} 随之增大。图 9-14 给出了不同储液高度 β_3 下一阶对流质量 α_{11}、相应的弹簧刚度 κ_{11} 和脉冲质量 α_{10} 的计算结果。取 $\beta_1 = 0.2, 0.4, 0.5$，$\beta_2 = 0.6, 0.75, 0.8$ 和 $\gamma = 0.4, 0.5, 0.6$。从图 9-14 中可以看出，随着无量纲储液高度的增加，α_{11} 随之减小而 α_{10} 随之增加。当无量纲储液高度较小时，κ_{11} 达到最大值。图 9-15 给出了不同无量纲隔板内半径 γ 下一阶对流质量 α_{11}、相应的弹簧刚度 κ_{11} 和脉冲质量 α_{10} 的计算结果。取 $\beta_1 = 0.2, 0.4, 0.5$，$\beta_2 = 0.6, 0.75, 0.8$ 和 $\beta_3 = 1.0, 2.0$。从图 9-15 中可以看出，随着无量纲隔板内半径的增加，α_{11} 和 κ_{11} 随之增加，而 α_{10} 随之减小。

表 9-6　前五阶归一化对流质量和脉冲质量

$(\beta_1, \beta_2, \beta_3, \gamma)$	α_{11}	α_{12}	α_{13}	α_{14}	α_{15}	α_{10}
$(0.5,\ 0.75,\ 1.0,\ 0.5)$	0.2557	0.0011	0.0037	0.0016	0.0006	0.7363
$(0.4,\ 0.8,\ 2.0,\ 0.4)$	0.1556	0.0043	0.0018	0.0006	0.0003	0.8369
$(0.4,\ 0.9,\ 1.0,\ 0.6)$	0.1789	0.0177	0.0020	0.0041	0.0013	0.7953
$(0.4,\ 0.7,\ 1.0,\ 0.6)$	0.3172	0.0021	0.0025	0.0014	0.0007	0.6751
$(0.2,\ 0.6,\ 1.0,\ 0.4)$	0.3106	0.0086	0.0036	0.0013	0.0006	0.6743

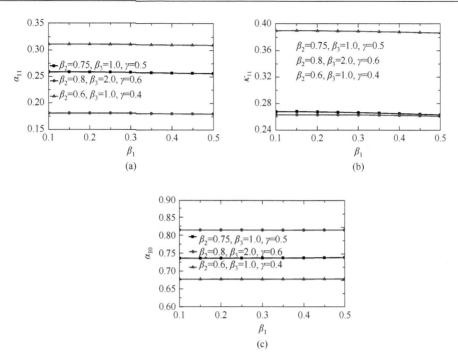

图 9-12　不同下隔板高度 β_1 下一阶对流质量 α_{11}、弹簧刚度 κ_{11} 和脉冲质量 α_{10}

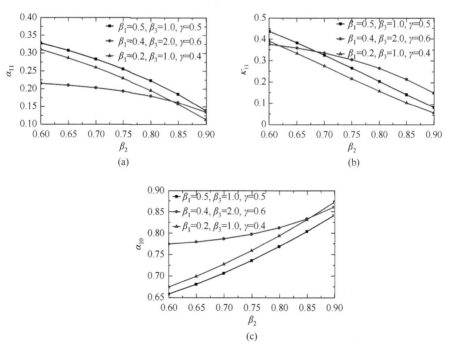

图 9-13　不同上隔板高度 β_2 下一阶对流质量 α_{11}、弹簧刚度 κ_{11} 和脉冲质量 α_{10}

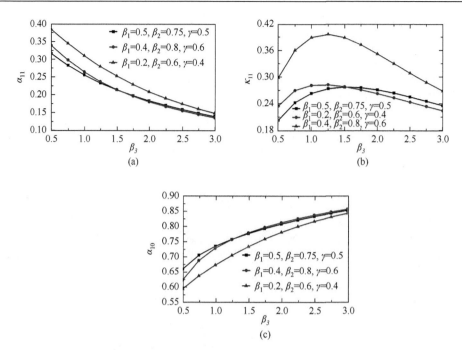

图 9-14　不同储液高度 β_3 下一阶对流质量 α_{11}、弹簧刚度 κ_{11} 和脉冲质量 α_{10}

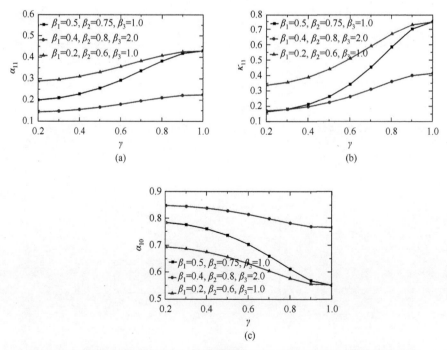

图 9-15　不同隔板内半径 γ 下一阶对流质量 α_{11}、弹簧刚度 κ_{11} 和脉冲质量 α_{10}

9.3.3　对流与脉冲响应

本节使用如图 9-16 所示的 Kobe 波地震激励。考虑刚性圆柱形储罐带有两层刚性环形隔板。储罐内半径取为 $R_2 = 10\,\text{m}$。分别计算不同隔板位置、储液高度和隔板尺寸下基底剪力和倾覆力矩的对流和脉冲分量最大值。图 9-17 给出了下隔板不同高度下对流剪力最大值、脉冲剪力最大值、对流倾覆力矩和脉冲倾覆力矩的计算结果。取 $\beta_2 = 0.6, 0.75, 0.8$，$\beta_3 = 1.0, 2.0$ 和 $\gamma = 0.4, 0.5, 0.6$。从图 9-17 中可以看出下隔板对对流和脉冲响应的影响较小。图 9-18 给出了上隔板不同高度下对流剪力最大值、脉冲剪力最大值、对流倾覆力矩和脉冲倾覆力矩的计算结果。取 $\beta_1 = 0.2, 0.4, 0.5$，$\beta_3 = 1.0, 2.0$ 和 $\gamma = 0.4, 0.5, 0.6$。从图中 9-18 中可以看出，上层无量纲隔板高度越大，流体晃动的对流分量最大值就越小，而脉冲剪力和倾覆力矩的最大值则越大。图 9-19 给出了不同储液高度下对流剪力最大值、脉冲剪力最大值、对流倾覆力矩和脉冲倾覆力矩的计算结果。取 $\beta_1 = 0.2, 0.4, 0.5$，$\beta_2 = 0.6, 0.75, 0.8$，$\gamma = 0.4, 0.5, 0.6$。从图 9-19 中可以看出无量纲流体高度越大，动力响应就越大。脉冲剪力最大值随无量纲储液高度的增加基本呈现线性增长趋势。图 9-20 给出了不同隔板内半径下对流剪力最大值、脉冲剪力最大值、对流倾覆力矩和脉冲倾覆力矩的计算结果。取 $\beta_1 = 0.2, 0.4, 0.5$，$\beta_2 = 0.6, 0.75, 0.8$ 和 $\beta_3 = 1.0$。从图 9-20 中可以看出随着隔板内半径的增加，对流剪力最大值和脉冲倾覆力矩最大值随之增大，而脉冲剪力的最大值和对流倾覆力矩的最大值则随之减小。

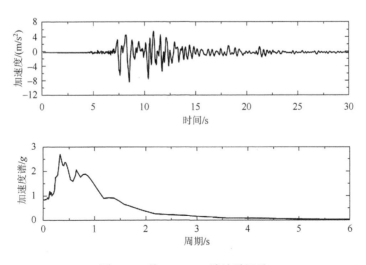

图 9-16　前 30s Kobe 波地震记录

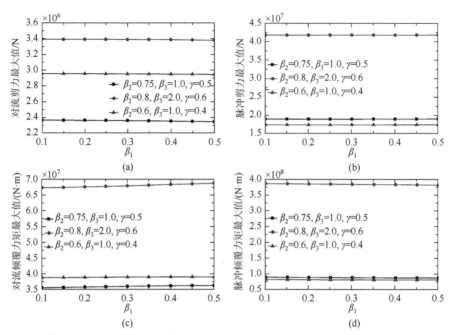

图 9-17　下隔板不同无量纲高度 β_1 下对流剪力最大值、脉冲剪力最大值、对流倾覆力矩最大值
和脉冲倾覆力矩最大值

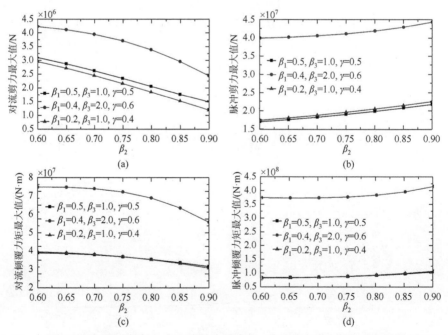

图 9-18　上隔板不同无量纲高度 β_2 下对流剪力最大值、脉冲剪力最大值、对流倾覆力矩最大值
和脉冲倾覆力矩最大值

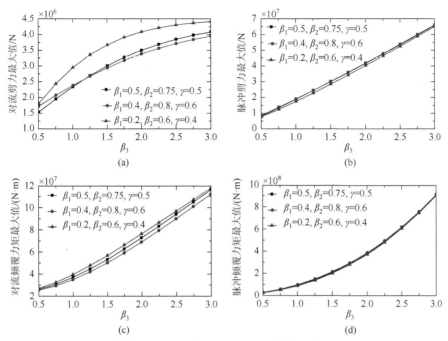

图 9-19　不同无量纲储液高度 β_3 下对流剪力最大值、脉冲剪力最大值、对流倾覆力矩最大值和
脉冲倾覆力矩最大值

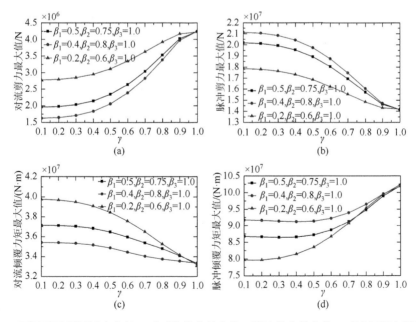

图 9-20　不同无量纲隔板内半径 γ 下对流剪力最大值、脉冲剪力最大值、对流倾覆力矩最大值
和脉冲倾覆力矩最大值

9.3.4　模型应用

图 9-21 研究了等效力学模型在双向地震激励下基础隔震圆柱形储罐中的应用。如图 9-21（a）所示，地震加速度沿 x 和 y 方向施加。橡胶叠层支座（LRB）隔震系统与罐底相连。LRB 具有线性弹簧和黏性阻尼器的平行组合隔震作用，如图 9-21（b）所示，其中，弹簧刚度 k_b 和阻尼 c_b 可被表示为

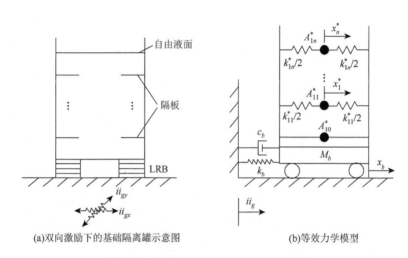

(a)双向激励下的基础隔离罐示意图　　　　(b)等效力学模型

图 9-21　隔板-储罐-隔震支座耦合系统

$$k_b = (M_f + M_t)(2\pi/T_b)^2 \tag{9.35}$$

$$c_b = 2\xi_b(M_f + M_t)(2\pi/T_b) \tag{9.36}$$

式中，T_b 为隔震周期；ξ_b 为隔震阻尼比；M_t 为储罐的质量。利用等效力学模型，可以用离散的质量和弹簧体系代替连续流体晃动。基于子结构法将等效力学模型与基础隔震系统进行装配，可简便地建立具有多个隔板的基础隔震储罐在双向激励下的运动控制方程。耦合系统在 x 和 y 方向的运动方程分别为

$$M\ddot{U}_x + C\dot{U}_x + KU_x = -M\delta\ddot{u}_{gx} \tag{9.37}$$

$$M\ddot{U}_y + C\dot{U}_y + KU_y = -M\delta\ddot{u}_{gy} \tag{9.38}$$

式中

$$M = \begin{bmatrix} \bar{M} & A_{1n}^{*\,\mathrm{T}} \\ A_{1n}^{*} & M_0 \end{bmatrix}, \quad \delta = \left[\underbrace{0,\cdots,0}_{N},1\right]^{\mathrm{T}}, \quad \bar{M} = \mathrm{diag}(A_{11}^{*},\cdots,A_{1N}^{*})$$

$$A_{1n}^* = (A_{11}^*, \cdots, A_{1N}^*), \quad M_0 = \sum_{n=1}^{N} A_{1n}^* + A_{10}^* + M_t + M_b, \quad C = \mathrm{diag}(\underbrace{0, \cdots, 0}_{N}, c_b)$$

$$K = \mathrm{diag}(k_{11}^*, \cdots, k_{1N}^*, k_b), \quad U_x = (q_{1x}^*, \cdots, q_{nx}^*, \cdots, q_{Nx}^*, u_{bx})^{\mathrm{T}}$$

$$U_y = (q_{1y}^*, \cdots, q_{ny}^*, \cdots, q_{Ny}^*, u_{by})^{\mathrm{T}}$$

M、C 和 K 分别为整个耦合系统的质量、阻尼和刚度矩阵；M_b 为基础隔震体系的质量；U_x 和 U_y 分别为 x 和 y 方向的广义位移向量；上标 T 表示转置；$q_{nx}^* = x_{nx}^* - x_{bx}$ 和 $q_{ny}^* = x_{ny}^* - x_{by}$ 分别为第 n 阶对流质量在 x 和 y 方向上相对于支座位移的晃动位移；$u_{bx} = x_{bx} - u_{gx}$ 和 $u_{by} = x_{by} - u_{gy}$ 分别表示支座在 x 和 y 方向上相对于地面的位移；x_n^*、x_b 和 u_g 分别表示第 n 阶对流质量、脉冲质量和地面的绝对位移；$\ddot{u}_{gx}$ 和 $\ddot{u}_{gy}$ 分别表示 x 和 y 方向上的地震地面加速度；δ 为影响系数向量，表示激励方向对系统荷载的影响。

考虑不带隔板的 LRB 隔震–储罐系统（$\gamma = 1$）。储罐的内半径为 $R_2 = 24.33\,\mathrm{m}$，储液高度为 14.6m。储罐的密度为 $\rho_t = 7900\,\mathrm{kg/m^3}$。储罐罐壁厚度取为 $0.004 R_2$。基底隔震支座质量和脉冲质量一致。考虑三种类型（A、B、C）LRB 基底隔震体系，对应的隔震周期 T_b 分别为 1.5s、2.0s 和 2.5s。隔震阻尼为 $\xi_b = 0.1$。本节中使用的两个地震地面运动的具体信息如表 9-7 所示。表 9-8 给出了 Kobe 波激励下 x 和 y 方向的支座最大位移与数值结果[14]之间的比较。表 9-9 给出了 Kobe 波和 Imperial Valley 波激励下，x 方向基底剪力脉冲分量的最大值与数值结果[14]之间的比较。从表 9-8 和表 9-9 可以看出，当前结果与已有文献结果[14]表现一致。

表 9-7　地震地面运动

地震	记录站	地震动加速度峰值 x 方向分量/g	地震动加速度峰值 y 方向分量/g
Imperial Valley	El-Centro	0.348	0.214
Kobe	Japan Meteorological Agency	0.834	0.629

表 9-8　Kobe 波激励下 x 和 y 方向支座位移最大值与数值解之间的比较

类型	方向	模型解	数值解[14]	误差
A	x 方向分量	0.2256	0.2337	-3.47%
	y 方向分量	0.1716	0.1794	-4.35%
C	x 方向分量	0.2812	0.2604	7.99%
	y 方向分量	0.1382	0.1260	9.68%

当涉及更为复杂的流-固耦合系统时,如双向地震激励下的基础隔震带隔板储罐,基于连续流体运动方程的解析研究和数值分析由于推导繁杂、计算密集并不适用,然而,本节提出的弹簧-质量等效力学模型可以用来代替连续流体晃动,尤其适用于复杂流-固耦合系统的动力学分析。

表 9-9　两种地震运动下 x 方向基底剪力脉冲分量最大值与数值解之间的比较

地震	类型	模型解	数值解[14]	误差
Imperial Valley	A	0.1123	0.1094	2.65%
	B	0.0815	0.0821	-0.73%
Kobe	A	0.2903	0.2889	0.48%
	C	0.1428	0.1504	-5.05%

9.4　考虑 SSI 效应的带多层隔板圆柱形储罐的地震响应分析

9.4.1　土体阻抗

考虑土与基础动力相互作用时,可以利用土体动阻抗来表示地基激振力与位移之间的关系。阻抗函数 $K(\omega)$ 与激励频率 ω 有关:

$$K(\omega) = K_d(a_0)K_s = \left(K(a_0) + ia_0C(a_0)\right)K_s \qquad (9.39)$$

式中, $K_d(a_0)$ 表示动刚度系数; K_s 表示静刚度; $K(a_0)$ 和 $C(a_0)$ 分别表示归一化的刚度和阻尼系数; a_0 表示无量纲激励频率且 $a_0 = \omega r_s / V_s$, r_s 表示圆形明置基础的半径, V_s 表示土体剪切波波速。

Wu 等[15]指出，采用动柔度函数可以在不使用任何权函数的情况下使得低频在拟合过程中占主导地位。与动阻抗相似，动柔度函数 $F(\omega)$ 可表示为

$$F(\omega) = F_d(a_0)F_s \tag{9.40}$$

式中，$F_d(a_0)$ 为动柔度系数且 $F_d(a_0) = 1/K_d(a_0)$；F_s 为静柔度。根据弹性半空间理论，Veletsos 等[4]计算了圆形明置基础的动柔度系数值，水平位移 u^* 和转角 φ^* 可表示为

$$\begin{bmatrix} u^* \\ \varphi^* r_s \end{bmatrix} = F_d(a_0)F_s = \begin{bmatrix} f_{11} + ig_{11} & f_{12} + ig_{12} \\ f_{21} + ig_{21} & f_{22} + ig_{22} \end{bmatrix} \begin{bmatrix} u_s \\ \varphi_s r_s \end{bmatrix} \tag{9.41}$$

式中，f_{11} 和 g_{11} 为水平动柔度系数；f_{22} 和 g_{22} 为摇摆动柔度系数；u_s 和 φ_s 分别表示由静态单位力引起的水平位移和由静态单位力矩引起的转角。本节使用土体泊松比为 $\nu = 1/3$，无量纲激励频率为 0.25～8 范围内的动柔度系数 f_{11}、g_{11}、f_{22} 和 g_{22}[4]。不考虑水平和摇摆阻抗的耦合效应，即 $f_{12} = f_{21} = g_{12} = g_{21} = 0$。

9.4.2 土体阻抗的嵌套集总参数模型

为了使阻抗能直接应用于时域分析，采用嵌套集总参数模型来克服阻抗的频率依赖性。通过优化技术，目标函数的近似阻抗和精确阻抗之间的差异达到最小，从而确定各力学元件的系数。然而，采用一般高阶多项式来拟合土体阻抗会产生数值振荡的问题。与一般多项式相比，切比雪夫复多项式的精度可以通过增加多项式的阶数来提高，并同时具有较好的收敛性和数值稳定性。切比雪夫复多项式由以下关系定义：

$$T_0(\overline{x}) = 1, \quad T_1(\overline{x}) = \overline{x}, \quad T_j(\overline{x}) = (-1)^{j-1} 2\overline{x} T_{j-1}(\overline{x}) - T_{j-2}(\overline{x}), \quad j = 2,3,\cdots \tag{9.42}$$

式中，$\overline{x} = ix$，$i = \sqrt{-1}$。利用式（9.42），可以递归得到任意阶的复多项式序列 $\{T_j(\overline{x})\}$。在本节研究中，利用两个切比雪夫复多项式的比值来拟合地基动柔度系数：

$$F_d(a_0) = F_d(\lambda) \approx \frac{\varUpsilon(\lambda)}{\varPsi(\lambda)}$$

$$= \frac{1 + \upsilon_1 T_1(\lambda) + \upsilon_2 T_2(\lambda) + \cdots + \upsilon_{N_s} T_{N_s}(\lambda)}{1 + \varepsilon + \psi_1 T_1(\lambda) + \psi_2 T_2(\lambda) + \cdots + \psi_{N_s} T_{N_s}(\lambda) + \kappa \psi_{N_s} T_{N_s+1}(\lambda)} \tag{9.43}$$

式中，$\lambda = ia_0/a_{0\max}$，$a_{0\max}$ 为需要拟合频率的最大值；N_s 为切比雪夫复多项式阶

数；系数 ε 和 κ 的表达式为

$$
\varepsilon = \begin{cases} \displaystyle\sum_{j=1}^{(N_{\mathrm{s}}-1)/2} (-1)^j \upsilon_{2j} + \sum_{j=1}^{(N_{\mathrm{s}}-1)/2} (-1)^{j+1} \psi_{2j} + (-1)^{(N_{\mathrm{s}}-1)/2} \kappa \upsilon_{N_{\mathrm{s}}}, & N_{\mathrm{s}} = 1,3,5,\cdots \\[4mm] \displaystyle\sum_{j=1}^{N_{\mathrm{s}}/2} (-1)^j \upsilon_{2j} + \sum_{j=1}^{N_{\mathrm{s}}/2} (-1)^{j+1} \psi_{2j}, & N_{\mathrm{s}} = 2,4,6,\cdots \end{cases}
$$

$$
\text{(9.44)}
$$

$$
\kappa = (-1)^{N_{\mathrm{s}}} \frac{\sigma a_{0\max}}{2} \tag{9.45}
$$

其中，σ 为高频极限阻尼系数。将复函数方差作为误差函数，式（9.44）中未知实系数 $\upsilon_{N_{\mathrm{s}}}$ 和 $\psi_{N_{\mathrm{s}}}$ 可通过最小二乘法确定。将求得的实系数 $\upsilon_{N_{\mathrm{s}}}$ 和 $\psi_{N_{\mathrm{s}}}$ 代入式（9.43）可整理成如下形式：

$$
F_{\mathrm{d}}(a_0) = F_{\mathrm{d}}(\lambda) \approx \frac{Q^{(0)}(\lambda)}{P^{(0)}(\lambda)} = \frac{1 + q_1^{(0)}\lambda + q_2^{(0)}\lambda^2 + \ldots + q_{N_{\mathrm{s}}}^{(0)}\lambda^{N_{\mathrm{s}}}}{1 + p_1^{(0)}\lambda + p_2^{(0)}\lambda^2 + \ldots + p_{N_{\mathrm{s}}}^{(0)}\lambda^{N_{\mathrm{s}}} + p_{N+1}^{(0)}\lambda^{N_{\mathrm{s}}+1}} \tag{9.46}
$$

将式（9.46）代入式（9.40）可得基础动柔度函数为

$$
F(\omega) = F_{\mathrm{s}} F_{\mathrm{d}}(a_0) = \frac{F_{\mathrm{s}}}{\dfrac{1 + q_1^{(0)}\lambda + q_2^{(0)}\lambda^2 + \ldots + q_{N_{\mathrm{s}}}^{(0)}\lambda^{N_{\mathrm{s}}}}{1 + p_1^{(0)}\lambda + p_2^{(0)}\lambda^2 + \ldots + p_{N_{\mathrm{s}}}^{(0)}\lambda^{N_{\mathrm{s}}} + p_{N+1}^{(0)}\lambda^{N_{\mathrm{s}}+1}}}
$$

$$
= \cfrac{1}{\cfrac{1}{F_{\mathrm{s}}} + \mathrm{i}\omega \cfrac{\delta_0 r_{\mathrm{s}}}{V_{\mathrm{s}} F_{\mathrm{s}}} + \cfrac{1}{\cfrac{F_{\mathrm{s}}}{\chi_1} + \cfrac{1}{\mathrm{i}\omega \cfrac{\delta_1 r_{\mathrm{s}}}{V_{\mathrm{s}} F_{\mathrm{s}}} + \cfrac{1}{\cfrac{F_{\mathrm{s}}}{\chi_2} + \cfrac{1}{\mathrm{i}\omega \cfrac{\delta_2 r_{\mathrm{s}}}{V_{\mathrm{s}} F_{\mathrm{s}}} + \cfrac{1}{\ddots + \cfrac{1}{\cfrac{F_{\mathrm{s}}}{\chi_{N_{\mathrm{s}}}} + \cfrac{1}{\mathrm{i}\omega \cfrac{\delta_{N_{\mathrm{s}}} r_{\mathrm{s}}}{V_{\mathrm{s}} F_{\mathrm{s}}}}}}}}}}
$$

$$
\text{(9.47)}
$$

可用如图 9-22 所示的切比雪夫嵌套集总参数模型来表示上述动柔度函数关系，其中，弹簧刚度系数 χ_j 和阻尼器系数 δ_j 可分别由以下公式计算：

$$\delta_0 = \frac{p_{N_s+1}^{(0)}}{q_{N_s}^{(0)} a_{0\max}}, \quad \chi_j = \frac{p_{N_s-j+1}^{(j)}}{q_{N_s-j+1}^{(j-1)}}, \quad \delta_j = \frac{p_{N_s-j+1}^{(j)}}{q_{N_s-j}^{(j)} a_{0\max}}, \quad j = 1, 2, \cdots, N_s \quad (9.48)$$

式中

$$q_n^{(j)} = q_n^{(j-1)} - \frac{q_{N_s-j+1}^{(j-1)}}{p_{N_s-j+1}^{(j)}} p_n^{(j)}, \quad p_n^{(j+1)} = p_n^{(j)} - \frac{p_{N_s-j+1}^{(j)}}{q_{N_s-j}^{(j)}} q_{n-1}^{(j)}, \quad n = 1, 2, \cdots, N_s - j$$

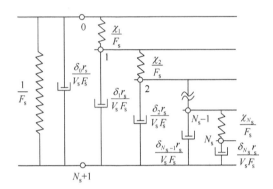

图 9-22　土-基础体系的切比雪夫嵌套集总参数模型

9.4.3　土-罐-液-隔板耦合模型

如图 9-23 所示，考虑柔性地基土上部分充液的刚性圆柱形储罐，储液为无黏、无旋和不可压缩的理想流体，多层刚性环形隔板固定于罐壁上。储罐固定在刚性圆形基底上，基底半径与储罐半径相同，将地基土看作均质弹性半空间。利用原点位于罐底中心的柱坐标系来描述水平激励下储液系统的运动。晃动流体罐壁上仅产生法向动水压力。考虑小震作用下自由表面波振幅较小，可采用线性晃动理论。隔板厚度对流体晃动的影响可忽略不计。隔板数量为 M，所有隔板具有相同的内半径 R_1，储罐内半径为 R_2。隔板分别处于 $z = h_1, h_2, \cdots, h_M$ 的位置上。h_{M+1} 为储液高度，h_0 为储罐罐底位置。

基于 9.3 节提出的流体晃动等效力学模型，可用离散的弹簧和质量代替原储罐系统中的连续流体分析，且计算量小。需要注意的是，等效模型中的流体晃动仅由水平激励引起。与储罐的水平位移相比，由储罐摇摆运动引起的流体表面晃动位移较小。因此，可假设系统的转动惯量仅由储罐给出，与流体晃动无关。

结合子结构法，9.3 节流体晃动等效力学模型可与 9.4.2 节土-基础体系的切比雪夫嵌套集总参数模型进行简便装配，建立如图 9-24 所示的土-罐-液-隔板耦合模型。根据达朗贝尔原理以及基底剪力和倾覆力矩平衡条件，可得土-罐-液-隔板耦合系统的运动控制方程为

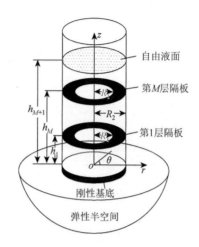

图 9-23　土-罐-液-隔板耦合系统

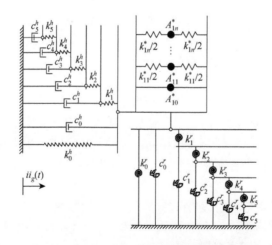

图 9-24　土-罐-液-隔板耦合模型

$$M\ddot{U} + C\dot{U} + KU = -M\xi\ddot{u}_g \qquad (9.49)$$

式中，M、C 和 K 分别表示耦合系统的质量、阻尼和刚度矩阵，其具体表达式如下：

$$
M = \begin{bmatrix}
M_{N\times N}^{*} & A_{1nN}^{*\mathrm{T}} & 0_{N\times N_h} & A_{1n}^{*}H_{1nN}^{*\mathrm{T}} & 0_{N\times N_r} \\
A_{1nN}^{*} & M^h & 0_{N_h} & M^{hr} & 0_{N_r} \\
0_{N_h\times N} & 0_{N_h}^{\mathrm{T}} & 0_{N_h\times N_h} & 0_{N_h}^{\mathrm{T}} & 0_{N_h\times N_r} \\
A_{1n}^{*}H_{1nN}^{*} & M^{hr} & 0_{N_h} & M^r & 0_{N_r} \\
0_{N_r\times N} & 0_{N_r}^{\mathrm{T}} & 0_{N_r\times N_h} & 0_{N_r}^{\mathrm{T}} & 0_{N_r\times N_r}
\end{bmatrix}
\tag{9.50}
$$

$$
C = \begin{bmatrix} 0 & & \\ & C^h & \\ & & C^r \end{bmatrix}, \quad
K = \begin{bmatrix} K^{*} & & \\ & K^h & \\ & & K^r \end{bmatrix}, \quad
K^{*} = \begin{bmatrix} k_{11}^{*} & & \\ & \ddots & \\ & & k_{1N}^{*} \end{bmatrix}
\tag{9.51}
$$

$$
C^h = \begin{bmatrix}
c_0^h & & & & & \\
& c_1^h & & & & \\
& & \ddots & & & \\
& & & c_{j_1}^h & & \\
& & & & \ddots & \\
& & & & & c_{N_h}^h
\end{bmatrix}, \quad
C^r = \begin{bmatrix}
c_0^r & & & & & \\
& c_1^r & & & & \\
& & \ddots & & & \\
& & & c_{j_2}^r & & \\
& & & & \ddots & \\
& & & & & c_{N_r}^r
\end{bmatrix}
\tag{9.52}
$$

$$
K^h = \begin{bmatrix}
k_0^h + k_1^h & -k_1^h & & & & & \\
-k_1^h & k_1^h + k_2^h & -k_2^h & & & & \\
& & \ddots & & & & \\
& & -k_{j_1-1}^h & k_{j_1-1}^h + k_{j_1}^h & -k_{j_1}^h & & \\
& & & & \ddots & & \\
& & & & -k_{N_h-1}^h & k_{N_h-1}^h + k_{N_h}^h & -k_{N_h}^h \\
& & & & & -k_{N_h}^h & k_{N_h}^h
\end{bmatrix}
\tag{9.53}
$$

$$
K^r = \begin{bmatrix}
k_0^r + k_1^r & -k_1^r & & & & & \\
-k_1^r & k_1^r + k_2^r & -k_2^r & & & & \\
& & \ddots & & & & \\
& & -k_{j_2-1}^r & k_{j_2-1}^r + k_{j_2}^r & -k_{j_2}^r & & \\
& & & & \ddots & & \\
& & & & -k_{N_r-1}^r & k_{N_r-1}^r + k_{N_r}^r & -k_{N_r}^r \\
& & & & & -k_{N_r}^r & k_{N_r}^r
\end{bmatrix}
\tag{9.54}
$$

其中

$$M^*_{N \times N} = \mathrm{diag}(A^*_{11}, \cdots, A^*_{1N}), \qquad M^h = \sum_{n=1}^{N} A^*_{1n} + A^*_{10} + M_\mathrm{t}$$

$$M^{hr} = \sum_{n=1}^{N} A^*_{1n} H^*_{1n} + A^*_{10} H^*_{10} + M_\mathrm{t} y_\mathrm{t}, \qquad M^r = \sum_{n=1}^{N} A^*_{1n} H^{*\,2}_{1n} + A^*_{10} H^{*\,2}_{10} + M_\mathrm{t} y_\mathrm{t}^2 + J_\mathrm{t}$$

$$c^h_{j_1} = \frac{\delta_{j_1} r_\mathrm{s} k^h_0}{V_\mathrm{s}}, \quad c^r_{j_2} = \frac{\delta_{j_2} r_\mathrm{s} k^r_0}{V_\mathrm{s}}, \quad k^h_{j_1} = \chi_{j_1} k^h_0, \quad k^r_{j_2} = \chi_{j_2} k^r_0, \quad k^h_0 = \frac{8 G_\mathrm{s} r_\mathrm{s}}{2-\nu}, \quad k^r_0 = \frac{8 G_\mathrm{s} r^3_\mathrm{s}}{3(1-\nu)}$$

M_t 为储罐和基底的总质量，其重心和转动惯量分别为 y_t 和 J_t；k^h_0 和 k^r_0 分别表示切比雪夫嵌套集总参数模型中的水平和摇摆静刚度；G_s 为土体剪切模量；χ_{j_1} ($j_1 = 1, 2, \cdots, N_h$) 和 δ_{j_1} ($j_1 = 0, 1, \cdots, N_h$) 分别为切比雪夫嵌套集总参数模型中第 j_1 阶自由度的水平刚度系数和阻尼系数；χ_{j_2} ($j_2 = 1, 2, \cdots, N_r$) 和 δ_{j_2} ($j_2 = 0, 1, \cdots, N_r$) 分别为切比雪夫嵌套集总参数模型中第 j_2 阶自由度的摇摆刚度系数和阻尼系数；$U = (q^*_n,\ u_0,\ u_{j_1},\ \varphi_0,\ \varphi_{j_2})^\mathrm{T}$ 为位移向量；上标 T 表示转置；u_0 和 φ_0 分别为相对于基岩的基底水平位移和转角；u_{j_1} 和 φ_{j_2} 分别为切比雪夫嵌套集总参数模型中各自由度相对于基岩的水平位移和转角；系数

$$\xi = \left(\underbrace{0,\ \cdots,\ 0}_{N},\ 1,\ \underbrace{0,\ \cdots,\ 0}_{N_h + N_r + 1} \right)^\mathrm{T}$$

表示激励方向对系统载荷的影响；N_h 和 N_r 分别为水平和摇摆嵌套集总参数模型中自由度的阶数；$\ddot{u}_g$ 为基岩处沿着 $\theta = 0$ 方向的水平输入加速度。利用 Newmark-β 法求解土-罐-液-隔板耦合系统的动力响应。

9.4.4　土体对耦合系统动力特性和地震响应的影响

表 9-10 给出了不同土体剪切波波速下前五阶对流晃动频率 ω^C_{1n} ($n = 1, 2, 3, 4, 5$)、水平脉冲频率 ω^I_h 和转动脉冲频率 ω^I_r。储罐参数取为：$M = 2$，$\beta_1 = 0.4$，$\beta_2 = 0.9$，$\beta_3 = 1.0$，$\gamma = 0.7$，$R_2 = 10\,\mathrm{m}$。从表 9-10 可以看出，土体剪切波波速对对流晃动频率影响较小；土体剪切波波速越大，柔性土地基下的对流晃动频率越接近于刚性地基下的结果。随着土体剪切波波速的增加，水平和转动脉冲频率基本保持线性增长趋势。

表 9-10　前五阶对流晃动频率、水平脉冲频率和转动脉冲频率　　单位：rad/s

V_s / (m/s)	100	150	250	500	1000	刚性
ω_{11}^{C}	0.9800	0.9807	0.9811	0.9813	0.9813	0.9813
ω_{12}^{C}	2.0552	2.0553	2.0554	2.0554	2.0554	2.0554
ω_{13}^{C}	2.7871	2.7871	2.7871	2.7871	2.7871	2.7871
ω_{14}^{C}	3.3046	3.3046	3.3047	3.3047	3.3047	3.3047
ω_{15}^{C}	3.7629	3.7631	3.7631	3.7631	3.7632	3.7632
ω_{h}^{I}	15.8567	23.7674	39.5974	79.1824	158.3586	——
ω_{r}^{I}	56.5908	84.8689	141.4335	282.8546	565.7030	——

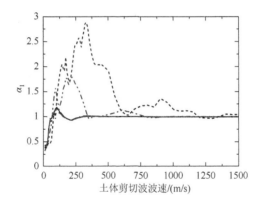

图 9-25　α_1 随土体剪切波波速的变化

—— $\beta_1 = 0.4$，$\beta_2 = 0.9$，$\beta_3 = 1.0$，$\gamma = 0.7$；－－ $\beta_1 = 0.8$，$\beta_2 = 0.9$，$\beta_3 = 1.0$，$\gamma = 0.7$；••••• $\beta_1 = 0.4$，$\beta_2 = 0.7$，$\beta_3 = 1.0$，$\gamma = 0.7$；－•－ $\beta_1 = 0.4$，$\beta_2 = 0.9$，$\beta_3 = 1.0$，$\gamma = 0.4$；－••－ $\beta_1 = 0.4$，$\beta_2 = 0.9$，$\beta_3 = 2.0$，$\gamma = 0.7$；•••••• $\beta_1 = 0.4$，$\beta_2 = 0.9$，$\beta_3 = 3.0$，$\gamma = 0.7$

　　在如图 9-16 所示的 Kobe 波地震激励下，分别研究不同土体剪切波波速下 α_1、α_2、α_3 和水平脉冲位移的变化情况，如图 9-25～图 9-28 所示。考虑隔板数量为 $M = 2$，储罐内半径为 $R_2 = 10\,\mathrm{m}$。图 9-25 和图 9-26 中，当土体剪切波波速较小时，α_1 和 α_2 的值均有所放大，并且随着无量纲储液高度的增加，两者的放大系数均随之增大。储液高度对储罐水平绝对加速度的峰值影响相对较小，如图 9-27 所示。在图 9-28 中，随着土体剪切波波速的增加，脉冲位移呈减小趋势。在土体剪切波波速相同的情况下，无量纲储液高度越大，脉冲位移则越大。由图 9-25～图 9-27 可以看出，当无量纲储液高度为 3 时，α_1、α_2 和 α_3 的幅值可分别达到 2.88、2.87 和 1.44。且随着土体剪切波波速的增加，地震响应的幅值呈现非单调性变化。由图 9-25～图 9-28 可以看出，随着土体剪切波波速的增加，α_1、α_2、α_3 的值逐渐趋于 1.0，脉冲位移逐渐趋于 0，这意味着与柔性土相关的动力响应逐渐消失。

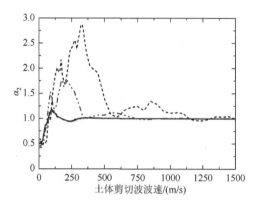

图 9-26　α_2 随土体剪切波波速的变化

—— $\beta_1 = 0.4$，$\beta_2 = 0.9$，$\beta_3 = 1.0$，$\gamma = 0.7$；– – $\beta_1 = 0.8$，$\beta_2 = 0.9$，$\beta_3 = 1.0$，$\gamma = 0.7$；· · · · $\beta_1 = 0.4$，$\beta_2 = 0.7$，$\beta_3 = 1.0$，$\gamma = 0.7$；–·– $\beta_1 = 0.4$，$\beta_2 = 0.9$，$\beta_3 = 1.0$，$\gamma = 0.4$；– · · – $\beta_1 = 0.4$，$\beta_2 = 0.9$，$\beta_3 = 2.0$，$\gamma = 0.7$；- - - - - $\beta_1 = 0.4$，$\beta_2 = 0.9$，$\beta_3 = 3.0$，$\gamma = 0.7$

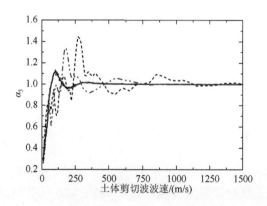

图 9-27　α_3 随土体剪切波波速的变化

—— $\beta_1 = 0.4$，$\beta_2 = 0.9$，$\beta_3 = 1.0$，$\gamma = 0.7$；– – $\beta_1 = 0.8$，$\beta_2 = 0.9$，$\beta_3 = 1.0$，$\gamma = 0.7$；· · · · $\beta_1 = 0.4$，$\beta_2 = 0.7$，$\beta_3 = 1.0$，$\gamma = 0.7$；–·– $\beta_1 = 0.4$，$\beta_2 = 0.9$，$\beta_3 = 1.0$，$\gamma = 0.4$；– · · – $\beta_1 = 0.4$，$\beta_2 = 0.9$，$\beta_3 = 2.0$，$\gamma = 0.7$；- - - - - $\beta_1 = 0.4$，$\beta_2 = 0.9$，$\beta_3 = 3.0$，$\gamma = 0.7$

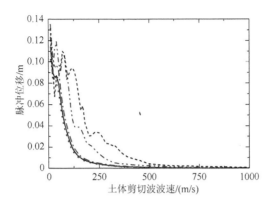

图 9-28　水平脉冲位移随土体剪切波波速的变化

—— $\beta_1=0.4$，$\beta_2=0.9$，$\beta_3=1.0$，$\gamma=0.7$；-- $\beta_1=0.8$，$\beta_2=0.9$，$\beta_3=1.0$，$\gamma=0.7$；···· $\beta_1=0.4$，$\beta_2=0.7$，$\beta_3=1.0$，$\gamma=0.7$；-·-· $\beta_1=0.4$，$\beta_2=0.9$，$\beta_3=1.0$，$\gamma=0.4$；-··-·· $\beta_1=0.4$，$\beta_2=0.9$，$\beta_3=2.0$，$\gamma=0.7$；····· $\beta_1=0.4$，$\beta_2=0.9$，$\beta_3=3.0$，$\gamma=0.7$

9.5　本 章 小 结

本章利用水平激励下弹簧-质量等效力学模型代替带多层环形隔板的圆柱形储罐内连续流体晃动。采用切比雪夫复多项式拟合土体的水平和摇摆阻抗,利用嵌套集总参数模型来代替土-基础体系。基于子结构法,可以简便地将上部结构的等效模型与嵌套集总参数模型进行装配,从而可以简化土-罐-液-隔板耦合系统的晃动问题,且计算量小,精度高。并分析了隔板位置、尺寸以及土体剪切波波速对耦合系动力特性和地震响应的影响。

结果表明,随着上隔板无量纲高度的增加,一阶对流晃动频率和水平脉冲频率均随之减小;随着无量纲隔板内半径的增大,一阶对流晃动频率和水平脉冲频率均随之增大,而转动脉冲频率则随之减小。当上隔板无量纲高度较大或内半径较小时,对流剪力峰值明显减小,但脉冲剪力峰值呈现相反的变化趋势。随着无量纲隔板高度的增加,倾覆力矩峰值呈非单调变化趋势。

此外,随着土体剪切波波速的增加,水平和转动脉冲频率几乎保持线性增长。在地震作用下,土-罐动力相互作用对储罐基底剪力、倾覆力矩、水平绝对加速度和脉冲位移有显著影响。柔性土和/或较大的无量纲储液高度下,动力响应的幅值均被放大。当无量纲储液高度为 3.0 时,柔性地基土与刚性地基下的基底剪力峰值之比可达 2.88。随着土体剪切波波速的增加,晃动响应的幅值呈非单调性变化,且柔性地基土上的流体晃动响应逐渐接近于刚性地基上的晃动响应。

参 考 文 献

[1] Veletsos A S，Tang Y. Soil-structure interaction effects for laterally excited liquid storage tanks[J]. Earthquake Engineering and Structural Dynamics，1990，19（4）：473-496.

[2] Mykoniou K，Butenweg C，Holtschoppen B，et al. Seismic response analysis of adjacent liquid-storage tanks[J]. Earthquake Engineering & Structural Dynamics，2016，45：1779-1796.

[3] Kotrasová K，Harabinová S，Hegedüšová I，et al. Numerical experiment of fluid-structure-soil interaction[J]. Procedia Engineering，2017，190：291-295.

[4] Veletsos A S，Wei Y T. Lateral and rocking vibration of footings[J]. Journal of the Soil Mechanics and Foundations Division，1971，97（9）：1227-1248.

[5] Haroun M A，Abou-Izzeddine W. Parametric study of seismic soil-tank interaction. I：Horizontal excitation[J]. Journal of Structural Engineering，1992，118（3）：783-797.

[6] Wolf J P. Spring-dashpot-mass models for foundation vibrations[J]. Earthquake Engineering and Structural Dynamics，1997，26：931-949.

[7] Wu W，Lee W. Nested lumped-parameter models for foundation vibrations[J]. Earthquake Engineering and Structural Dynamics，2004，33（9）：1051-1058.

[8] Wang H，Liu W Q，Zhou D，et al. Lumped-parameter model of foundations based on complex Chebyshev polynomial fraction[J]. Soil Dynamics and Earthquake Engineering，2013，50：192-203.

[9] Wang J D，Zhou D，Liu W Q. Sloshing of liquid in rigid cylindrical container with a rigid annular baffle. Part II：Lateral vibration[J]. Shock and Vibration，2012，19：1205-1222.

[10] Housner G W. The dynamic behavior of water tanks[J]. Bulletin of the Seismological Society of America，1963，53：381-387.

[11] Haroun M A，Housner G W. Earthquake response of deformable liquid storage tanks[J]. Journal of Applied Mechanics，1981，48：411-418.

[12] Luo H，Zhang R F，Weng D G. Mitigation of liquid sloshing in storage tanks by using a hybrid control method[J]. Soil Dynamic and Earthquake Engineering，2016，90：183-195.

[13] Wang J D，Lo S H，Zhou D. Sloshing of liquid in rigid cylindrical container with multiple rigid annular baffles：Lateral excitations[J]. Journal of Fluids and Structures，2013，42：421-436.

[14] Rawat A，Matsagar V A，Nagpal A K. Numerical study of base-isolated cylindrical liquid storage tanks using coupled acoustic-structural approach[J]. Soil Dynamics and Earthquake Engineering，2019，119：196-219.

[15] Wu W，Lee W. Systematic lumped-parameter models for foundations based on polynomial-fraction approximation[J]. Earthquake Engineering and Structural Dynamics，2002，31（7）：1383-1412.

附录 A

2.4 节中式（2.68）中的未知向量 A_m 由式（2.39）、式（2.42）～式（2.45）以及式（2.48）～式（2.50）中的待定系数 A_{imn}^q （$i = 1$，2，3，4；$q = 1$，2，3；$m = 0$，1，2，3，$\cdots$；$n = 1$，2，3，$\cdots$）构成，具体形式如下：

$$A_m = \left[A_{1mn}^2, A_{1mn}^1, A_{4mn}^2, A_{4mn}^1, A_{4mn}^3, A_{1mn}^1, A_{2mn}^1, A_{2mn}^2 \right]^{\mathrm{T}} \tag{A.1}$$

式中，$A_{imn}^q (q = 1, 2, 3; \ i = 1, 2, 3, 4)$ 的具体形式如下：

$$A_{imn}^q = \left[A_{im1}^q, A_{im2}^q, A_{im3}^q, \cdots, A_{imN}^q \right] \tag{A.2}$$

其中，N 为式（2.60）～式（2.67）的截断系数。式（2.68）的系数矩阵为 $D_m(\Lambda_m)$，具体形式如式（2.69）所示，矩阵 $D_m(\Lambda_m)$ 由零子阵和非零子阵 d_m^{pq} 构成，子阵 d_m^{pq} 元素即为 Fourier 展开或者 Bessel 展开的系数，这些非零元素积分表达式如下：

$$d_{mn\bar{n}}^{17} = \delta_{n\bar{n}} I_m' \left(\frac{n\pi}{\beta_2} \alpha \right) \tag{A.3}$$

$$d_{mn\bar{n}}^{16} = -\delta_{n\bar{n}} \left(I_m' \left(\frac{n\pi}{\beta_2} \alpha \right) + k_3^b K_m' \left(\frac{n\pi}{\beta_2} \alpha \right) \right) \tag{A.4}$$

$$d_{mn\bar{n}}^{27} = \delta_{n\bar{n}} \int_0^{\beta_2} \cos^2 \left(\frac{n\pi}{\beta_2} \zeta \right) \mathrm{d}\zeta I_m \left(\frac{n\pi}{\beta_2} \alpha \right) \tag{A.5}$$

$$d_{mn\bar{n}}^{26} = -\delta_{n\bar{n}} \int_0^{\beta_2} \cos^2 \left(\frac{p\pi}{\beta_2} \zeta \right) \mathrm{d}\zeta \left(I_m \left(\frac{n\pi}{\beta_2} \alpha \right) + k_3^b K_m \left(\frac{n\pi}{\beta_2} \alpha \right) \right) \tag{A.6}$$

$$d_{mn\bar{n}}^{28} = \int_0^{\beta_2} \left(\mathrm{e}^{\frac{\tilde{x}_{\bar{n}}^{(m)}}{\alpha} \zeta} + \mathrm{e}^{-\frac{\tilde{x}_{\bar{n}}^{(m)}}{\alpha} \zeta} \right) \cos \left(\frac{n\pi}{\beta_2} \zeta \right) \mathrm{d}\zeta J_m(\tilde{x}_{\bar{n}}^{(m)}) \tag{A.7}$$

$$d_{mn\bar{n}}^{34} = \delta_{n\bar{n}} I_m' \left(\frac{(2n-1)\pi\alpha}{2\beta_1} \right) \tag{A.8}$$

$$d_{mn\bar{n}}^{32} = -\delta_{n\bar{n}} \left(I_m' \left(\frac{(2n-1)\pi\alpha}{2\beta_1} \right) + k_1^b K_m' \left(\frac{(2n-1)\pi\alpha}{2\beta_1} \right) \right) \tag{A.9}$$

$$d_{mn\bar{n}}^{42} = a_{mn\bar{n}}^{42} + b_{mn\bar{n}}^{42} \tag{A.10}$$

$$d_{mn\bar{n}}^{44} = a_{mn\bar{n}}^{44} + b_{mn\bar{n}}^{44} \tag{A.11}$$

$$d_{mn\bar{n}}^{45} = \int_0^{\beta_1} \cos\left(\frac{(2n-1)(\zeta-\beta_2)\pi}{2\beta_1}\right)\left(e^{\frac{\tilde{x}_{\bar{n}}^{(m)}}{\alpha}\zeta} - e^{\frac{\tilde{x}_{\bar{n}}^{(m)}}{\alpha}(2\beta-\zeta)}\right)d\zeta J_m(\tilde{x}_{\bar{n}}^{(m)}) \quad (A.12)$$

$$d_{mn\bar{n}}^{43} = \int_{\beta_2}^{\beta} \cos\left(\frac{(2n-1)(\zeta-\beta_2)\pi}{2\beta_1}\right)\left(e^{\frac{\tilde{x}_{\bar{n}}^{(m)}}{\alpha}\zeta} + e^{\frac{\tilde{x}_{\bar{n}}^{(m)}}{\alpha}(2\beta_2-\zeta)}\right)d\zeta J_m(\tilde{x}_{\bar{n}}^{(m)}) \quad (A.13)$$

$$d_{mn\bar{n}}^{41} = -\int_{\beta_2}^{\beta} \cos\left(\frac{(2n-1)(\zeta-\beta_2)\pi}{2\beta_1}\right)\left(e^{\lambda_{\bar{n}}^m\zeta} + e^{\lambda_{\bar{n}}^m(2\beta_2-\zeta)}\right)d\zeta$$
$$\times \left(N_m'(\lambda_{\bar{n}}^m\alpha)J_m(\lambda_{\bar{n}}^m\alpha) - J_m'(\lambda_{\bar{n}}^m\alpha)N_m(\lambda_{\bar{n}}^m\alpha)\right) \quad (A.14)$$

$$d_{mn\bar{n}}^{58} = \delta_{n\bar{n}}\left(e^{-\frac{\tilde{x}_n^{(m)}}{\alpha}\beta_2} - e^{\frac{\tilde{x}_n^{(m)}}{\alpha}\beta_2}\right) \quad (A.15)$$

$$d_{mn\bar{n}}^{55} = \delta_{n\bar{n}}\left(e^{\frac{\tilde{x}_n^{(m)}}{\alpha}\beta_2} + e^{\frac{\tilde{x}_n^{(m)}}{\alpha}(2\beta_1+\beta_2)}\right) \quad (A.16)$$

$$d_{mn\bar{n}}^{67} = \int_0^\alpha \xi J_m\left(\frac{\tilde{x}_n^{(m)}}{\alpha}\xi\right)I_m\left(\frac{\bar{n}\pi}{\beta_2}\xi\right)d\xi \quad (A.17)$$

$$d_{mn\bar{n}}^{64} = -\int_0^\alpha \xi J_m\left(\frac{\tilde{x}_n^{(m)}}{\alpha}\xi\right)I_m\left(\frac{(2\bar{n}-1)\pi\xi}{2\beta_1}\right)d\xi \quad (A.18)$$

$$d_{mn\bar{n}}^{68} = a_{mn\bar{n}}^{68} + b_{mn\bar{n}}^{68} \quad (A.19)$$

$$d_{mn\bar{n}}^{65} = -\delta_{n\bar{n}}\left(e^{\frac{\tilde{x}_n^{(m)}}{\alpha}\beta_2} - e^{\frac{\tilde{x}_n^{(m)}}{\alpha}(2\beta_1+\beta_2)}\right)\int_0^\alpha \xi J_m^2\left(\frac{\tilde{x}_n^{(m)}}{R_1}\xi\right)d\xi \quad (A.20)$$

$$d_{mn\bar{n}}^{61} = -2\delta_{n\bar{n}}e^{\frac{\tilde{x}_n^{(m)}}{\alpha}\beta_2}\int_0^\alpha \xi J_m^2\left(\frac{\tilde{x}_n^{(m)}}{\alpha}\xi\right)d\xi \quad (A.21)$$

$$d_{mn\bar{n}}^{75} = 2\delta_{n\bar{n}}\frac{\tilde{x}_n^{(m)}}{\alpha}e^{\frac{\tilde{x}_n^{(m)}\beta}{\alpha}}\int_0^\alpha \xi J_m^2\left(\frac{\tilde{x}_n^{(m)}}{\alpha}\xi\right)d\xi \quad (A.22)$$

$$d_{mn\bar{n}}^{74} = \frac{(2\bar{n}-1)(-1)^{\bar{n}}\pi}{2\beta_1}\int_0^\alpha \xi J_m\left(\frac{\tilde{x}_n^{(m)}}{\alpha}\xi\right)I_m\left(\frac{(2\bar{n}-1)\pi\xi}{2\beta_1}\right)d\xi \quad (A.23)$$

$$d_{mn\bar{n}}^{73} = a_{mn\bar{n}}^{73} + b_{mn\bar{n}}^{73} \quad (A.24)$$

$$d_{mn\bar{n}}^{82} = \frac{(2\bar{n}-1)(-1)^{\bar{n}}\pi}{2\beta_1}\int_\alpha^1 \xi\left(N_m'(\lambda_n^m\alpha)J_m(\lambda_n^m\xi) - J_m'(\lambda_n^m\alpha)N_m(\lambda_n^m\xi)\right)$$
$$\times\left(I_m\left(\frac{(2\bar{n}-1)\pi\xi}{2\beta_1}\right) + k_1^b K_m\left(\frac{(2\bar{n}-1)\pi\xi}{2\beta_1}\right)\right)d\xi \quad (A.25)$$

$$d_{mn\bar{n}}^{81} = a_{mn\bar{n}}^{81} + b_{mn\bar{n}}^{81} \tag{A.26}$$

式中，$n,\bar{n} = 1,2,3,\cdots,N$；$\delta_{n\bar{n}}$ 满足 $\delta_{n\bar{n}} = \begin{cases} 0, n \neq \bar{n} \\ 1, n = \bar{n} \end{cases}$。式（A.10）和式（A.11）、式（A.19）、（A.24）以及（A.26）中的 $a_{mn\bar{n}}^{44}$、$b_{mn\bar{n}}^{44}$、$a_{mn\bar{n}}^{42}$、$b_{mn\bar{n}}^{42}$、$a_{mn\bar{n}}^{68}$、$b_{mn\bar{n}}^{68}$、$a_{mn\bar{n}}^{73}$、$b_{mn\bar{n}}^{73}$、$a_{mn\bar{n}}^{81}$ 以及 $b_{mn\bar{n}}^{81}$ 的计算公式如下：

$$a_{mn\bar{n}}^{44} = \begin{cases} \dfrac{(2\bar{n}-1)(-1)^{\bar{n}}\pi}{\beta_1 \Lambda_m^2 \alpha^2} \displaystyle\int_0^\alpha \xi I_0\left(\dfrac{(2\bar{n}-1)\pi\xi}{2\beta_1}\right) \mathrm{d}\xi \int_{\beta_2}^\beta \cos\left(\dfrac{(2n-1)(\zeta-\beta_2)\pi}{2\beta_1}\right) \mathrm{d}\zeta, & m=0 \\ 0, & m \neq 0 \end{cases}$$

$$b_{mn\bar{n}}^{44} = \delta_{n\bar{n}} \int_{\beta_2}^\beta \cos^2\left(\frac{(2n-1)(\zeta-\beta_2)\pi}{2\beta_1}\right) \mathrm{d}\zeta I_m\left(\frac{(2n-1)\pi\xi}{2\beta_1}\right)$$

$$a_{mn\bar{n}}^{42} = \begin{cases} \dfrac{(2\bar{n}-1)(-1)^{\bar{n}+1}\pi}{\beta_1 \Lambda_m^2 (1-\alpha^2)} \displaystyle\int_\alpha^1 \xi \left(I_0\left(\dfrac{(2\bar{n}-1)\pi\xi}{2\beta_1}\right) + k_1^b K_0\left(\dfrac{(2\bar{n}-1)\pi\xi}{2\beta_1}\right)\right) \mathrm{d}\xi \\ \times \displaystyle\int_{\beta_2}^\beta \cos\left(\dfrac{(2n-1)(\zeta-\beta_2)\pi}{2\beta_1}\right) \mathrm{d}\zeta, & m=0 \\ 0, & m \neq 0 \end{cases}$$

$$b_{mn\bar{n}}^{42} = -\delta_{n\bar{n}} \int_{\beta_2}^\beta \cos^2\left(\frac{(2n-1)(\zeta-\beta_2)\pi}{2\beta_1}\right) \mathrm{d}\zeta \left(I_m\left(\frac{(2n-1)\pi\alpha}{2\beta_1}\right) + k_1^b K_m\left(\frac{(2n-1)\pi\alpha}{2\beta_1}\right)\right)$$

$$a_{mn\bar{n}}^{68} = \begin{cases} \dfrac{(1-\alpha^{-2m})}{2\beta_2\alpha^{-m}} \left(\displaystyle\int_0^{\beta_2} \left(\mathrm{e}^{\frac{\tilde{x}_{\bar{n}}^{(m)}}{\alpha}\zeta} + \mathrm{e}^{-\frac{\tilde{x}_{\bar{n}}^{(m)}}{\alpha}\zeta}\right) \mathrm{d}\zeta J_m(\tilde{x}_{\bar{n}}^{(m)})\right) \displaystyle\int_0^\alpha \xi^m J_m\left(\dfrac{\tilde{x}_n^{(m)}}{\alpha}\xi\right) \mathrm{d}\xi, & m \neq 0 \\ 0, & m=0 \end{cases}$$

$$b_{mn\bar{n}}^{68} = \delta_{n\bar{n}} \left(\mathrm{e}^{\frac{\tilde{x}_n^{(m)}}{\alpha}\beta_2} + \mathrm{e}^{-\frac{\tilde{x}_n^{(m)}}{\alpha}\beta_2}\right) \int_0^\alpha \xi J_m^2\left(\frac{\tilde{x}_n^{(m)}}{\alpha}\xi\right) \mathrm{d}\xi$$

$$a_{mn\bar{n}}^{73} = -\delta_{n\bar{n}} \Lambda_m^2 \left(\mathrm{e}^{\frac{\tilde{x}_n^{(m)}}{\alpha}\beta} + \mathrm{e}^{\frac{\tilde{x}_n^{(m)}}{\alpha}(\beta_2-\beta_1)}\right) \int_0^\alpha \xi J_m^2\left(\frac{\tilde{x}_n^{(m)}}{\alpha}\xi\right) \mathrm{d}\xi$$

$$b_{mn\bar{n}}^{73} = \delta_{n\bar{n}} \frac{\tilde{x}_n^{(m)}}{\alpha} \left(\mathrm{e}^{\frac{\tilde{x}_n^{(m)}}{\alpha}\beta} - \mathrm{e}^{\frac{\tilde{x}_n^{(m)}}{\alpha}(\beta_2-\beta_1)}\right) \int_0^\alpha \xi J_m^2\left(\frac{\tilde{x}_n^{(m)}}{\alpha}\xi\right) \mathrm{d}\xi$$

$$a_{mn\bar{n}}^{81} = -\delta_{n\bar{n}} \Lambda_m^2 \left(\mathrm{e}^{\lambda_n^m \beta} + \mathrm{e}^{\lambda_n^m(\beta_2-\beta_1)}\right) \int_\alpha^1 \xi \left(N_m{}'(\lambda_n^m \alpha) J_m(\lambda_n^m \xi) - J_m{}'(\lambda_n^m \alpha) N_m(\lambda_n^m \xi)\right)^2 \mathrm{d}\xi$$

$$b_{mn\bar{n}}^{81} = \delta_{n\bar{n}} \lambda_n^m \left(\mathrm{e}^{\lambda_n^m \beta} - \mathrm{e}^{\lambda_n^m(\beta_2-\beta_1)}\right) \int_\alpha^1 \xi \left(N_m{}'(\lambda_n^m \alpha) J_m{}'(\lambda_n^m \xi) - J_m{}'(\lambda_n^m \alpha) N_m(\lambda_n^m \xi)\right)^2 \mathrm{d}\xi$$

附录 B

2.5 节中式（2.117）中的未知向量 A_m 由式（2.95）、式（2.96）、式（2.102）～式（2.104）中的待定系数 A_{imn}^q （$q=1,2,3$；$i=1,2,\cdots,2M+2$）构成，具体形式如式（2.119）所示，式中 A_{im}^q 的具体形式如下所示：

$$A_{im}^q = \left[A_{im1}^q, A_{im2}^q, A_{im3}^q, \cdots, A_{imN}^q \right]^{\mathrm{T}} \tag{B.1}$$

在柱界面 $\Gamma_k (k=p+1; i=2p+2; i'=2p+1; p=0,1,\cdots,M)$ 上，矩阵 $D_m(\Lambda_m)$ 中对应的非零元素为

$$W_k = \begin{bmatrix} w_{kn'n}^{11} & w_{kn'n}^{12} \\ w_{kn'n}^{21} & w_{kn'n}^{22} \end{bmatrix}, \quad B_k' = \begin{bmatrix} 0 & 0 \\ b_{kn'n}^{'21} & b_{kn'n}^{'22} \end{bmatrix}, \quad B_k = \begin{bmatrix} 0 & 0 \\ b_{kn'n}^{21} & 0 \end{bmatrix}, \quad k=M+1$$

$$\tag{B.2}$$

式中

$$w_{kn'n}^{11} = \begin{cases} \tilde{\delta}_{3n'n}(\tilde{\delta}_{1mk}(I_m'(\lambda_{pmn'}^1\alpha) + \kappa_{pmn'}^1 K_m'(\lambda_{pmn'}^1\alpha)) + \tilde{\delta}_{2mk}\alpha^{m-1}(1-\alpha^{-2m})), & n'=1 \\ \tilde{\delta}_{3n'n}(I_m'(\lambda_{pmn'-\tilde{\delta}_{2mk}}^1\alpha) + \kappa_{pmn'}^1 K_m'(\lambda_{pmn'-\tilde{\delta}_{2mk}}^1\alpha)), & n'>1 \end{cases}$$

$$n=1,2,\cdots,N+1-\tilde{\delta}_k; \quad n'=1,2,\cdots,N+\tilde{\delta}_{2mk} \tag{B.3}$$

$$w_{kn'n}^{12} = \begin{cases} \tilde{\delta}_{3n'n}(\tilde{\delta}_{1mk}I_m'(\lambda_{pmn'}^1\alpha) + \tilde{\delta}_{2mk}\alpha^{m-1}), & n'=1 \\ \tilde{\delta}_{3n'n}I_m'(\lambda_{pmn'-\tilde{\delta}_{2mk}}^1\alpha), & n'>1 \end{cases}$$

$$n=1,2,\cdots,N+1-\tilde{\delta}_k; n'=1,2,\cdots,N+\tilde{\delta}_{2mk} \tag{B.4}$$

$$w_{kn'n}^{21} = \begin{cases} \tilde{\delta}_{4n'n}(\delta_{1m} + (\alpha^m + \alpha^{m-1})\delta_{2m}\delta_{3i})\int_{\beta_p}^{\beta_{p+1}} \cos(\lambda_{pmn'-1+\tilde{\delta}_{1k}}^1(\varsigma-\beta_p))\mathrm{d}\varsigma, & n'=1 \\ \tilde{\delta}_{4n'n}(I_m(\lambda_{pmn'}^1\alpha) + \kappa_{imn'}^1 K_m(\lambda_{pmn'}^1\alpha))\int_{\beta_p}^{\beta_{p+1}} \cos^2(\lambda_{pmn'-1+\tilde{\delta}_{1k}}^1(\varsigma-\beta_p))\mathrm{d}\varsigma, & n'>1 \end{cases}$$

$$n=1,2,\cdots,N+1-\tilde{\delta}_k; n'=1,2,\cdots,N+1-\tilde{\delta}_{1k} \tag{B.5}$$

$$w_{kn'n}^{22} = \begin{cases} \tilde{\delta}_{4n'n}(\delta_{1m} + \alpha^m\delta_{2m}\delta_{3i})\int_{\beta_p}^{\beta_{p+1}} \cos(\lambda_{pmn'-1+\tilde{\delta}_{1k}}^1(\varsigma-\beta_p))\mathrm{d}\varsigma, & n'=1 \\ \tilde{\delta}_{4n'n}I_m(\lambda_{pmn'}^1\alpha)\int_{\beta_p}^{\beta_{p+1}} \cos^2(\lambda_{pmn'-1+\tilde{\delta}_{1k}}^1(\varsigma-\beta_p))\mathrm{d}\varsigma, & n'>1 \end{cases}$$

$$n=1,2,\cdots,N+1-\tilde{\delta}_{1k}; n'=1,2,\cdots,N+1-\tilde{\delta}_{1k} \tag{B.6}$$

$$b_{kn'n}^{'21} = \delta_{4i}J_m(\bar{\lambda}_{mn}^2)\int_{\beta_p}^{\beta_{p+1}} \mathrm{e}^{\frac{\varsigma\bar{\lambda}_{mn}^2}{\alpha}}\left(1 + \bar{\delta}_{5i}\mathrm{e}^{\frac{2\bar{\lambda}_{mn}^2(\beta_{p+1}-\varsigma)}{\alpha}}\right)\cos(\lambda_{pmn'-1+\tilde{\delta}_{1k}}^1(\varsigma-\beta_p))\mathrm{d}\varsigma$$

$$n = 1, 2, \cdots, N; \quad n' = 1, 2, \cdots, N + 1 - \tilde{\delta}_{1k} \tag{B.7}$$

$$b_{kn'n}'^{22} = J_m(\overline{\lambda}_{mn}^2) \int_{\beta_p}^{\beta_{p+1}} e^{\frac{\varsigma \overline{\lambda}_{mn}^2}{\alpha}} \left(1 + \overline{\delta}_{5i'} e^{\frac{2\overline{\lambda}_{mn}^2 (\beta_{p+1} - \varsigma)}{\alpha}} \right) \cos(\lambda_{pmn'-1+\tilde{\delta}_{1k}}^1 (\varsigma - \beta_p)) \mathrm{d}\varsigma$$

$$n = 1, 2, \cdots, N; n' = 1, 2, \cdots, N + 1 - \tilde{\delta}_{1k} \tag{B.8}$$

$$b_{kn'n}^{21} = (N_m'(\lambda_{mn}^2 \alpha) J_m(\lambda_{mn}^2 \alpha) - J_m'(\lambda_{mn}^2 \alpha) N_m(\lambda_{mn}^2 \alpha))$$

$$\times \delta_i^4 \int_{\varsigma_i^b}^{\varsigma_i^t} e^{\lambda_{mn}^2 \varsigma} \left(1 + e^{2\lambda_{mn}^2 (\varsigma_i^b - \varsigma)} \right) \cos\left(\lambda_{pmn'-1+\tilde{\delta}_{1k}}^1 (\varsigma - \varsigma_i^b) \right) \mathrm{d}\varsigma$$

$$n = 1, 2, \cdots, N; n' = 1, 2, \cdots, N + 1 - \tilde{\delta}_{1k} \tag{B.9}$$

其中，$\tilde{\delta}_{1mk}$、$\tilde{\delta}_{2mk}$、$\tilde{\delta}_{3n'n}$、$\tilde{\delta}_{4n'n}$、$\tilde{\delta}_{1k}$ 满足

$$\tilde{\delta}_{1mk} = \begin{cases} 1, & m = 0; \ k = 1, 2, \cdots, M - 1 \\ 0, & m \neq 0; \ k = 1, 2, \cdots, M - 1, \\ 1, & k = M \end{cases} \quad \tilde{\delta}_{2mk} = \begin{cases} 0, & m = 0; \ k = 1, 2, \cdots, M - 1 \\ 1, & m \neq 0; \ k = 1, 2, \cdots, M - 1 \\ 0, & k = M \end{cases}$$

$$\tilde{\delta}_{4n'n} = \begin{cases} 1, & n' = n \\ 0, & n' \neq n \end{cases}, \quad \tilde{\delta}_{1k} = \begin{cases} 1, & k = M \\ 0, & k \neq M \end{cases}, \quad \tilde{\delta}_{3n'n} = \begin{cases} 1, & n' = n - 1 + \tilde{\delta}_{2mk} + \tilde{\delta}_{1k} \\ 0, & n' \neq n - 1 + \tilde{\delta}_{2mk} + \tilde{\delta}_{1k} \end{cases}$$

在圆界面 $\Gamma_k (k = p + M + 2; \ i = 2p + 2; \ i' = 2p + 1; \ p = 0, 1, \cdots, M - 1)$ 上，矩阵 $D_m(\Lambda_m)$ 中对应的非零元素为

$$W_k = \begin{bmatrix} 0 & 0 \\ 0 & w_{kn'n}^{22} \end{bmatrix}, \quad W_k' = \begin{bmatrix} 0 & 0 \\ 0 & w_{kn'n}'^{22} \end{bmatrix}, \quad B_k = \begin{bmatrix} 0 & b_{kn'n}^{12} \\ b_{kn'n}^{21} & b_{kn'n}^{22} \end{bmatrix}, \quad B_k' = \begin{bmatrix} b_{kn'n}'^{11} & 0 \\ b_{kn'n}'^{21} & b_{kn'n}'^{22} \end{bmatrix} \tag{B.10}$$

式中

$$w_{kn'n}^{22} = \begin{cases} \int_0^\alpha \xi(\delta_{1m} + \xi^m \delta_{2m} \overline{\delta}_{3i}) J_m\left(\frac{\overline{\lambda}_{mn'-\delta_{1m}}^2}{\alpha} \xi \right) \mathrm{d}\xi, & n = 1 \\ (-1)^n \int_0^\alpha \xi I_m(\lambda_{pmn}^1 \xi) J_m\left(\frac{\overline{\lambda}_{mn'-\delta_{1m}}^2}{\alpha} \xi \right) \mathrm{d}\xi, & n > 1 \end{cases}$$

$$n = 1, 2, \cdots, N + 1; n' = 1, 2, \cdots, N + \delta_{1m} \tag{B.11}$$

$$w_{kn'n}'^{22} = \begin{cases} \int_0^\alpha \xi \left(\delta_{2m} \tilde{\delta}_{2k} I_m(\lambda_{p+1mn}^1 \xi) + \delta_{1m} + \xi^m \delta_{2m} \overline{\delta}_{3i} \right) J_m\left(\frac{\overline{\lambda}_{mn'-\delta_{1m}}^2}{\alpha} \xi \right) \mathrm{d}\xi, & n = 1 \\ (-1)^n \int_0^\alpha \xi I_m(\lambda_{p+1mn}^1 \xi) J_m\left(\frac{\overline{\lambda}_{mn'-\delta_{1m}}^2}{\alpha} \xi \right) \mathrm{d}\xi, & n > 1 \end{cases}$$

$$n = 1, 2, \cdots, N + 1 - \tilde{\delta}_{2k}; n' = 1, 2, \cdots, N + \delta_{1m} \tag{B.12}$$

$$b_{kn'n}^{12} = \tilde{\delta}_{5n'n} e^{\frac{\beta_{p+1} \overline{\lambda}_{mn'}^2}{\alpha}} \left(1 - e^{\frac{2\overline{\lambda}_{mn'}^2 (\beta_p - \beta_{p+1})}{\alpha}} \right) \int_0^\alpha \xi J_m^2\left(\frac{\overline{\lambda}_{mn'}^2}{\alpha} \xi \right) \mathrm{d}\xi$$

$$n = 1, 2, \cdots, N; \quad n' = 1, 2, \cdots, N \tag{B.13}$$

$$b_{kn'n}'^{11} = \tilde{\delta}_{5n'n} \tilde{\delta}_{4i'} e^{\frac{\beta_{p+1} \bar{\lambda}_{mn'}^2}{\alpha}} \left(1 - \bar{\delta}_{5i'} e^{\frac{\bar{\lambda}_{mn'}^2 (2\beta_{p+2} - \beta_{p+1})}{\alpha}} \right) \int_0^\alpha \xi J_m^2 \left(\frac{\bar{\lambda}_{mn'}^2}{\alpha} \xi \right) d\xi$$

$$n = 1, 2, \cdots, N; n' = 1, 2, \cdots, N \tag{B.14}$$

$$b_{kn'n}^{21} = \tilde{\delta}_{6n'n} \bar{\delta}_{4i} (1 + \bar{\delta}_{5i}) e^{\frac{\beta_p \bar{\lambda}_{mn}^2}{\alpha}} \int_0^\alpha \xi J_m^2 \left(\frac{\bar{\lambda}_{mn}^2}{\alpha} \xi \right) d\xi$$

$$n = 1, 2, \cdots, N; n' = 1, 2, \cdots, N + \delta_{1m} \tag{B.15}$$

$$b_{kn'n}^{22} = \tilde{\delta}_{6n'n} e^{\frac{\beta_{p+1} \bar{\lambda}_{mn}^2}{\alpha}} \left(1 - e^{\frac{2\bar{\lambda}_{mn}^2 (\beta_p - \beta_{p+1})}{\alpha}} \right) \int_0^\alpha \xi J_m^2 \left(\frac{\bar{\lambda}_{mn}^2}{\alpha} \xi \right) d\xi$$

$$n = 1, 2, \cdots, N; n' = 1, 2, \cdots, N + \delta_{1m} \tag{B.16}$$

$$b_{kn'n}'^{21} = \tilde{\delta}_{6n'n} \bar{\delta}_{4i'} e^{\frac{\beta_{p+1} \bar{\lambda}_{mn}^2}{\alpha}} \left(1 + \bar{\delta}_{5i'} e^{\frac{2\bar{\lambda}_{mn'}^2 (\beta_{p+2} - \beta_{p+1})}{\alpha}} \right) \int_0^\alpha \xi J_m^2 \left(\frac{\bar{\lambda}_{mn}^2}{\alpha} \xi \right) d\xi$$

$$n = 1, 2, \cdots, N; n' = 1, 2, \cdots, N + \delta_{1m} \tag{B.17}$$

$$b_{kn'n}'^{22} = 2 \tilde{\delta}_{6n'n} e^{\frac{\beta_{p+1} \bar{\lambda}_{mn}^2}{\alpha}} \int_0^\alpha \xi J_m^2 \left(\frac{\bar{\lambda}_{mn}^2}{\alpha} \xi \right) d\xi$$

$$n = 1, 2, \cdots, N; n' = 1, 2, \cdots, N + \delta_{1m} \tag{B.18}$$

式中，$\tilde{\delta}_{2k}$、$\tilde{\delta}_{5n'n}$、$\tilde{\delta}_{6n'n}$ 满足

$$\tilde{\delta}_{2k} = \begin{cases} 1, & k = M - 1 \\ 0, & k \neq M - 1 \end{cases}, \quad \tilde{\delta}_{5n'n} = \begin{cases} 1, & n = n' \\ 0, & n \neq n' \end{cases}, \quad \tilde{\delta}_{6n'n} = \begin{cases} 1, & n = n' + 1 - \delta_{1m} \\ 0, & n \neq n' + 1 - \delta_{1m} \end{cases}$$

在自由液面 Γ^f 上，矩阵 $D_m(\Lambda_m)$ 中对应的非零元素为

$$W_S = \begin{bmatrix} w_{k_1 n'n}^{11} & 0 \\ 0 & w_{k_2 n'n}^{22} \end{bmatrix}, \quad \bar{W}_S = \begin{bmatrix} \bar{w}_{k_1 n'n}^{11} & 0 \\ 0 & \bar{w}_{k_2 n'n}^{22} \end{bmatrix}$$

$$B_S^1 = \begin{bmatrix} b_{k_1 n'n}^{11} & 0 \\ 0 & 0 \end{bmatrix}, \quad \bar{B}_S^1 = \begin{bmatrix} \bar{b}_{k_1 n'n}^{11} & 0 \\ 0 & 0 \end{bmatrix}$$

$$B_S^2 = \begin{bmatrix} 0 & 0 \\ b_{k_2 n'n}^{21} & b_{k_2 n'n}^{22} \end{bmatrix}, \quad \bar{B}_S^2 = \begin{bmatrix} 0 & 0 \\ 0 & \bar{b}_{k_2 n'n}^{22} \end{bmatrix}, \quad k_1 = 2M + 3, \ k_2 = 2M + 2$$

$$\tag{B.19}$$

式中

$$w_{k_1 n'n}^{11} = (-1)^n \lambda_{Mmn}^1 \int_\alpha^1 \xi \left(N_m'(\lambda_{mn'-\delta_{1m}}^2 \alpha) J_m(\lambda_{mn'-\delta_{1m}}^2 \xi) - J_m'(\lambda_{mn'-\delta_{1m}}^2 \alpha) N_m(\lambda_{mn'-\delta_{1m}}^2 \xi) \right)$$

$$\times \left(\delta_{2m} (I_m(\lambda_{Mmn-\delta_{1m}}^1 \xi) + \kappa_{Mmn}^1 K_m(\lambda_{Mmn-\delta_{1m}}^1 \xi)) + \delta_{1m} \right) \mathrm{d}\xi$$

$$n = 1, 2, \cdots, N+\delta_{1m}; n' = 1, 2, \cdots, N + \delta_{1m} \tag{B.20}$$

$$\overline{w}_{k_1 11}^{11} = \begin{cases} \dfrac{(1-\alpha^2)\delta_{1m}}{2}, \\ 0 \end{cases} \qquad \overline{w}_{k_2 11}^{22} = \begin{cases} \dfrac{\alpha^2 \delta_{1m}}{2} \\ 0 \end{cases}$$

$$\overline{w}_{k_1 n'n}^{11} = \overline{w}_{k_2 n'n}^{22} = 0, n = 2, \cdots, N+\delta_{1m}; n' = 2, \cdots, N + \delta_{1m} \tag{B.21}$$

$$b_{k_1 n'n}^{11} = \tilde{\delta}_{7n'n} \delta_{4i} \lambda_{mn}^2 e^{\lambda_{mn}^2 \beta_{p+1}} \left(1 - e^{2\lambda_{mn}^2 (\beta_p - \beta_{p+1})} \right)$$

$$\times \int_\alpha^1 \xi \left(N_m'(\lambda_{mn'-\delta_{1m}}^2 \alpha) J_m(\lambda_{mn-\delta_{1m}}^2 \xi) - J_m'(\lambda_{mn'-\delta_{1m}}^2 \alpha) N_m(\lambda_{mn-\delta_{1m}}^2 \xi) \right)^2 \mathrm{d}\xi$$

$$n = 1, 2, \cdots, N+\delta_{1m}; n' = 1, 2, \cdots, N + \delta_{1m} \tag{B.22}$$

$$\overline{b}_{k_1 n'n}^{11} = \tilde{\delta}_{7n'n} \delta_{4i} \lambda_{mn}^2 e^{\lambda_{mn}^2 \beta_{p+1}} \left(1 + e^{2\lambda_{mn}^2 (\beta_p - \beta_{p+1})} \right)$$

$$\times \int_\alpha^1 \xi \left(N_m'(\lambda_{mn'-\delta_{1m}}^2 \alpha) J_m(\lambda_{mn-\delta_{1m}}^2 \xi) - J_m'(\lambda_{mn'-\delta_{1m}}^2 \alpha) N_m(\lambda_{mn-\delta_{1m}}^2 \xi) \right)^2 \mathrm{d}\xi$$

$$n = 1, 2, \cdots, N+\delta_{1m}; n' = 1, 2, \cdots, N + \delta_{1m} \tag{B.23}$$

$$w_{k_2 n'n}^{22} = (-1)^n \lambda_{Mmn}^1 \int_0^\alpha \xi J_m \left(\frac{\overline{\lambda}_{mn'-\delta_{1m}}^2}{\alpha} \xi \right) \left(\delta_{2m} I_m(\lambda_{Mmn-\delta_{1m}}^1 \xi) + \delta_{1m} \right) \mathrm{d}\xi$$

$$n = 1, 2, \cdots, N+\delta_{1m}; n' = 1, 2, \cdots, N + \delta_{1m} \tag{B.24}$$

$$b_{k_2 n'n}^{21} = \frac{(1-\overline{\delta}_{5i})\tilde{\delta}_{7n'n}\overline{\delta}_{4i}\overline{\lambda}_{mn}^2}{\alpha} e^{\frac{\overline{\lambda}_{mn}^2 \beta_{p+1}}{\alpha}} \int_0^\alpha \xi \left(J_m \left(\frac{\overline{\lambda}_{mn-\delta_{1m}}^2}{\alpha} \xi \right) \right)^2 \mathrm{d}\xi$$

$$n = 1, 2, \cdots, N+\delta_{1m}; n' = 1, 2, \cdots, N + \delta_{1m} \tag{B.25}$$

$$b_{k_2 n'n}^{22} = \frac{\tilde{\delta}_{7n'n}\overline{\lambda}_{mn}^2}{\alpha} \left(1 - e^{\frac{2\overline{\lambda}_{mn}^2 (\beta_p - \beta_{p+1})}{\alpha}} \right) \int_0^\alpha \xi \left(J_m \left(\frac{\overline{\lambda}_{mn-\delta_{1m}}^2}{\alpha} \xi \right) \right)^2 \mathrm{d}\xi$$

$$n = 1, 2, \cdots, N+\delta_{1m}; n' = 1, 2, \cdots, N + \delta_{1m} \tag{B.26}$$

$$\overline{b}_{k_2 n'n}^{22} = \tilde{\delta}_{7n'n} e^{\frac{\beta_{p+1}\overline{\lambda}_{mn}^2}{\alpha}} \left(1 + e^{\frac{2\overline{\lambda}_{mn}^2 (\beta_p - \beta_{p+1})}{\alpha}} \right) \int_0^\alpha \xi \left(J_m \left(\frac{\overline{\lambda}_{mn-\delta_{1m}}^2}{\alpha} \xi \right) \right)^2 \mathrm{d}\xi$$

$$n = 1, 2, \cdots, N+\delta_{1m}; n' = 1, 2, \cdots, N + \delta_{1m} \tag{B.27}$$